よくわかる

トライボロジー

村木正芳著

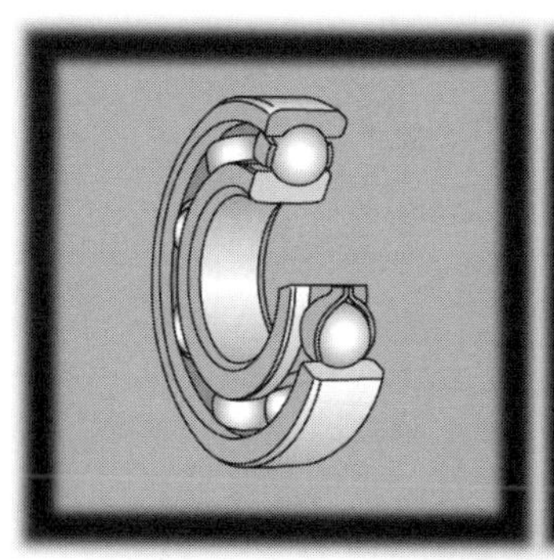

東京電機大学出版局

まえがき

ギリシャ語の“tribos”（摩擦する）をもとに作られた用語「トライボロジー」が誕生したのは1966年，すでに半世紀を超えるようになったが，その間，摩擦・摩耗・潤滑に関わる現象を一体化して捉え，適正に問題解決する実績を積み重ねることで，トライボロジーは，今や産業界の基盤技術として位置づけられるようになった.

現在の地球規模での喫緊の課題は，地球温暖化対策と脱炭素社会の実現である．日本政府が「2050年カーボンニュートラル宣言」を行うと，産業界では温室効果ガスの排出量実質ゼロを長期目標として掲げ，本格的な動きを始めるようになった．トライボロジーからの寄与もおおいに期待されている．トライボロジーが省エネルギー化・長寿命化を通して課題解決のカギを握る技術と認識されるからである．摺動部を持つ製品では，エネルギー損失改善の積み上げが今まで以上に必要になる．また，省エネルギーに加えて，耐久性を高めるためにも，摺動材料と潤滑剤の選定やエネルギー損失の限界に挑む設計が重要になる.

もっとも，トライボロジーで頭を悩ませる技術者が少なくないのも事実である．期待が大きい一方，一般技術者が持ち合わせるトライボロジーの知識がそれほど多くはないためである．その理由のひとつに，大学などにおいてトライボロジーを学習する機会が少ないことが挙げられる．またもうひとつの理由として，トライボロジーは学際領域の学問であるために，これを学ぶためには，複数の学問分野の知識を持ち合わせる必要があるからである．日本トライボロジー学会主催の入門講座のアンケートによれば，受講生の出身は機械，化学，材料がおよそ1/3ずつに分かれており，トライボロジーを学ぼうとする動機として出身分野外のトライボロジーの基礎知識を習得する必要性が挙げられている.

本書はそうした技術者のニーズに応えるために，トライボロジー全般の基礎を容易に学べるように，分野の偏りがないように，レベル合わせに注力して執筆した．本書は，既著『図解トライボロジー』を基にしているが，今回新たに出版するにあたり，教育機関での教科書として使いやすいように構成を変更した．具体的には半期の授業に対応するべく各章で1回の講義を想定し，全15章とした．加えて，現在トライボロジーに関わっておられる技術者に対しても，最近の研究成果や，トライボ設計に使える式を適宜盛り込むなど興味ある内容にまとめた．

本書を執筆するにあたり，東京都立産業技術研究センターの中村健太君には随所にわたって有用な議論をいただき，ヤンマーパワーテクノロジー(株)呉服栄太氏には設計面からの貴重なご意見をいただいた．記して謝意を表する次第である．最後に，本書の出版にあたって多大なご尽力をいただいた東京電機大学出版局の坂元真理氏に厚くお礼を申し上げる．

本書がトライボロジーの魅力を伝えるための入門書となれば幸いである．

2021年11月

村木正芳

目　次

第1章　トライボロジーとは …… 1
1.1　トライボロジーの歴史と意義　1
1.2　自動車のトライボロジー　4
1.3　トライボシステム　7
1.4　技術分野におけるトライボロジーの課題　10

第2章　固体の表面 …… 14
2.1　表面形状　14
2.2　表面層の構造と性質　20

第3章　接　触 …… 25
3.1　弾性接触　25
3.2　塑性接触　33

第4章　摩　擦 …… 38
4.1　摩擦の法則　38
4.2　摩擦の主要因——凝着摩擦　41
4.3　表面膜の効果　46
4.4　掘り起こしによる摩擦　49
4.5　転がり摩擦　50

第5章　摩擦の問題と摩擦の利用 ……………………………… 55
5.1　スティックスリップ現象　55
5.2　摩擦面温度　58
5.3　摩擦の利用――ベルト伝動　62

第6章　境界潤滑と混合潤滑 ……………………………… 65
6.1　化学結合と分子間力　65
6.2　境界潤滑膜　67
6.3　境界潤滑モデル　77
6.4　混合潤滑モデル　80
6.5　潤滑モードの遷移に伴う摩擦係数の変化　82

第7章　摩　耗 ……………………………… 85
7.1　摩耗とは　85
7.2　摩耗の分類　86
7.3　凝着摩耗　88
7.4　腐食摩耗　90
7.5　アブレシブ摩耗　91
7.6　疲労摩耗　93
7.7　焼付き　94
7.8　Wear マップ　96

第8章　トライボ試験 ……………………………… 98
8.1　トライボ試験の種類　98
8.2　基礎的トライボ試験　99
8.3　転がり疲労試験　102
8.4　接触電気抵抗の測定　102
8.5　境界潤滑膜の厚さの測定　104
8.6　表面分析　105
8.7　AFM による摩擦面の評価　107

第9章　粘　性 …… 111
9.1　粘度の定義と単位　111
9.2　粘度－温度特性　114
9.3　粘度－圧力特性　117
9.4　ポリマー添加による粘度－温度特性の改善　119
9.5　粘度の測定法　120
9.6　粘性による軸受の摩擦抵抗　122
9.7　粘性の分子論的解釈　124
9.8　粘度と化学構造　126

第10章　潤滑剤 …… 129
10.1　潤滑油　129
10.2　グリース　140
10.3　固体潤滑剤　144
10.4　添加剤　145

第11章　流体潤滑理論 …… 149
11.1　流体の性質と流れに働く力　149
11.2　二次元レイノルズ方程式　151
11.3　三次元レイノルズ方程式　156

第12章　ジャーナル軸受の潤滑理論 …… 159
12.1　すべり軸受の種類　159
12.2　すべり軸受へのレイノルズ方程式の適用　160
12.3　ジャーナル軸受の潤滑理論　162
12.4　流体潤滑の限界　171

第 13 章　有限幅ジャーナル軸受の特性解析 ……………………………… 172
13.1　レイノルズ方程式の差分化　172
13.2　圧力分布の解法　174
13.3　偏心率，偏心角，最小油膜厚さ　176
13.4　プログラムの作成と実行結果　176

第 14 章　弾性流体潤滑 ………………………………………………… 183
14.1　弾性流体潤滑理論の概要　183
14.2　流体潤滑理論による線接触の解析　185
14.3　線接触に対する EHL 理論　186
14.4　流体潤滑モードと膜厚計算式　190
14.5　点接触下の EHL 膜厚　192
14.6　EHL 理論の修正　194
14.7　油膜厚さの測定と理論からのずれ　195

第 15 章　EHL トラクション …………………………………………… 198
15.1　トラクションと機械要素　198
15.2　ニュートン粘性モデルによる解析　199
15.3　粘弾性モデルによる解析　202
15.4　弾塑性モデルによる解析　204
15.5　レオロジーモデルのまとめ　205
15.6　潤滑油の種類とトラクション　206
15.7　パラフィン系鉱油のトラクション　208
15.8　部分 EHL 下の潤滑解析　210

参考文献 ……………………………………………………………… 213
索　引 ………………………………………………………………… 218

第1章

トライボロジーとは

トライボロジーは摩擦・摩耗・潤滑を扱う総合表面科学である．本章では，古代人の巨像運搬時に生じる摩擦の低減技術から始まって，現代の産業分野における基盤技術としての位置づけ，そして技術分野におけるこれからの課題について述べる．

1.1 トライボロジーの歴史と意義

機械は使い続けるうちに，その性能が次第に変化していく．その理由は，摺動部（すべり合う部分）の表面が繰り返し摩擦によって変化していくためである．なかには突然摩擦が急上昇して機械が停止することもある．これが焼付きによる故障である．また，摺動部のがたが大きくなって，機械の作動精度が大幅に低下することがある．これが摩耗による機械の寿命である．

このような摩擦・摩耗に関わる問題を解決するために，古来，摺動部に水や油などの液体を注すことによって，摩擦を小さくする方法が有効であることが経験的に知られていた．図1.1に示す紀元前1880年頃の古代エジプトのレリーフ（浮き彫り）では，多くの奴隷が巨像を木製のそりに乗せて運搬している様が描かれている．よく見ると，そりの上に立っている1人の男が壺から液体をそりの前に注いでいる．古代エジプト人が，摺動部を液体でぬらすことによって，抵抗

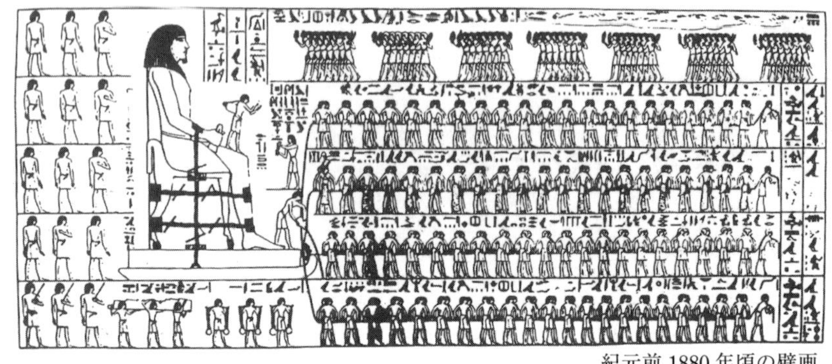

図 1.1　古代エジプトの巨像の運搬[1)]

が小さくなる事実を認識していたことを証明するものである．

時代はずっと下って，イギリスでは 1966 年教育科学省からの要請を受けた潤滑技術委員会の委員長ジョスト（Jost）博士が，摩擦・摩耗の対策を適切に講じることによって，極めて大きな経済効果が得られると述べた報告書を発表した．改善額は，当時の費用で約 5 億ポンド（5000 億円，GNP の 1.3 %）と巨額である．その内訳は，図 1.2 に示すように保守と交換の軽減，故障の低減，機械の長寿命化であって，メインテナンスの重要性が指摘されている．そして，従来の摩擦・摩耗・潤滑に関わる技術を学問として認識し，体系化するためのひとつの用

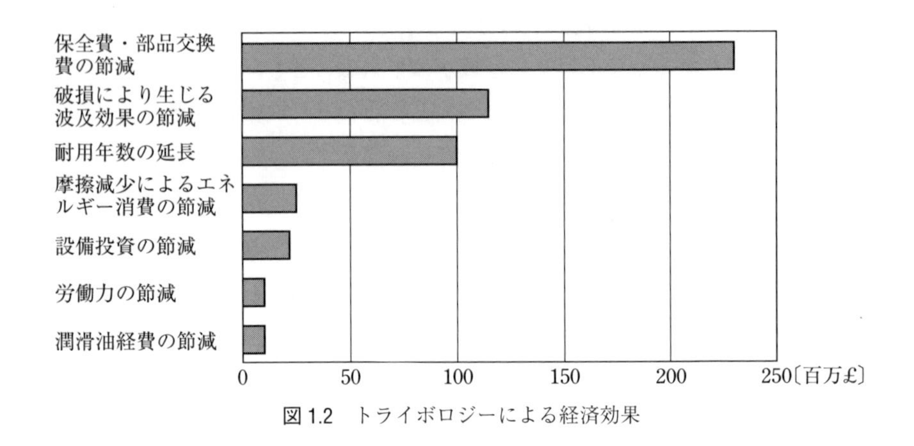

図 1.2　トライボロジーによる経済効果

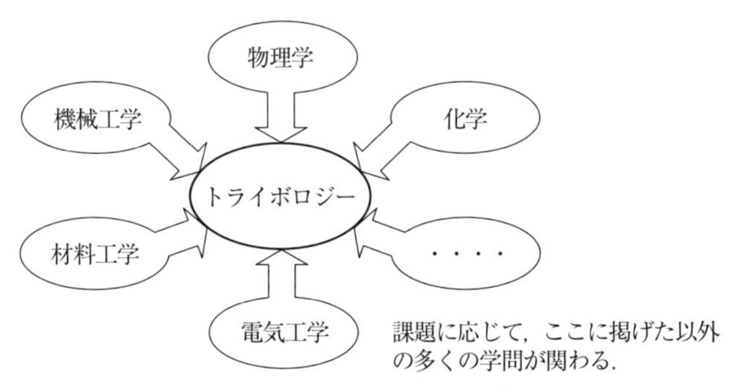

図 1.3　トライボロジーが関わる学問分野

語を提案した．それが「トライボロジー（tribology）」である．

トライボロジーは，ギリシャ語の tribos（摩擦する）と，学問を意味する logy からなる造語であって，OECD（経済協力開発機構）の用語集では「相対運動をして相互に影響しあう二表面，ならびにそれに関連する諸問題と実際についての科学と技術」と定義されている．一言で言えば，「摩擦・摩耗・潤滑の科学技術」である．

トライボロジーには，**図 1.3** に示すように機械工学，物理学，化学，材料工学など幅広い学問技術が深く関わっている．言い換えれば，摩擦や摩耗などのトライボロジー現象を解決するためには，ひとつの学問では不十分であることを意味している．潤滑（lubrication）が，ともすれば経験に基づく対症療法のイメージが強いのに対して，トライボロジーは総合表面科学といった学問である点で，摩擦・摩耗現象に対する捉え方が大きく異なっている．

ところで，現場でトライボロジーに関わる不具合が見つかったとき，なかなかその原因を特定できないことがあるが，これは，多くの要因が複合して影響を及ぼして不安定な現象を生じているためである．したがって，トライボロジー現象を簡単な理論や実験でシミュレーションすることが難しいのも事実である．それではトライボロジーが問題解決において無力であるかといえば，そうではない．トライボロジーの理論や技術を進展させ，実際面に応用することができれば，機械の運転を正常に保つことができ，寿命延長や，省エネルギー効果も得られる．

この節の最後に，トライボロジカルな問題を解決する際の指針「Lu-De-Ma」

を紹介しよう[2]．トライボロジーゴールドメダリストの木村好次先生によるキャッチコピーで，この分野の大家ミシガン大学のLudema教授と名前が一致するところが面白い．「問題解決に役立つツールは，潤滑剤（Lubricant），設計（Design），材料（Material）の3つである」．つまり，理論や実験の高度化を進めても，Lu-De-Maにつながらなければ問題解決にはならないという意味である．そういえば，オゾン層破壊の問題に端を発した代替フロンによる冷凍・空調機器の異常摩耗トラブルも，潤滑油は鉱油から合成油へと変わり，摺動部には適正な表面処理が施され，それでもうまくいかない機器は摺動条件を緩和したタイプへ設計変更することで解決に至っている[3]．

1.2 自動車のトライボロジー

我々人間は，無意識のうちに摩擦とともに日常生活を営んでいる．自由に歩きまわれるのも，物をつかんで自由に操ることができるのも，手足と物との摩擦があればこそ可能であるし，野球やゴルフ，テニスなどのスポーツで変化球ができるのも球との摩擦を利用している．人間が直接扱うよりずっと大きな摩擦力を相手にしている自動車，鉄道，船舶などの輸送機関では，機械システムの高性能化や省エネルギー化のために摩擦を大きくあるいは小さくする努力が払われている．次に具体的な例として自動車のトライボロジーを取り上げよう．

自動車が直面する技術的最優先課題は，地球温暖化の抑制のために排出ガスの量を減らすこと，つまり燃費改善である．2018年時点において世界で保有している四輪車の台数は14.3億台，日本では7.8千万台と見積もられており，バスやトラックを含めたすべての車の年間燃料消費量を5％程度節減できれば，そのエネルギーの総和は，日本で走行するすべての車が消費する1年分の燃料に相当することになる[4]．燃費改善の実現策としては，車体の軽量化，車の形状に依存する空力抵抗の軽減のほかに，エンジン車に限れば，エンジンの燃焼効率の向上とともに，エンジンで生じる燃焼エネルギーをできるだけ無駄なく車の走行に使うことが挙げられる．このうちの最後の項目がトライボロジーの守備範囲である．

図1.4に自動車のトライボロジーが関わる部位を示す．エンジンで発生する燃

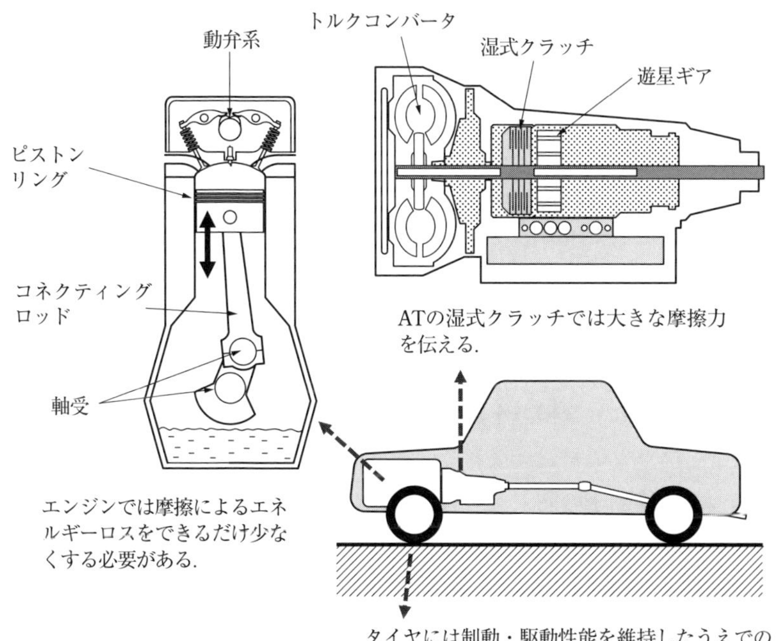

図 1.4　自動車のトライボロジー

焼エネルギーのうち，出力として取り出されるのは高々３割程度である．残りの大半は高温の排ガスとして放散され，またエンジンの冷却のために失われるが，摩擦損失も小さくはない．そこでエンジン内では摩擦を下げる技術が必要となる．

エンジン内の主な摩擦部位は次の３つである．エンジン上部から，まず燃料と空気の混合ガスをシリンダ内に送り込む吸気口と，燃焼ガスを排気するための排気口のバルブ開閉を制御する動弁系（カムとフォロア）がある．この部位の摩擦は，面圧が高いなどの理由から市街地走行での大きな損失要因になる．次がピストン系である．往復運動するピストンの頭部には，燃焼室からのガスの吹き抜けなどを防止するためのピストンリングがはめ合わされており，シリンダ内面との摩擦が生じる．そして，一番下に，ピストンの往復運動を回転運動に変換する役目を担うコネクティングロッドの端に設けられた，コンロッド軸受と主軸受がある．軸受内の薄い潤滑油膜は，燃焼時に生じる爆発のショックを緩和する効果も持っている．小型高出力化の傾向にあるエンジンでは，摩擦・摩耗低減のために，摺動部の表面処理や加工精度の向上，給油方式の改善，省燃費型エンジン油の適用が進められている．

エンジン出力は，その後，所要のトルクと回転速度を得るためのトランスミッションに伝えられる．トランスミッションには，マニュアルトランスミッション（MT : Manual Transmission），オートマチックトランスミッション（AT : Automatic Transmission），CVT（Continuously Variable Transmission）の3つのタイプがある．ここで，装着数が最も多いATの湿式クラッチ（**図1.4**）とCVT（**図1.5**）は，いずれも摩擦力を駆動力として伝える機構である．そのため，前者では潤滑油とクラッチ材質，後者では潤滑油と金属の組み合わせによる摩擦力の増大に基づく伝達効率の向上が，省燃費化につながる技術課題である．

最後にトランスミッションからの動力は終減速機を経てタイヤに伝えられる．タイヤの役目は，路面との制動・駆動性能を良くして快適な走りを実現することであるが，安定した制動・駆動性能と転がり抵抗とは通常トレードオフの関係にある．燃費向上の観点からは転がり抵抗を小さくしたいが，タイヤの変形に基づく転がり抵抗を小さくするだけでは路面との摩擦も下げ，加減速性能が低下することになる．高い制動・駆動性能を維持したまま，転がり抵抗を下げるゴムの開発が進められている．

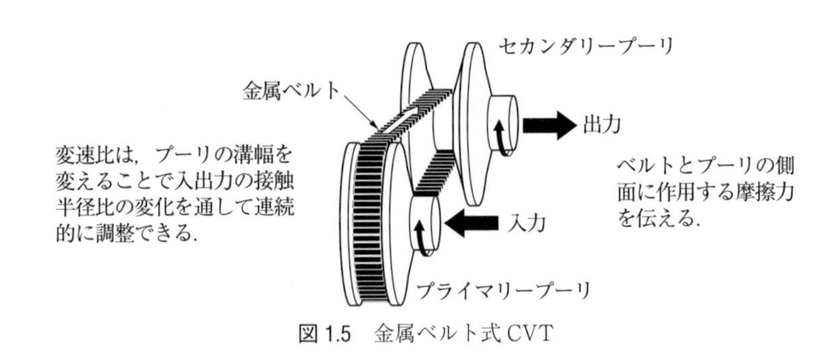

図1.5　金属ベルト式CVT

1.3 トライボシステム

トライボロジーを理解するうえで，摩擦や摩耗が材料や潤滑油に固有の物性や特性値ではなく，摺動部を構成するシステムとして現れる値であると認識することが重要である．トライボシステムは，図 1.6 に示すように，

①摺動部の材料とその組み合わせ

②潤滑膜

③材料と潤滑膜を取り巻く環境

④摺動部を支える機械の剛性と作動条件

から構成される．具体的には，①の材料では，固体の材質，表面粗さ，硬さ，形状がトライボロジー現象に影響を及ぼす．②の潤滑膜ではまずその存在の有無をはじめとして，膜厚や膜の物理的化学的性質が問題とされる．③の環境では，大気中か真空中か，雰囲気ガスの種類，湿度，温度が要因となる．④では，機械システムとしての剛性や，荷重，すべり速度などの作動条件が挙げられる．

トライボシステムにおける潤滑膜の役割は，固体表面を保護するとともに，摩擦を制御することである．手段はいろいろあるが，原理的には，摩擦を小さくしたい場合には固体よりも小さなせん断抵抗を持つ物質を，摩擦を大きくしたい場合には固体よりも大きなせん断抵抗を持つ物質を固体間に介在させることであ

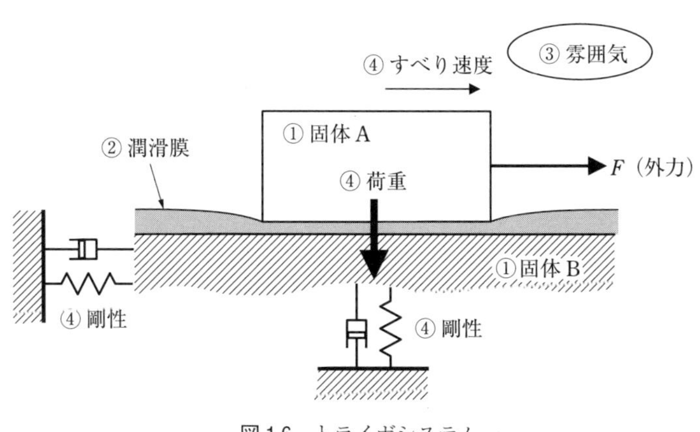

図 1.6　トライボシステム

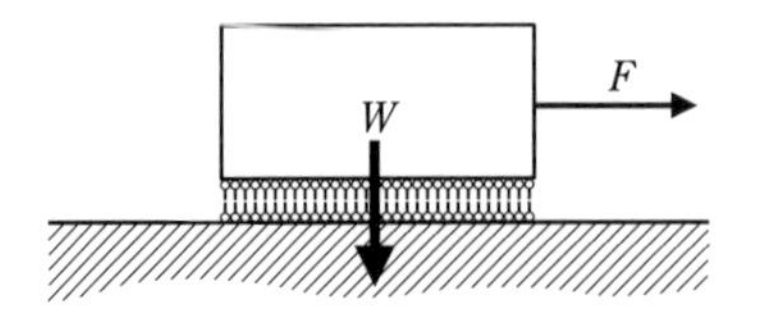

吸着膜や被膜などの境界潤滑膜は固体面に付着しているので平面的な広がりの膜である．

図 1.7　被膜の介在と境界潤滑

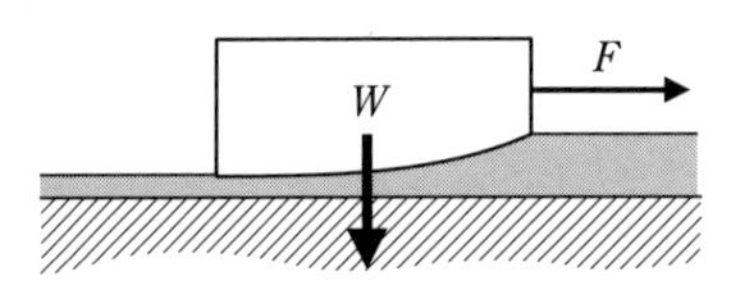

上の固体が右に進むと，前方のくさび効果によって油がすきまに引き込まれ，油膜を形成する．流体潤滑膜は厚さ方向も加えた三次元的な広がりがある．

図 1.8　油膜の介在と流体潤滑

る．図 1.7 のように，あらかじめ固体表面に吸着膜をつけたり，固体表面に被膜処理を施したりする方法がある．この場合の固体面間の潤滑状態を境界潤滑（boundary lubrication）と呼ぶ．

一方，図 1.8 に示すように固体の運動によって比較的厚い油膜を作る方法がある．この場合の潤滑状態を流体潤滑（hydrodynamic lubrication）と呼ぶ．

摩擦の大きさは，摩擦力 F を荷重 W で割った無次元数「摩擦係数（friction coefficient, coefficient of friction）」によって表示され，記号には一般に μ が用いられる．

$$\mu=\frac{F}{W} \tag{1.1}$$

図 1.9 に潤滑状態と対応する摩擦の用語を示す．二面の間に潤滑剤の存在しない清浄な固体同士で生じる乾燥下の摩擦係数は，固体材料の組み合わせによって決まり，通常 0.5～1 程度，ときには 1 以上の値を示す．

一方，潤滑下の摩擦係数は，油膜厚さと固体表面の粗さの比に依存する．固体面間が油膜によって十分に隔てられた流体潤滑では，摩擦係数は油膜のせん断抵抗に基づき，通常 0.01～0.001 の小さな値を示す．流体潤滑は，固体間の直接接触が生じないので，摩耗や焼付きも起こらない理想的な状態である．ところが十

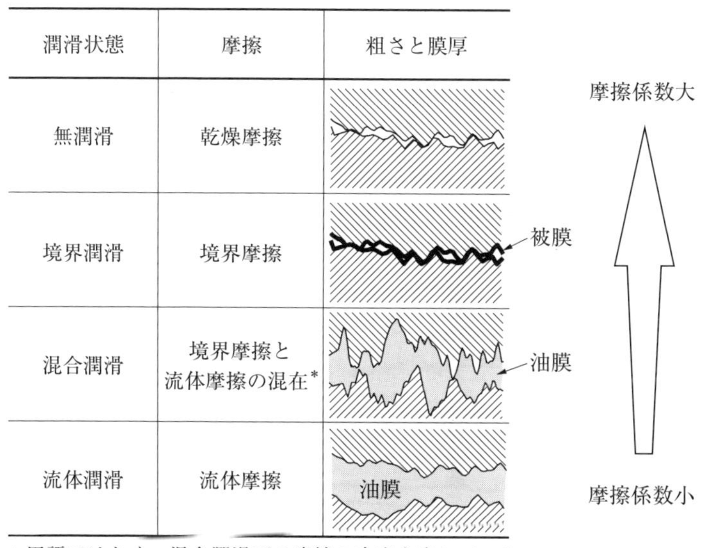

＊用語ではなく，混合潤滑下の摩擦の内容を表している．

図 1.9　潤滑状態と摩擦

分に給油ができない場合や，機械の起動・停止時には油膜は形成されず，固体間の直接接触が起こる．

油膜が十分になく，被膜で荷重を支持している境界潤滑では，摩擦係数は固体材料や境界潤滑膜の性質に支配され，0.1 程度である．また，油膜厚さと粗さとの関係から境界潤滑と流体潤滑が混在した状態が存在する．そのような状態を混合潤滑（mixed lubrication）と呼ぶ．摩擦係数は流体摩擦係数と境界摩擦係数の中間の値を示す．

[問題 1.1]　図 1.1 において奴隷の人数は 172 人，巨像の重さは約 60 トンである．奴隷 1 人が 800N の力を出すとしたときの摩擦係数を求めよ．

[解答]　$\mu=\dfrac{F}{W}=\dfrac{\text{奴隷の人数}\times 800\text{ N}}{\text{巨像の重量}}=\dfrac{172\times 800}{60\times 10000}=0.23$

図 1.10　原画を基に著者が描いたイラスト

そりの前方に注がれている壺の液体の正体が論争の的になっていたが，摩擦実験から水と推測された[5]．そりは木製で，その下に木製の板をしいて巨像を運搬していたのだが，木と木の間に水を潤滑剤として実験を行うと，同程度の摩擦係数が得られたというのがその理由である．古代文明の恵みをもたらした豊かなナイル川の水を，運搬用の潤滑剤として利用していた太古のトライボロジストの知恵が感じられる．

1.4　技術分野におけるトライボロジーの課題

トライボロジーは産業界の多くの分野で利用されており，それぞれのエリアで技術開発が進められている．本章の最後に，現在トライボロジーが関わるいくつかのテーマを取り上げて紹介する．

輸送機械では，世界規模での CO_2 排出量規制強化に対応するために，ハイブリッド車（HV, PHV）や電気自動車（EV）の拡大が必須と予想されている[6]（図 1.11）．電気自動車の課題のひとつに航続距離の延長があり，バッテリーの性

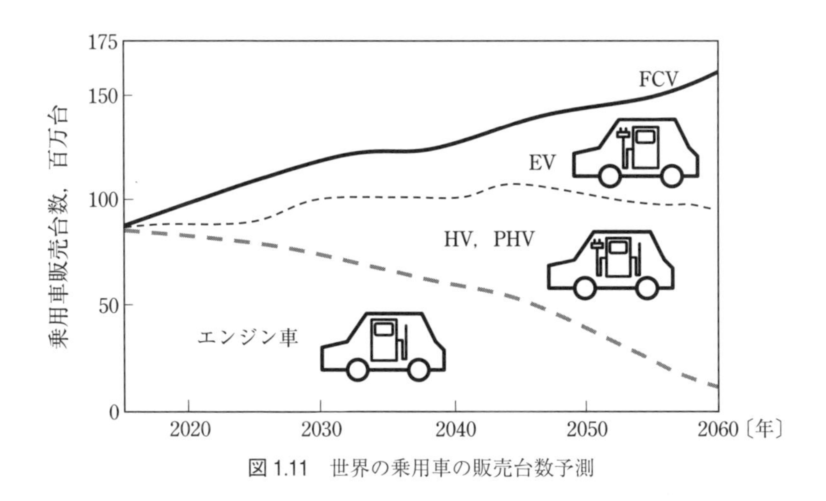

図 1.11　世界の乗用車の販売台数予測

実用旋盤との比較
寸法：1/50
重量：<1/5000

図 1.12　マイクロ旋盤[7)]

能向上のほかに，トライボロジーの立場からは，モータとタイヤをつなぐ動力伝達系の効率向上が有効である．摺動部の摩擦を制御する材料と潤滑剤の開発，設計に関わる技術がますます重要になる．

産業機械の中では，1990年代から次世代技術として急速な発展を遂げてきたマイクロマシンの用途の広がりが期待されている．一例として，微小化とともに多機能化したマイクロロボットは，複雑な機械の内部に入って作業できるので，操業を中断する必要のないプラントメインテナンスを可能にする．また，マイクロマシンを構成するマイクロ部品を牛産するためのマイクロ工作機械（図 1.12）の開発も進められている．一方，マイクロ化すると生じる問題が表面に作用する

図 1.13　小惑星探査機「はやぶさ 2」

力である．部品の寸法がミリメートル以下では，表面同士の引力や摩擦の影響が大きくなる．マイクロマシンでは摩擦をどのようにして克服するかが課題である．

人工衛星や宇宙探査機など大気圏外で使用される宇宙機器（図 1.13）の摩擦部位に生じる問題を取り扱うトライボロジー技術は，スペーストライボロジーと呼ばれる．宇宙空間では，地球上と比べてはるかに広い温度範囲で宇宙放射線にさらされるため，潤滑剤や金属部品の劣化が進行する．さらに，真空環境下では金属同士の強固な凝着によって可動部が作動しなくなり，これが元で宇宙機器の寿命がつきる致命的なトラブルになる．スペーストライボロジーでは，可動部の表

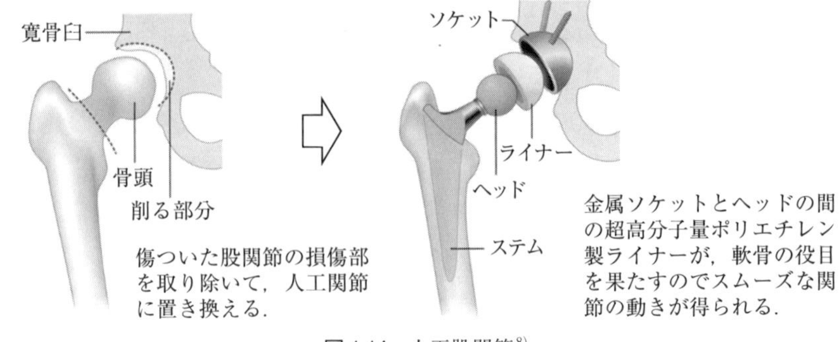

図 1.14　人工股関節[8)]

面コーティング技術や固体潤滑技術，低蒸気圧で長寿命の潤滑油やグリースが開発の課題である．

医療用分野で生体の摩擦部分を対象としたトライボロジー技術は，バイオトライボロジーと呼ばれる．超高齢化社会の到来とともに，股関節や膝関節などの関節症により歩行が困難になる高齢者が増加している．関節軟骨の摩耗などで運動機能が著しく低下した場合には，人工関節置換術により運動機能の回復と痛みの緩和が可能となる（**図 1.14**）．この分野の中心的な課題は，人工関節の低摩擦・低摩耗化，人工関節材料の耐久性向上と潤滑機能を持つ人工滑液の研究である．さらに機能の改善に加えて，人体に対するトライボマテリアルの安全性を配慮する必要がある．

第2章

固体の表面

金属材料の表面には加工によってできた粗さが必ず存在し，加工方法や条件によってその程度が異なる．また表面は，固体内部とは異なる物理的化学的性質を持ついくつかの層からなる．

2.1　表面形状

固体表面はどんなに平滑に見えても，微視的に見ると必ず凹凸が存在しており，完全な平面は存在しない．図 2.1 に機械加工によって得られた鋼表面を示

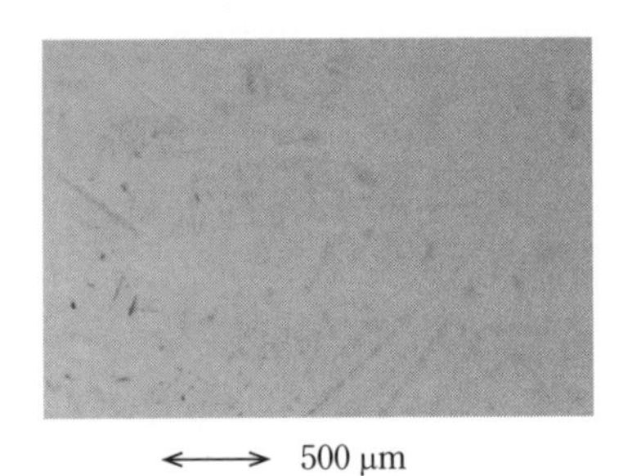

⟷ 500 μm

(1) 低倍率で見た金属表面

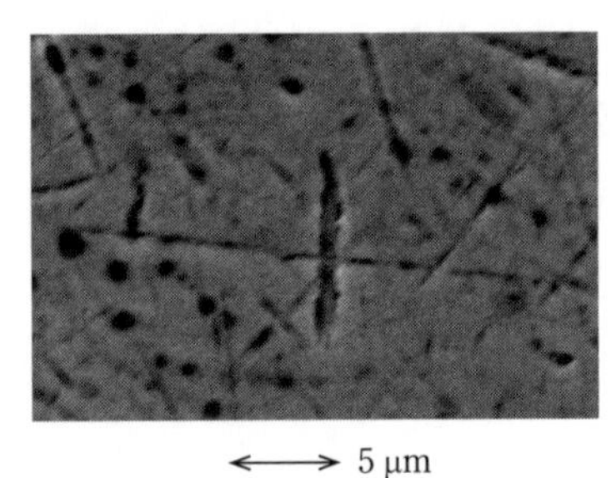

⟷ 5 μm

(2) 高倍率で見た金属表面

図 2.1　機械加工された金属表面

す．低倍率の顕微鏡で観察すると表面は平滑で光沢を有しているが，走査型電子顕微鏡SEM（Scanning Electron Microscope）によって，高倍率で表面を観測すると，加工の際に傷つけられた多方向の傷とくぼみが多数観測される．

2.1.1　表面形状の測定

表面形状の測定には，図2.2に示すような，固体表面を曲率半径数μm程度のダイヤモンドの針の先端で走査して，針の振幅を拡大記録する触針式粗さ計が一般に用いられる．このとき得られる輪郭の形状曲線を断面曲線と呼ぶ．図2.3に示す断面曲線をよく見ると，突起間の短波長の変動成分と，長波長の変動成分から構成されることがわかる．前者を粗さ（roughness），後者をうねり（waviness）と呼ぶ．つまり，断面曲線は，所定の波長を基準にして長波長成分をカットした粗さ曲線と，短波長成分をカットしたうねり曲線が重ね合わされたものであるということができる．

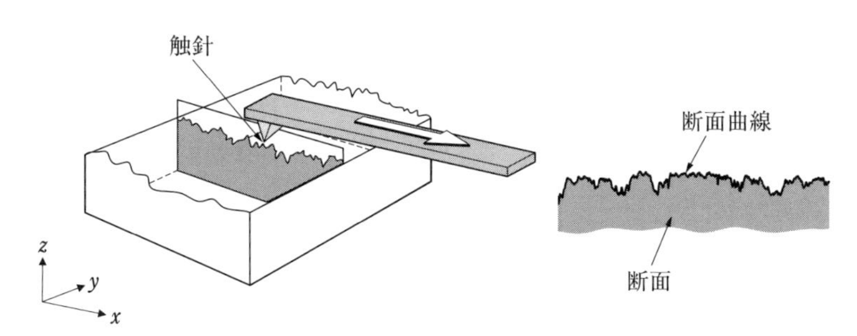

図2.2　触針式粗さ計による表面プロファイルの測定

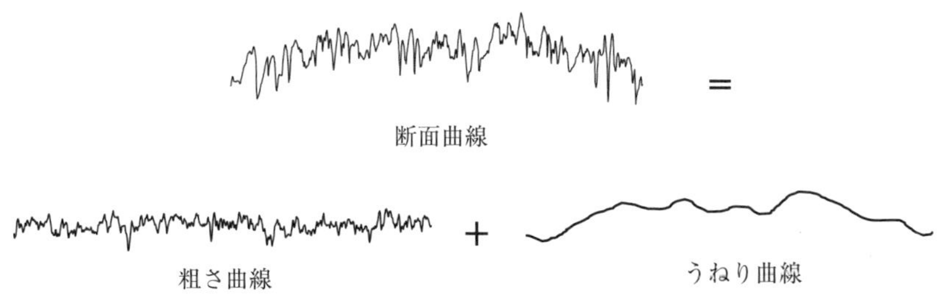

図2.3　固体の表面プロファイル

2.1.2　粗さの高さ方向のパラメータ

表面粗さを定量的に評価するには，粗さ曲線上の凹凸の程度やその形などのパラメータを求める必要がある．パラメータのうち，図 2.4 に示す最高の山と最低の谷の間の距離を最大高さ粗さ Rz とする[1)]．もっとも Rz の表示では，1 箇所だけ大きな傷があるとその値を拾うことになるので，表面形状の代表値として表すのに不適当なときもある．そこで，図 2.5 に示すように，基準長さ L において，山の全面積と谷の全面積が等しくなるような中心線を引いて，中心線と粗さ曲線との距離の絶対値を算術平均した算術平均粗さ Ra や，二乗平均平方根粗さ Rq などのパラメータが一般に用いられる．算術平均粗さは，基準長さを L，粗さ曲線を関数 $z(x)$ として，次のように表される．

$$Ra = \frac{1}{L}\int_0^L |z(x)|dx \qquad (2.1)$$

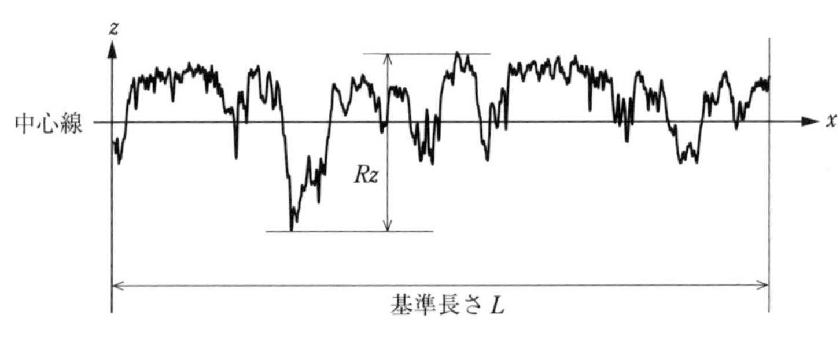

図 2.4　最大高さ粗さ Rz

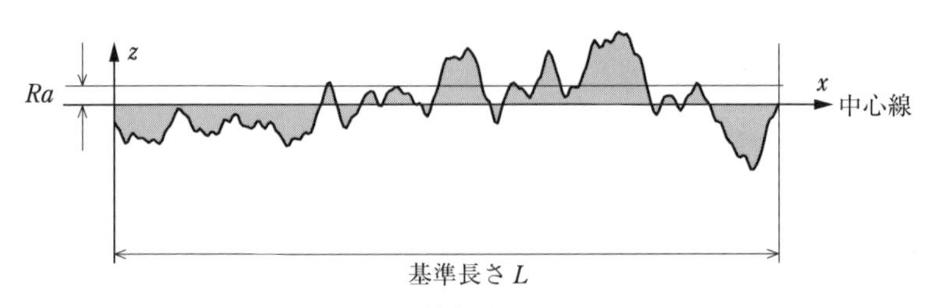

図 2.5　算術平均粗さ Ra

また，Rq は表面粗さの標準偏差に相当する値で，Ra の 10～20％程度大きい．

$$Rq=\sqrt{\frac{1}{L}\int_0^L z^2(x)\,dx}=\sigma \tag{2.2}$$

粗さは機械加工の仕上げ方法によって異なり，旋削仕上げでは Rz＝5～100〔μm〕程度であるが，微細な砥粒を使った超仕上げでは Rz＝0.1～0.8〔μm〕までの細かさに仕上げられる．

2.1.3　粗さの横方向のパラメータ

ところで，これまで述べたパラメータを用いて表面形状を比較評価するのは，例えば研磨紙の粒度を変えて研磨した際の粗さを比較するときなど，同一の表面仕上げ法を施した場合には有用である．ところが Rz や Ra の評価では，**図 2.6** に示すような，明らかに異なる２本の粗さ曲線に対しても同一の値を与えることになる．つまり，垂直方向の偏りだけで表面形状を表すのに不十分な場合があるわけである．

垂直方向の偏りのほかに横方向の形状を特徴づけるもののひとつに，**図 2.7** に示すアボットの負荷曲線 BAC（Bearing Area Curve）がある．負荷曲線は，最

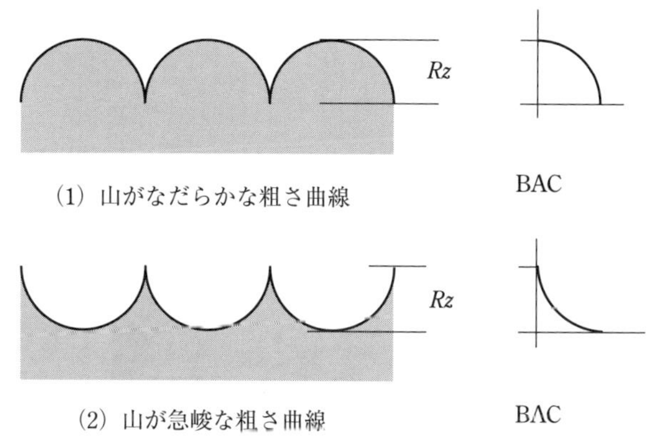

図 2.6　同じ Rz と Ra を持つ粗さ曲線と負荷曲線 BAC

高山頂から中心線と平行に引いた切断線 P を下げていき，最高山頂からどれだけ深いところにどれだけの切断線が存在するかを表したものである．縦軸は最高山頂を 0%，最低の谷を 100% とし，横軸は，基準長さ L に対する切断長さ P の比を百分率で表している．したがって，図 2.6 の粗さ曲線に対する負荷曲線は，それぞれ粗さ曲線の右に示す形状になる．摩耗や塑性変形によって粗さ曲線の山部が消滅するにしたがい，BAC の形状は変化するので，負荷曲線 BAC はなじみの状態を知るのに有用である[2]．

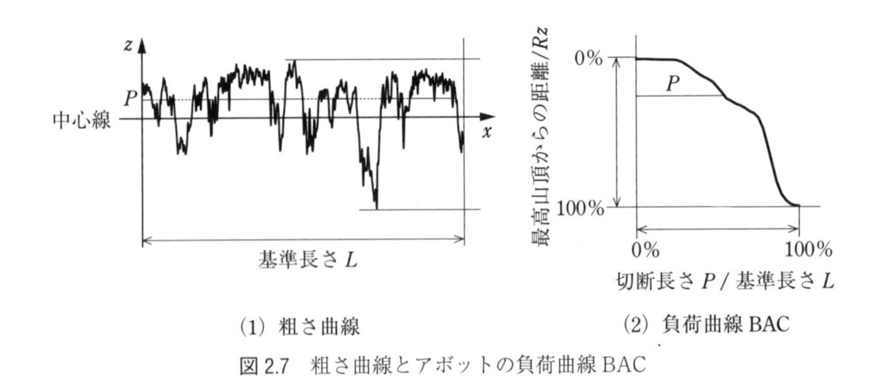

(1) 粗さ曲線　　(2) 負荷曲線 BAC

図 2.7　粗さ曲線とアボットの負荷曲線 BAC

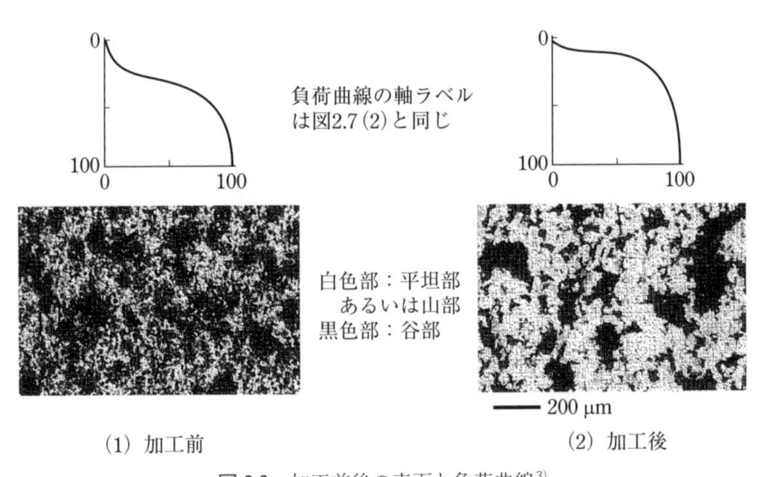

(1) 加工前　　(2) 加工後

図 2.8　加工前後の表面と負荷曲線[3]

図 2.8 にプレス加工製品の表面観察結果を示す．加工前に比べて加工後は工具によって平坦化された部分が多く，負荷曲線においてもその違いが現れている．

2.1.4　機械加工面の粗さ

粗さ曲線では通常横倍率が 100 倍程度であるのに対して，縦倍率は 1,000 倍から 10,000 倍程度まで拡大記録されることが多い．図 2.9 は，表面粗さ計で得られた波形の縦横比を等倍率にしたものである．機械加工によって得られた金属表面の形状は，実は緩やかなものであって，通常谷から山の傾斜角度は 2～15 度程度である．

また，粗さには方向性を持つものと持たないものとがある．図 2.10 に示すように，旋削仕上げやフライス削りによって加工された表面は規則的な粗さ曲線であるのに対して，電解研摩，放電加工，バフ研磨で仕上げられた表面は，あらゆる方向に均一な分布を持っている．したがって，表面の凹凸の状態を正確に知るために，三次元的な等高線図を必要とする場合もある．

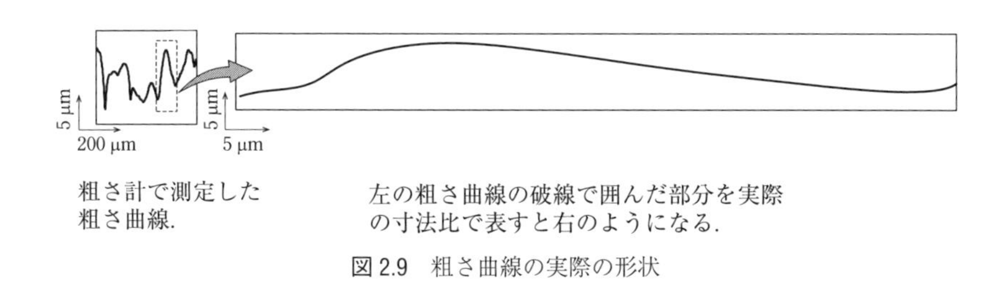

図 2.9　粗さ曲線の実際の形状

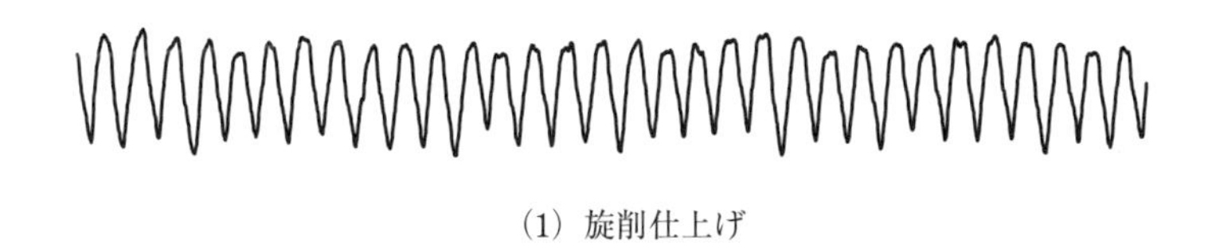

図 2.10　仕上げの違いによる粗さ曲線

2.2 表面層の構造と性質

2.2.1 金属表面の構造

機械材料として用いられる金属材料の表面は，通常，切削，研削，ポリシング などの加工法により必要な表面形状に仕上げられている．そのために，表面には 加工プロセスにより影響を受けた加工変質層がある．加工変質層は**図 2.11** に示 すように，結晶が微細化したり，結晶組織が引き伸ばされたりしており，母材と は異なった構造を持っている．また，大きな応力を受けるために，表面に向かう につれて加工硬化により硬さが増している．

加工後の金属表面は，外部の雰囲気から影響を受け，そのまま放置すると直ち に酸化膜を形成する．例えば，鉄鋼材料の表面は，温度によって数種類の酸化鉄 を形成することが知られている．**図 2.12** に示すように，母材から表面に向かっ て，FeO，Fe_3O_4，Fe_2O_3 の順に，大気に近くなるほど酸素の比が大きい酸化鉄 になる．酸化鉄の性質は，種類によって異なる．例えば，Fe_2O_3 は赤色，FeO と Fe_3O_4 は黒色である．また，Fe_2O_3 は硬く，研磨剤として使用されているの

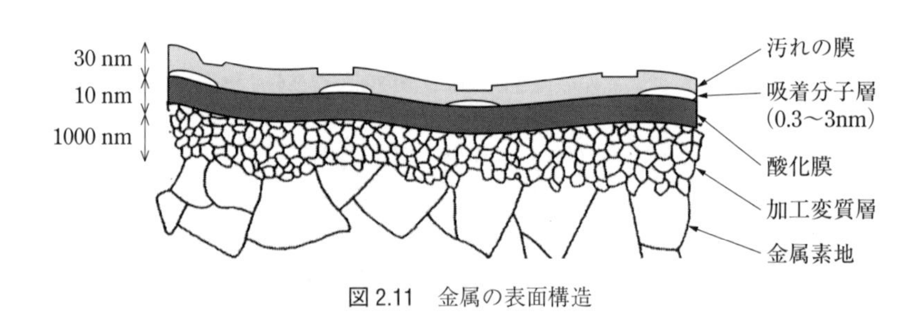

図 2.11　金属の表面構造

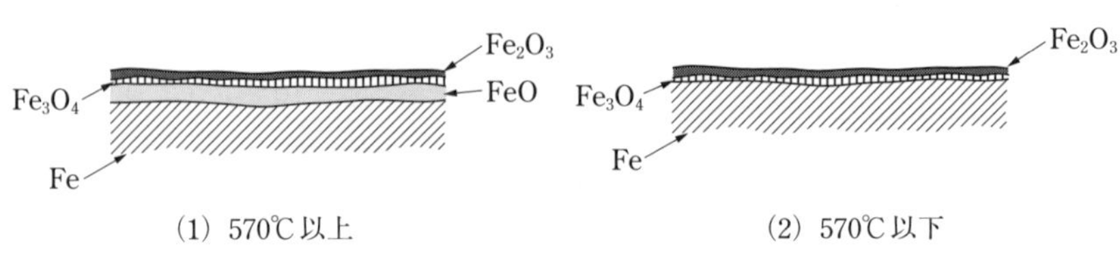

図 2.12　鉄の酸化膜層の構造[4)]

に対して，FeO と Fe_3O_4 は軟らかい．したがって，すべり条件によって生成する酸化物の種類が変われば，摩擦・摩耗特性は変化することになる．

実験によっても，同じ酸化物の厚みを持つ場合に Fe_2O_3 の方が Fe_3O_4 より高い摩擦係数を示すことがわかっている[5)]．そしてこれら酸化膜の上には，気体分子が瞬時にして吸着し，さらにその上に油や水などの汚れの層が形成される（図 2.11）．

2.2.2　表面自由エネルギー

固体表面が外部からの影響を受けやすいのは，表面が高いエネルギーを持つからである．図 2.13 に示すように，固体内部にある分子は，周りの分子に囲まれて分子間力の釣り合いがとれており，エネルギー的には安定した状態にある．それに対して，表面の分子はその上方に分子がないので，余分のエネルギーを持つ不安定な状態にある．このようなエネルギーを表面自由エネルギー（surface free energy）と呼ぶ．つまり固体表面は，内部と同じような安定化状態を作ろうとするために，気体分子や汚れ物質が付きやすくなるのである．なお，表面自由エネルギーは固体だけでなく液体の表面にも存在する．

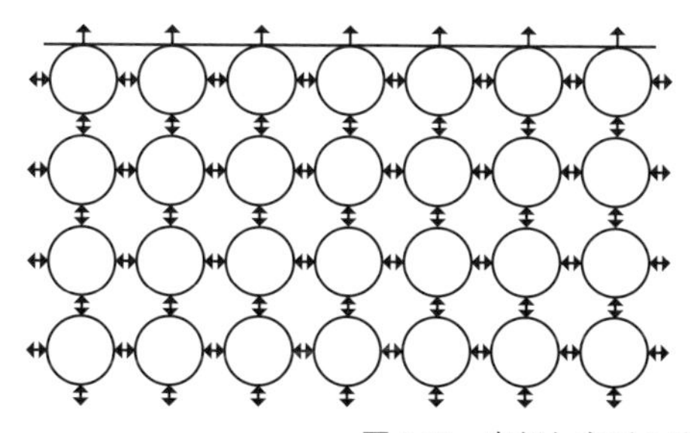

表面の分子は安定化するための相手を求めている．

内部の分子は隣接分子との力の釣り合いがとれて安定している．

図 2.13　内部と表面の分子の違い

2.2.3 表面張力とぬれ現象

前述したように，液体や固体の表面は内部と比べて高いエネルギーを持っており，その表面積をできるだけ小さくしようとする力が内部から働いている．この力を表面張力（surface tension）と呼ぶ．表面張力の正体は，分子間力で，液体分子同士に働くこの力を凝集力（adhesion energy）と呼ぶ．表面張力の単位は〔N/m〕であるが，単位面積当たりの表面自由エネルギー〔$Nm/m^2=J/m^2$〕と考えることができる．シャボン玉が丸くなるのも，一定体積で表面積が最も小さい，最小の表面自由エネルギーをとる形が球であるからである．

固体表面に液体を垂らしたとき，液体が広がってよくぬれるときと，玉状になってぬれないときがある．水は清浄な金属表面にはよくぬれて広がるのに，フッ素樹脂加工したフライパンの表面では縮んで水玉になる．また，ポリエチレンシートの上に油はよく広がるが，水は玉状になって広がらない．このような，液体と固体の組み合わせによってぬれたり，ぬれなかったりするのは，液体と固体の分子間力と液体の凝集力が関わるからである．

液体の表面張力は，液体内部に入れた円環を静かに引き上げるときに，表面積の増大に伴って円環に働く液体の張力から求められる（**図 2.14**）．**表 2.1** に示すように，水やグリセリンのような凝集力の大きな会合性液体（多くの分子が結合して存在している液体）は大きめの表面張力を示す．

固体の表面張力あるいは表面自由エネルギーも物質毎に異なり，金属のような数百～千 10^{-3}N/m（$=10^{-3}$N/m$=$dyne/cm）の高表面エネルギー物質と，有機

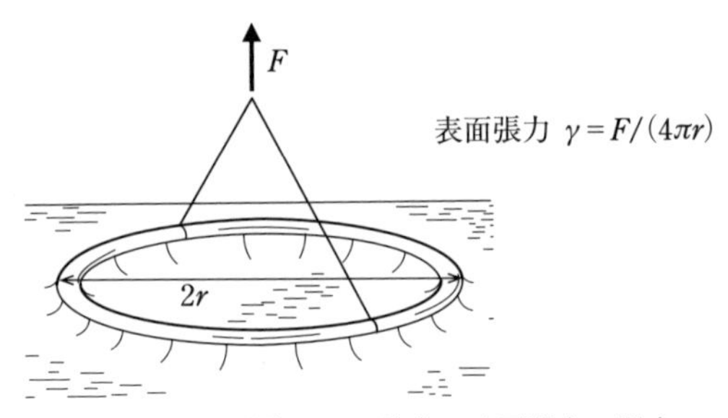

図 2.14　円環法による液体の表面張力の測定

表 2.1　代表的な液体の表面張力[6,7]

液　体	表面張力，10^{-3} N/m(20 ℃)
パーフルオロポリエーテル	19～21
鉱油	30～35
グリセリン	63
純水	72

表 2.2　有機固体材料の表面自由エネルギー[8]

高分子固体	水とのぬれ性	表面自由エネルギーγ，10^{-3} N/m(20 ℃)
PTFE	撥水性	22
ポリエチレン	疎水性	36
ポリビニルアルコール	親水性	55

固体材料のような 100 dyne/cm 以下の低表面エネルギー物質，その中間物質に分けられる．**表 2.2** に示すように，撥水性を示す PTFE（polytetrafluoroethylene）の γ は有機固体材料の中では最も小さく，親水性を示す材料ほど γ は大きくなる．

2.2.4　接触角

固体表面上の液体のぬれの目安として接触角が利用されている．**図 2.15** は固体表面に置かれた液滴の状態である．液滴を広げようとする飽和蒸気圧下の固体の表面張力が γ_{SV}，それに逆らう力が固体／液体間界面張力 γ_{SL} と液体の表面張力 γ_{LV} で，A 点での力の釣り合いから次式が成り立つ．

$$\gamma_{SV} = \gamma_{SL} + \gamma_{LV} \cos\theta \qquad (2.3)$$

上式をヤング（Young）の式，式中の θ を接触角（contact angle）と呼ぶ．接触角 $\theta=0$〔°〕は液体が固体表面に全面的に広がることを指し，$\theta=180$〔°〕は逆に

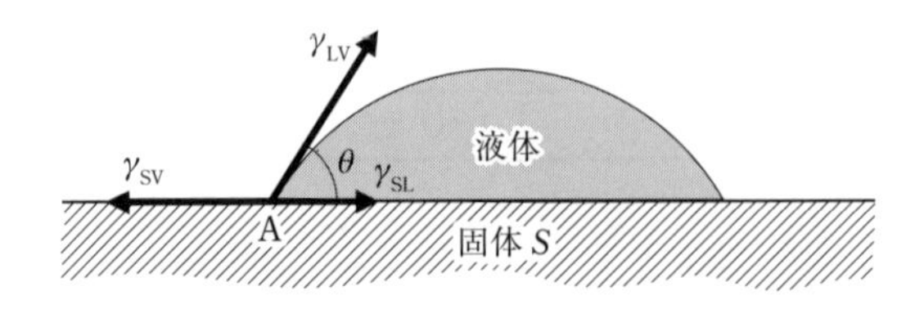

図 2.15　液滴のぬれ

まったくぬれない状態を意味する．

清浄な金属表面は液体にぬれやすいのに，汚れが付着するとはじくようになるのも，固体の表面エネルギーが汚れの付着によって低くなるためである．このようなぬれ現象の変化は，摩擦・摩耗において重要である．エンジンのシリンダ内壁が最初は高エネルギー表面であっても，運転中に油の劣化物質であるラッカーやワニスが付着して内壁が低エネルギー表面になると，油膜が表面に広がらずに部分的に潤滑不足の状態になって表面損傷が生じやすくなる．

第3章

接　触

固体同士が弾性接触するとき，接触面積や圧力分布はヘルツの弾性接触理論によって求められる．また，粗さのある固体表面同士が接触するとき，接触は見かけの接触面よりはるかに小さな粗さの突起部で生じる．

3.1　弾性接触

固体同士が接触するときの接触の形態は，接触表面の形状から，図 3.1 に示すように，面接触（area contact），線接触（line contact），点接触（point contact）の 3 種類に区別される．このうち，曲面を持つ円筒や球のような接触（集中接

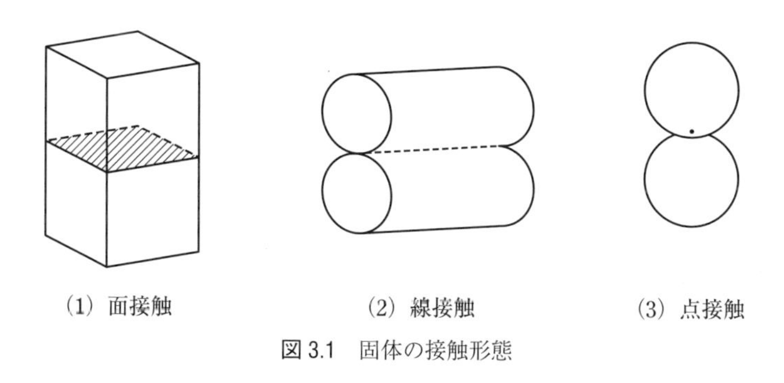

図 3.1　固体の接触形態

触）では極めて小さな接触面が生じ，そこでは高い圧力が生じる．このときの接触面積，圧力分布，最大圧力，弾性変形量は，ヘルツの弾性接触理論によって求められる．

3.1.1　点接触

いま図 3.2 に示すような，表面に粗さのない 2 個の弾性固体球が静止状態で，荷重 W を受けているとき，接触面は半径 a の円形になり，そこでの圧力分布はちょうどラグビーボールを半分に切ったような形になる．接触面中心を原点とすると，点(x, y)における圧力 p は，最大ヘルツ圧力 $P_{\max}$ を用いて次式で与えられる．

$$p=P_{\max}\sqrt{1-\left(\frac{x}{a}\right)^2-\left(\frac{y}{a}\right)^2} \tag{3.1}$$

ここでヘルツの接触半径 a，接触面積 A，平均ヘルツ圧力 P_{mean} はそれぞれ次式で与えられる．

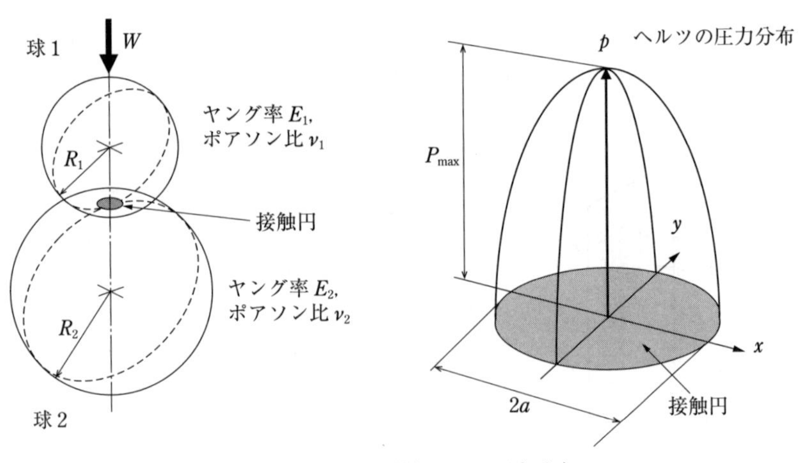

図 3.2　球同士の接触による圧力分布

$$a=\left(\frac{3WR}{2E'}\right)^{1/3} \tag{3.2}$$

$$A=\pi a^2=\pi\left(\frac{3WR}{2E'}\right)^{2/3} \tag{3.3}$$

$$P_{\mathrm{max}}=\frac{3}{2}P_{\mathrm{mean}}=\frac{3}{2}\frac{W}{\pi a^2} \tag{3.4}$$

式中，E'は等価ヤング率と呼ばれ，それぞれ球1と球2のヤング率をE_1, E_2，ポアソン比をν_1, ν_2とすると，次式で与えられる．

$$\frac{1}{E'}=\frac{1}{2}\left[\frac{1-\nu_1^2}{E_1}+\frac{1-\nu_2^2}{E_2}\right] \tag{3.5}$$

また，Rは等価曲率半径と呼ばれ，球1と球2の半径をR_1, R_2とすると，次式で与えられる（**図3.3**）．

$$\frac{1}{R}=\frac{1}{R_1}+\frac{1}{R_2} \tag{3.6}$$

式(3.3)より球同士の接触の場合の接触面積$A\,(=\pi a^2)$は，荷重Wの2/3乗に比例することがわかる．**表3.1**に代表的な材料のヤング率とポアソン比を示す．

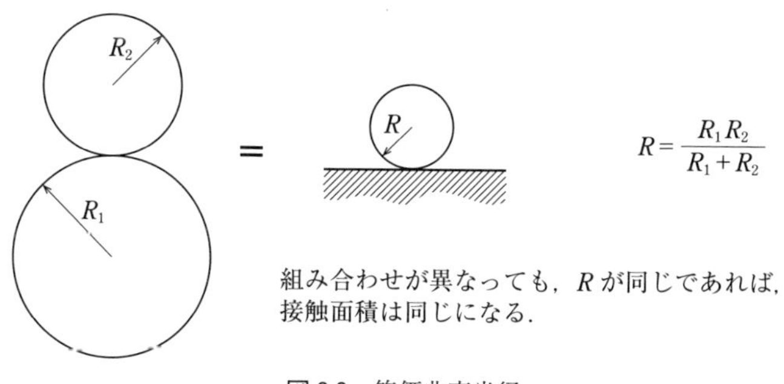

図3.3　等価曲率半径

表 3.1　代表的な材料のヤング率とポアソン比

材料	ヤング率 E, GPa	ポアソン比 ν
アルミニウム	70	0.35
鋼	210	0.3
Si_3N_4	300	0.28

[問題 3.1]　半径R_1=10〔mm〕とR_2=20〔mm〕の鋼球同士が荷重 10 N を受けて接触しているときのヘルツの接触半径 a, 最大ヘルツ圧力 P_{max}, 平均ヘルツ圧力 P_{mean} を求めよ．鋼のヤング率 E は 210 GPa, ポアソン比 ν は 0.3 とする．

[解答]　等価ヤング率 E' を式(3.5)より，等価曲率半径 R を式(3.6)より求める．

$$E'=2\Big/\left[\frac{1-\nu_1^2}{E_1}+\frac{1-\nu_2^2}{E_2}\right]=\frac{E}{1-\nu^2}=\frac{2.1\times10^{11}}{1-0.3^2}=2.31\times10^{11}=231\text{〔GPa〕}$$

$$R=\frac{R_1R_2}{R_1+R_2}=\frac{10\times20}{10+20}=6.67\text{〔mm〕}$$

$$a=\left(\frac{3WR}{2E'}\right)^{1/3}=\left(\frac{3\times10\times6.67\times10^{-3}}{2\times2.31\times10^{11}}\right)^{1/3}=7.57\times10^{-5}=75.7\text{〔μm〕}$$

$$P_{mean}=\frac{W}{\pi a^2}=\frac{10}{3.14\times(7.57\times10^{-5})^2}=5.56\times10^8=556\text{〔MPa〕}$$

$$P_{max}=\frac{3}{2}\times P_{mean}=1.5\times5.56\times10^8=8.34\times10^8=834\text{〔MPa〕}$$

［問題 3.2］　半径 $R_1=10$〔mm〕の鋼球が鋼平面に荷重 10 N を受けて接触するときの接触半径 a と平均ヘルツ圧力 P_{mean} を求めよ．

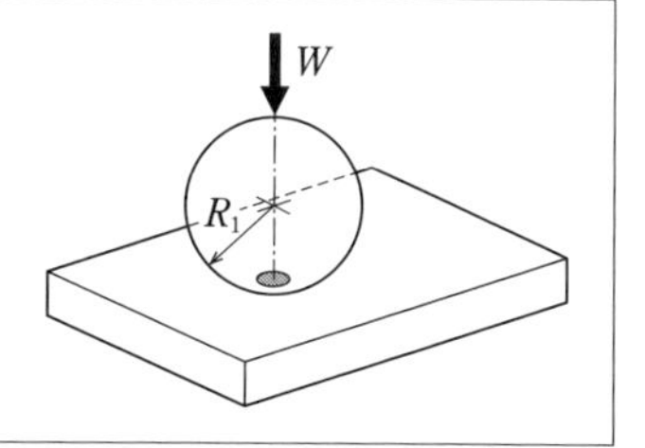

［解答］　固体の一方が平面の場合には，$R_2=\infty$ とおく．

固体 1 を鋼球，固体 2 を鋼平面とする．

$$\frac{1}{R}=\frac{1}{10}+\frac{1}{\infty}=\frac{1}{10}\qquad R=10\ \text{〔mm〕}$$

$$a=\left(\frac{3WR}{2E'}\right)^{1/3}=\left(\frac{3\times10\times10\times10^{-3}}{2\times2.31\times10^{11}}\right)^{1/3}=8.66\times10^{-5}=86.6\ \text{〔μm〕}$$

$$P_{\mathrm{mean}}=\frac{W}{\pi a^2}=\frac{10}{3.14\times(8.66\times10^{-5})^2}=4.25\times10^8=425\ \text{〔MPa〕}$$

3.1.2　線接触

図 3.4 に示すように，半径 R_1, R_2 で長さ L の 2 個の円筒が荷重 W を受けて平行して接触しているとき，接触面は長方形になる．このときの圧力 p，接触半幅 b，接触面積 A，最大ヘルツ圧力 P_{max}，平均ヘルツ圧力 P_{mean} はそれぞれ次式で与えられる．

$$p=P_{\mathrm{max}}\sqrt{1-\left(\frac{x}{b}\right)^2}\tag{3.7}$$

$$b=\sqrt{\frac{8RW}{\pi E'L}}\tag{3.8}$$

$$A=2bL\tag{3.9}$$

$$P_{\mathrm{max}}=\frac{4}{\pi}P_{\mathrm{mean}}=\frac{2W}{\pi bL}\tag{3.10}$$

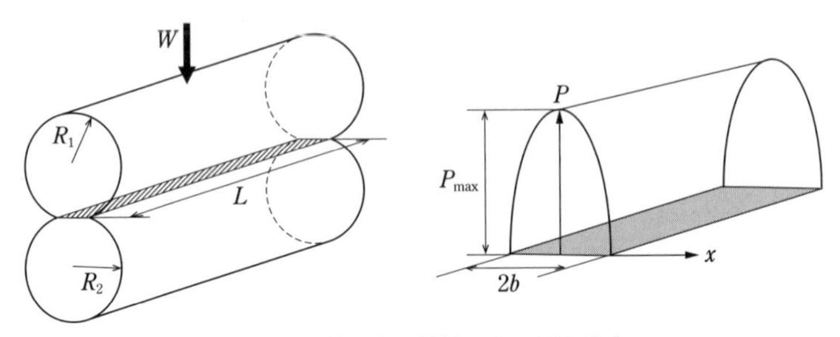

図 3.4　円筒同士の接触による圧力分布

> **[問題 3.3]**　図 3.4 において，半径 $R_1=10$〔mm〕と $R_2=20$〔mm〕で長さ $L=20$〔mm〕の鋼製円筒同士が荷重 10 N を受けて接触しているときの接触半幅 b，最大ヘルツ圧力 $P_{\max}$，平均ヘルツ圧力 P_{mean} を求めよ．

[解答]

$$R=\frac{R_1R_2}{R_1+R_2}=\frac{10\times 20}{10+20}=6.67\ \text{〔mm〕}$$

$$b=\sqrt{\frac{8RW}{\pi E'L}}=\sqrt{\frac{8\times 6.67\times 10^{-3}\times 10}{3.14\times 2.31\times 10^{11}\times 20\times 10^{-3}}}=6.06\times 10^{-6}=6.06\ \text{〔μm〕}$$

$$P_{\max}=\frac{2W}{\pi bL}=\frac{2\times 10}{3.14\times 6.06\times 10^{-6}\times 20\times 10^{-3}}=5.26\times 10^{7}=52.6\ \text{〔MPa〕}$$

$$P_{\mathrm{mean}}=\frac{\pi}{4}P_{\max}=4.13\times 10^{7}=41.3\ \text{〔MPa〕}$$

また，**図 3.5** のような内接接触をする場合には，曲率半径に負号をつけて計算する．

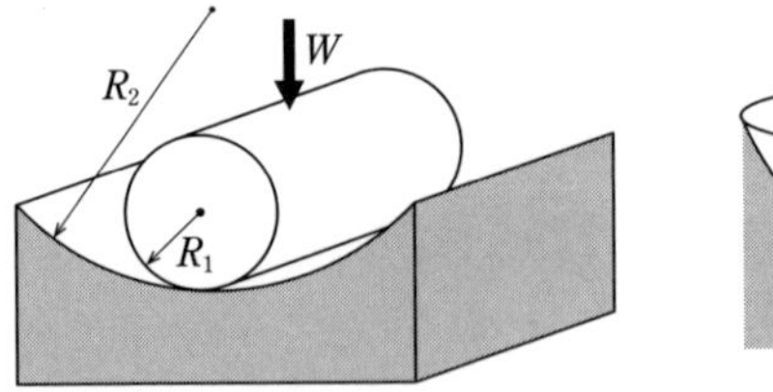

(1) 円筒と凹曲面の接触

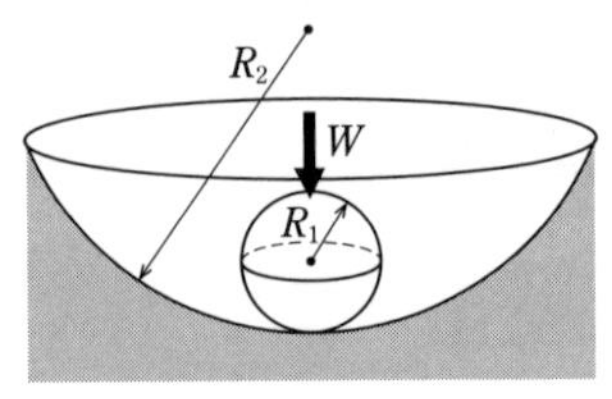

(2) 球と凹球面の接触

図 3.5　内接接触

3.1.3　任意の曲面同士の接触

弾性固体 1 と弾性固体 2 が荷重 W を受けて接触しているとき，接触面積と圧力分布は，ヘルツの弾性接触理論により与えられる[1]．ヘルツの理論では，それらを求める際に数値計算を伴うので取り扱いがやや厄介である．ここではハムロック（Hamrock）らによる使いやすい近似式を紹介する[2,3]．

図 3.6 に示すように，固体 1 と固体 2 の曲率半径をそれぞれ R_1, R_2 とし，まず x 方向と y 方向の座標軸を $1/R_x > 1/R_y$ となるように定める．

$$\frac{1}{R}=\frac{1}{R_x}+\frac{1}{R_y} \tag{3.11}$$

$$R_x=\frac{R_{1,x}R_{2,x}}{R_{1,x}+R_{2,x}} \qquad R_y=\frac{R_{1,y}R_{2,y}}{R_{1,y}+R_{2,y}} \tag{3.12}$$

接触面上の任意の点における圧力 p は次式で与えられる．

$$p=P_{\max}\sqrt{1-\left(\frac{x}{b}\right)^2-\left(\frac{y}{a}\right)^2} \tag{3.13}$$

式中，a と b はそれぞれ図 3.6 に示す y 方向と x 方向の接触半幅である．

接触部における平均ヘルツ圧力 P_{mean} と最大ヘルツ圧力 $P_{\max}$ は次式で表される．

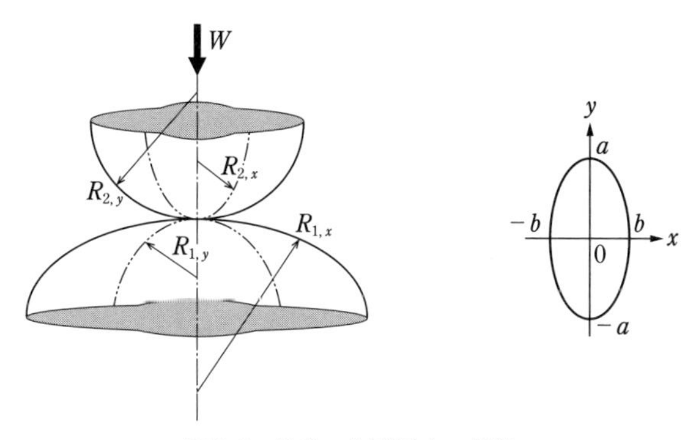

図 3.6　任意の曲面同士の接触

$$P_{\mathrm{mean}}=\frac{2}{3}P_{\mathrm{max}}=\frac{W}{\pi ab} \tag{3.14}$$

ここで，接触半幅 a と b はそれぞれ次式で与えられる．

$$a=\left(\frac{6k^2\varepsilon WR}{\pi E'}\right)^{1/3} \tag{3.15}$$

$$b=\left(\frac{6\varepsilon WR}{\pi kE'}\right)^{1/3} \tag{3.16}$$

式中の k と ε はそれぞれ次式で与えられる．

$$k=1.0339\left(\frac{R_y}{R_x}\right)^{0.636} \tag{3.17}$$

$$\varepsilon=1.0003+0.5968\left(\frac{R_x}{R_y}\right) \tag{3.18}$$

[問題 3.4]　半径 10 mm の鋼球が荷重 50 N を受けて，右図に示す半径 150 mm，半径 20 mm の鋼製凹曲面と内接接触するときの接触半径と最大ヘルツ圧力を求めよ．

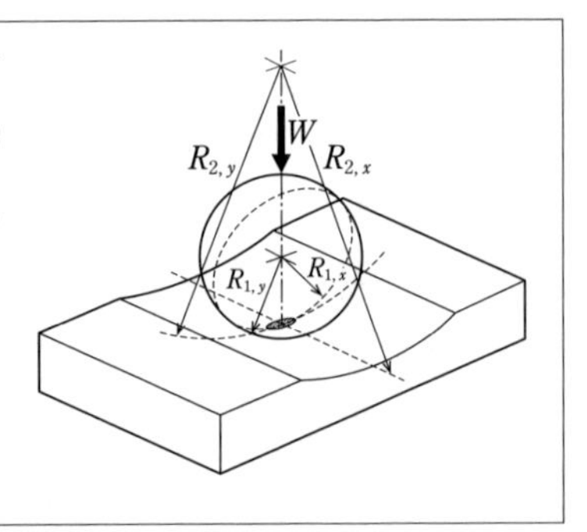

[解答]　固体 1 を鋼球，固体 2 を凹曲面とし，座標軸を $1/R_x > 1/R_y$ となるように定める．

$$R_{1,x}=R_{1,y}=10 \text{〔mm〕}, \qquad R_{2,x}=-150 \text{〔mm〕}, \qquad R_{2,y}=-20 \text{〔mm〕}$$

$$\frac{1}{R_x}=\frac{1}{R_{1,x}}+\frac{1}{R_{2,x}}=\frac{1}{10}+\frac{1}{-150}=\frac{1}{10.7}$$

$$R_x=10.7 \text{〔mm〕}, \qquad 1/R_x=0.093$$

$$\frac{1}{R_y}=\frac{1}{R_{1,y}}+\frac{1}{R_{2,y}}=\frac{1}{10}+\frac{1}{-20}=\frac{1}{20}$$

$$R_y=20\ \text{〔mm〕},\qquad 1/R_y=0.05$$

$1/R_x > 1/R_y$ であることを確認.

$$R=\frac{R_x R_y}{R_x+R_y}=\frac{10.7\times 20}{10.7+20}=6.97\ \text{〔mm〕}$$

$$k=1.0339\left(\frac{R_y}{R_x}\right)^{0.636}=1.0339\left(\frac{20}{10.7}\right)^{0.636}=1.54$$

$$\varepsilon=1.0003+0.5968\left(\frac{R_x}{R_y}\right)=1.0003+0.5968\left(\frac{10.7}{20}\right)=1.32$$

$$a=\left(\frac{6k^2\varepsilon WR}{\pi E'}\right)^{1/3}=\left(\frac{6\times 1.54^2\times 1.32\times 50\times 6.97\times 10^{-3}}{3.14\times 2.31\times 10^{11}}\right)^{1/3}$$
$$=2.08\times 10^{-4}\ \text{〔m〕}=0.208\ \text{〔mm〕}$$

$$b=\left(\frac{6\varepsilon WR}{\pi kE'}\right)^{1/3}=\left(\frac{6\times 1.32\times 50\times 6.97\times 10^{-3}}{3.14\times 1.54\times 2.31\times 10^{11}}\right)^{1/3}$$
$$=1.35\times 10^{-4}\ \text{〔m〕}=0.135\ \text{〔mm〕}$$

$$P_{\max}=\frac{3}{2}\frac{W}{\pi ab}=\frac{3\times 50}{2\times 3.14\times 2.08\times 10^{-4}\times 1.35\times 10^{-4}}$$
$$=8.51\times 10^{8}\ \text{〔Pa〕}=851\ \text{〔MPa〕}$$

3.2 塑性接触

3.2.1 塑性変形

固体に力を加えると変形することはよく知られている. 材料の強度試験として, 引張力を加えたときの鋼の応力－ひずみ線図は, **図 3.7** のような変化を示す.

図中応力が小さいところは, 応力の増加にしたがってひずみが比例的に増加

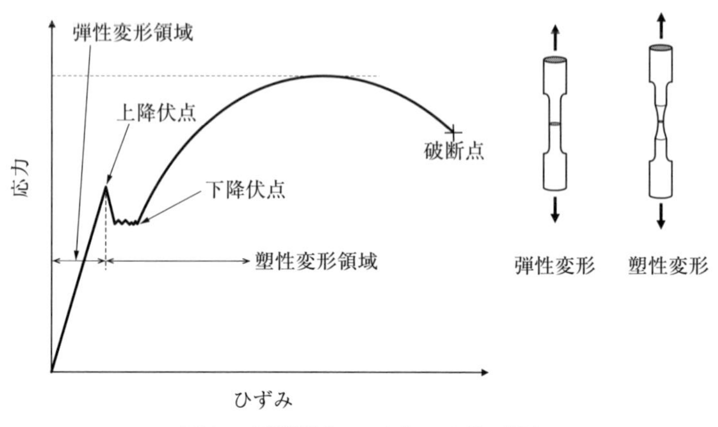

図 3.7　引張試験での応力－ひずみ線図

し，応力を除去するとひずみはなくなり元の状態に戻る弾性変形領域である．さらに応力を増加させると，弾性変形の限界を超え，応力を除去してもひずみは残ったままである．このときの変形を塑性変形と呼び，塑性変形が生じる応力を降伏応力と呼ぶ．

荷重を加えて圧縮変形を加えていったときも引張変形と同様で，荷重を大きくしていくと，最初は弾性変形を生じ，ある限界値を超えると塑性変形領域に達する．**図 3.8** に示す半径 a の円形接触では，表面より下の $0.5a$ の位置から塑性変形が始まり，さらに荷重が増すと，そこからさらに塑性変形域が広がって最終的には接触面下の全域が塑性変形状態になる．このときの接触面積 A は荷重 W に比例し，塑性流動圧力 p_m に逆比例する．

$$A=\frac{W}{p_m} \tag{3.19}$$

塑性流動圧力は，荷重を増大させたときに，接触部付近の表面に近い内部がすべて塑性変形を生じる圧力である．また，塑性流動圧力 p_m は材料の硬さ H に相当するもので，単純引張りの降伏応力 σ_y と次の関係がある[4)]．

$$p_m=H\approx 3\sigma_y \tag{3.20}$$

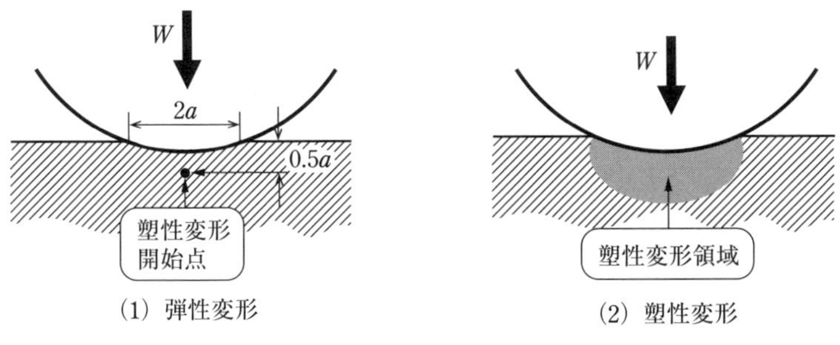

図 3.8　圧縮による表面下の塑性変形

3.2.2　真実接触面積

二表面を重ね合せた場合の，幾何学的形状により決まる投影面積を見かけの接触面積と呼ぶ．一方，現実の表面には粗さがあるので，接触部を拡大して見ると，図 3.9 に示すように表面の凸部同士が接触している．このような凸部同士の接触部を真実接触部，接触面積の総和を真実接触面積（real contact area）と呼ぶ．

接触面の電気抵抗の測定結果から，真実接触部の数と真実接触面積を実験的に調べた結果を表 3.2 に示す．真実接触面積 A_r は荷重 W に比例して増えるが，接触部の数はあまり増えないこと，真実接触面積 A_r は見かけの接触面積 A_{ap} のわずか数百分の 1 から数万分の 1 にしかすぎないことがわかる．このように，真実接触面積は見かけの接触面積と比べてずっと小さく，そこで全荷重を支えているので，荷重がたとえわずかであっても，真実接触部の圧力は極めて高くなり，大抵は弾性変形域を超えて塑性変形状態にある．

いま，二表面に加わる全荷重を W，荷重を支えるために真実接触部の面圧が材料の塑性流動圧力 p_m となるまで潰れるとすると，そのときの真実接触面積の総和 A_r は次式で与えられる．

$$A_r = \frac{W}{p_m} \tag{3.21}$$

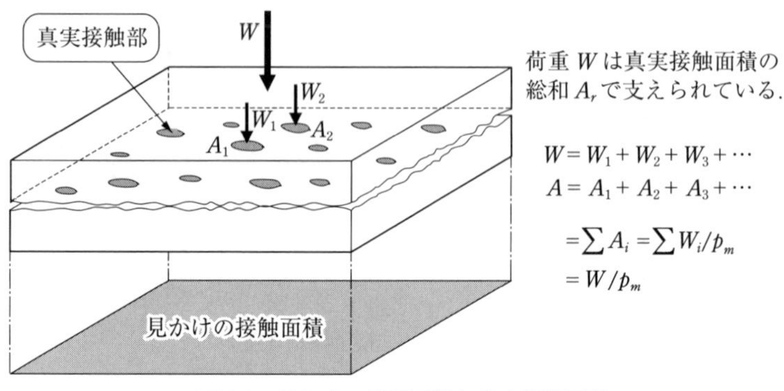

図 3.9　見かけの接触面積と真実接触面積

表 3.2　真実接触面積と見かけの接触面積[5)]
（軟鋼，見かけの接触面積 A_{ap}=2000〔mm^2〕）

荷重 W，kgf	A_r，mm^2	A_r/A_{ap}	真実接触部の数
500	5	1/400	35
20	0.2	1/10000	9
2	0.02	1/100000	3

3.2.3　塑性指数

実際の粗さは突起の高さに分布があるので，弾性接触するものもあれば，塑性接触するものもある．そこで平均的な接触状態を表す塑性指数（plasticity index）Ψ が尺度として用いられる．塑性指数 Ψ は，すべての粗さ突起が曲率半径 β を持つと仮定して（図 3.10），軟らかい方の材料の硬さを H，二面の合成粗さを $\sigma(=\sqrt{\sigma_1^2+\sigma_2^2}, \sigma_1$ と σ_2 は固体 1 と固体 2 の二乗平均平方根粗さ)，等価ヤング率を E' とすると，次式で与えられる[6)]．

$$\Psi = \frac{E'}{2H}\sqrt{\frac{\sigma}{\beta}} \tag{3.22}$$

ここで $\Psi < 0.6$ であれば大半の接触は弾性接触，$\Psi > 1$ であればわずかな荷重で

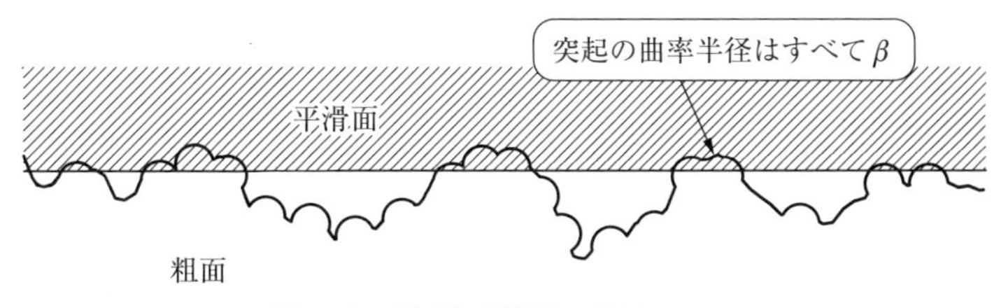

図 3.10　粗面と平滑面の接触モデル

あっても塑性接触，中間では弾性接触と塑性接触が混在している状態と見なされる．

繰り返し摩擦によって突起の曲率半径βが大きくなり，表面粗さσが小さくなると塑性指数Ψは小さくなって，条件的に過酷な塑性接触状態から温和な弾性接触状態へと変化していく．

第 4 章

摩　擦

固体表面上を別の固体がすべるとき，運動する固体表面には動きに対する抵抗が生じる．この力を摩擦力と呼ぶ．潤滑油やグリースを使わないときの乾燥下の金属同士のすべりでは，表面の凝着が摩擦の主要因となる．

4.1　摩擦の法則

ルネッサンス時代のイタリアのレオナルド・ダ・ヴィンチ（Leonardo da Vinci）は芸術家であり，哲学者であると同時に偉大な科学者であることが知られており，多方面で業績を残している．乾燥摩擦（dry friction，固体摩擦とも呼ぶ）の機構についての研究も彼の興味の対象であった．彼は木材や鉄を使用して摩擦の実験を行い（図 4.1），後述する摩擦の法則を見出していた．

時代は下って 17 世紀末のフランスのアモントン（Amontons）と，18 世紀のクーロン（Coulomb）は広範囲な摩擦実験を行い，摩擦力に関しての知見をまとめた．それらはアモントン－クーロンの摩擦の法則と呼ばれる．

①摩擦力は垂直荷重に比例する．

②摩擦力は見かけの接触面積には無関係である．

③動摩擦力は，すべり速度とは無関係である．

④静摩擦力は動摩擦力よりも大きい．

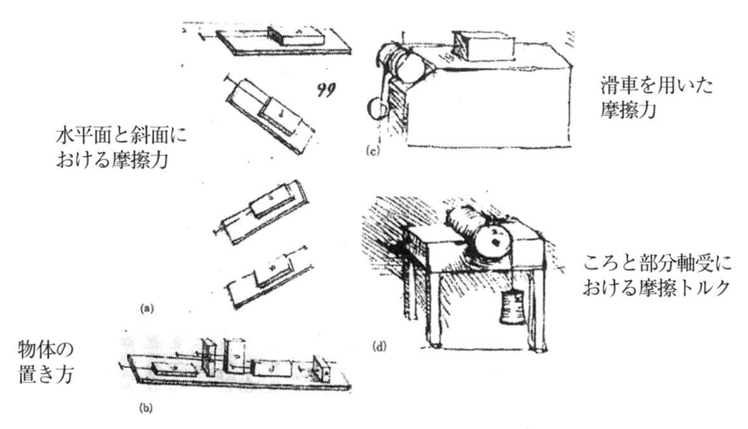

図 4.1　レオナルドの摩擦の研究[1)]

ここで静摩擦力（static friction force）と動摩擦力（kinetic friction force）について触れておく．図 4.2 に示すように，重さ W の物体に水平方向の力 F を加えたとき，F が小さい範囲では物体の底面には，F と同じ大きさで逆向きの摩擦抵抗 F_s が働き，力は釣り合って物体は動かない．このときの力を静摩擦力と呼ぶ．荷重を増していくとそれに伴って F_s も大きくなるが，やがて F_s の限界値を超えて動き出すようになる．動きだす直前を極限釣り合いの状態といい，そのときの摩擦抵抗を最大静摩擦力と呼ぶ．このように静摩擦力は変化するが，最大静摩擦力のことを単に静摩擦力と呼ぶこともある．また，荷重 W に対する静摩

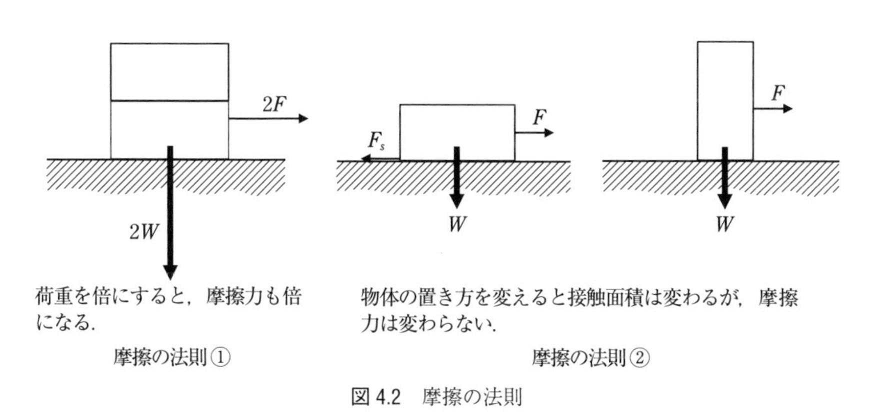

図 4.2　摩擦の法則

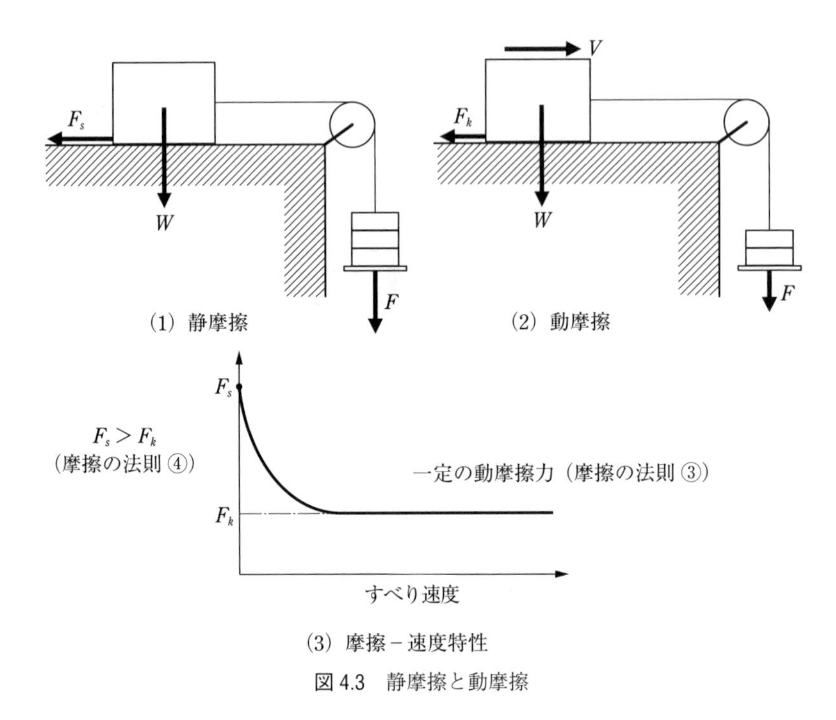

図 4.3　静摩擦と動摩擦

擦力 F_s の比を静摩擦係数 μ_s と呼ぶ.

$$\mu_s = \frac{F_s}{W} \tag{4.1}$$

一方，物体がすべっている最中にも，すべり方向とは逆向きの摩擦力 F_k を受ける（**図 4.3**）．この力を動摩擦力，荷重 W に対する動摩擦力 F_k の比を動摩擦係数 μ_k と呼ぶ．動摩擦力は，すべり速度 V とは無関係で，静摩擦力より小さい（図 4.3(3)）．

$$\mu_k = \frac{F_k}{W} \tag{4.2}$$

表 4.1 に，表面に汚れのない金属材料の組み合わせによる動摩擦係数を示す．異種金属同士に比べて同種金属同士の方が高い摩擦係数を示すことがわかる．

表 4.1　金属材料の動摩擦係数[2)]

室温，大気中

金属の組み合わせ	摩擦片	摩擦面	動摩擦係数 μ_k
異種金属同士	Ag	軟鋼	0.4
	Ni	軟鋼	0.4
同種金属同士	Ag	Ag	1.4
	Ni	Ni	0.7
同種合金同士	軟鋼	軟鋼	0.35-0.4

ここに示す摩擦係数はある特定の条件で測定された値である．
別の測定値[3)]によれば，摩擦係数は 0.4〜1.5 の範囲にある．

なお，アモントン－クーロンの法則は，あくまで実験によって見出された経験則であって，エネルギー保存の法則などの絶対的な法則ではない．特にクーロンによって見出された摩擦の法則③の成立する範囲は，摩擦の法則①，②と比べてずっと狭くなる．また流体潤滑においては，摩擦力は流体膜の性質の影響を受けて変化するので，摩擦の法則は成立しない．

4.2　摩擦の主要因――凝着摩擦

摩擦の要因には，①凝着，②掘り起こし，③転がりの 3 つが挙げられる．

4.2.1　凝着摩擦理論

粗さのある表面同士を互いに押し付けると，真実接触部で結合が生じる．これを凝着（ぎょうちゃく）（adhesion）と呼ぶ．凝着した部分を引き離すのに要する力が摩擦力であるとした理論を摩擦の凝着説と呼ぶ．凝着による摩擦は，図 4.4 に示すように，まず表面凸部の接触から始まり，接触部が塑性変形を生じて凝着し，凝着部でせん断が起こるといったプロセスによるものである．摩擦力 F は，凝着部のせん断強さを s とすると次式で表される．

$$F = A_r s \tag{4.3}$$

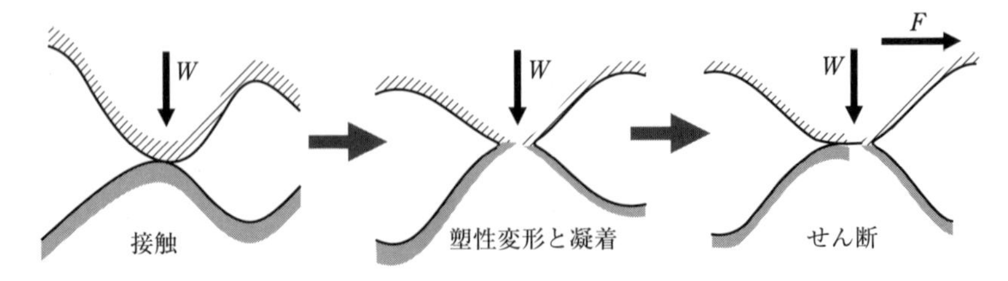

表面の酸化膜が破壊されると金属母材同士が強く凝着する.

図 4.4　凝着部のせん断による摩擦

式(4.3)と，真実接触面積 A_r，荷重 W，塑性流動圧力 p_m の関係 $A_r = W/p_m$ を用いると，摩擦係数 μ と摩擦力 F はそれぞれ次式の形で表される.

$$\mu = \frac{F}{W} = \frac{A_r s}{A_r p_m} = \frac{s}{p_m} \tag{4.4}$$

$$F = \frac{s}{p_m} W \tag{4.5}$$

ただし異種材料の組み合わせでは，p_m と s は軟らかい材料の値をとる．式(4.5)によれば，摩擦力は荷重に比例し，見かけの接触面積とは無関係であることから摩擦の法則①と②を満足している.

4.2.2　修正凝着摩擦理論

凝着摩擦に基づく摩擦係数は，結局式(4.4)より，材料の機械的性質であるせん断強さ s と塑性流動圧力 p_m によって決まることがわかった．ところが塑性論によれば，せん断強さは塑性流動圧力の 1/5 程度であるので，摩擦係数は材料の組み合わせの違いによらず一定の値を示すことになる.

$$\mu = \frac{F}{W} = \frac{A_r s}{A_r p_m} = \frac{s}{p_m} \approx 0.2 \tag{4.6}$$

$$\mu = \frac{\text{金属のせん断強さ}}{\text{金属の塑性流動圧力}}$$

一方金属材料の摩擦係数は，材料やそれらの組み合わせによってまちまちであって，乾燥下では0.4～1の場合が多く，ときには1を超えることもある．

この矛盾に対して，イギリスのバウデン（Bowden）とテーバー（Tabor）は，荷重と摩擦力が同時に作用すると，凝着部の面積が増えていくとした凝着部成長理論を発表し，表面の状態によって摩擦係数が変わることや，真空中で高摩擦係数が生じる現象を説明している．

いま，塑性流動圧力 p_m の固体表面に垂直応力 p とせん断応力 s が同時に作用している三次元の接触状態を考え，塑性変形が始まる条件として次式を仮定する．

$$p^2+\alpha s^2={p_m}^2 \tag{4.7}$$

式中，α は降伏条件におけるせん断応力の寄与率であって，3～25の範囲の値をとる．塑性流動圧力 p_m は，第3章で述べたように材料によって決まるので，式(4.7)は，せん断応力 s が加わると低い応力 p で塑性変形が起こることを意味している．荷重が作用していないとき，つまり式(4.7)において，垂直応力 $p=0$ のときの凝着部のせん断強さを s_m とすると，α は次式で表される．

$$\alpha=\frac{{p_m}^2}{{s_m}^2} \tag{4.8}$$

図 4.5 に示すように，荷重 W のみが作用するときの真実接触面積を $A_{r0}=W/p_m$ とし，荷重 W と摩擦力 F が組み合わさったときの真実接触面積を A_r とすると，$p=W/A_r$ と $s=F/A_r$ であるので，それらを式(4.7)に代入すると次式が得られる．

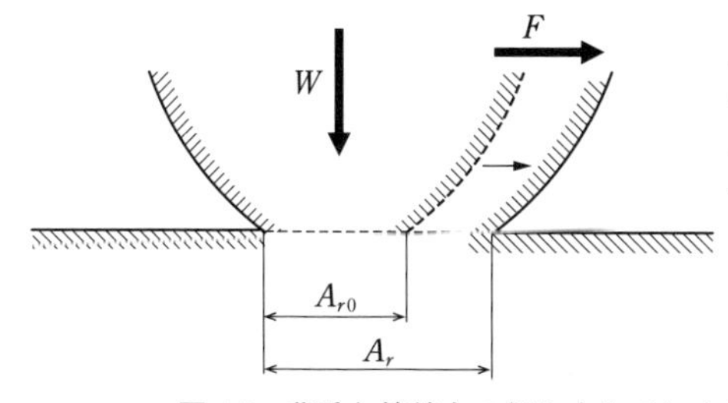

荷重 W のみのときに真実接触面積は A_{r0} であったものが，接線力 F が作用すると真実接触面積は A_r のように増大する．ただし，すべりは生じない．

図 4.5　荷重と接線力の組み合わせによる真実接触面積の増大

$$\left(\frac{W}{A_r}\right)^2+\alpha\left(\frac{F}{A_r}\right)^2=\left(\frac{W}{A_{r0}}\right)^2 \tag{4.9}$$

上式を整理すると次式の形になる．

$$1+\alpha\left(\frac{F}{W}\right)^2=\left(\frac{A_r}{A_{r0}}\right)^2 \tag{4.10}$$

$$\therefore \quad A_r=A_{r0}\sqrt{1+\alpha\left(\frac{F}{W}\right)^2}=A_{r0}\sqrt{1+\alpha\phi^2} \tag{4.11}$$

式中の $\phi(=F/W)$ はすべり出す前の接線力と荷重の比で，すべり摩擦係数と区別するために接線力係数と呼ぶ．式(4.11)は接線力係数 ϕ が大きくなるほど，真実接触面積 A_r が増えていくことを意味している．見方を変えれば，接線力がいくら増えても真実接触面積が際限なく増えるだけで，すべり（＝凝着部のせん断破壊）は生じない．

そこで次に凝着部のせん断強さを考える．汚れのまったくない金属のせん断強さは s_m であるが，現実には汚れがあって，界面のせん断強さは s_m より小さいと考えられる．そこで，清浄度を表す尺度 $k(0<k<1)$ を導入し，完全な清浄である場合を $k=1$ とすると，汚れがあるときの界面のせん断強さ s_f は次式で表される．

$$s_f=ks_m \tag{4.12}$$

したがって，すべりが始まるときの条件は次式で与えられる．

$$p^2+\alpha s_f{}^2=p_m{}^2=\alpha s_m{}^2=\alpha\frac{s_f{}^2}{k^2} \tag{4.13}$$

上式を整理すると，

$$s_f=\frac{kp}{\sqrt{\alpha(1-k^2)}} \tag{4.14}$$

ここで，$F=s_fA_r$，$W=pA_r$ であるので，すべり出し時の摩擦係数 μ は次式で表される．

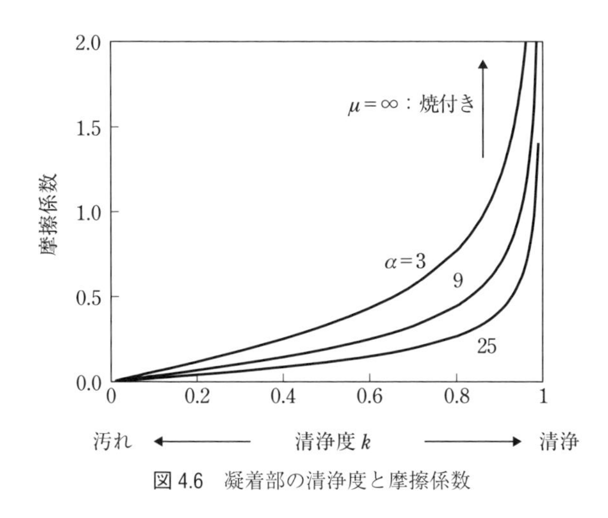

図 4.6　凝着部の清浄度と摩擦係数

$$\mu=\frac{F}{W}=\frac{s_f A_r}{p A_r}=\frac{k}{\sqrt{\alpha(1-k^2)}} \tag{4.15}$$

図 4.6 は，式(4.15)を使って k と μ との関係を見たものである．清浄度 k が小さいとき，例えば $k=0.5$ 程度の適当に汚れがあるときには摩擦係数は 0.1〜0.3 程度の値であるが，清浄度 k が大きくなるにしたがって μ は高くなり，k が 1 に近づくと，$\mu=$ 無限大つまり焼付きに至ることを示している．また，清浄度が大きくない範囲では，α の違いは摩擦係数に大きな差をもたらしていない．

図 4.7 は，式(4.11)と式(4.15)を使って，すべり出し時の摩擦係数を説明したものである．接線力が加わると，図中実線で示すように真実接触面積は増大し，接線力が汚れや酸化膜などによって決まる界面のせん断強さに至るとすべりが生じる．

式(4.15)において k が小さいとき，k^2 を無視した次式が成り立つ．

$$\mu=\frac{k}{\sqrt{\alpha(1-k^2)}}\approx\frac{k}{\sqrt{\alpha}}=\frac{s_f}{s_m\sqrt{\alpha}}=\frac{s_f}{p_m} \tag{4.16}$$

すなわち，摩擦係数は次式の形になる．

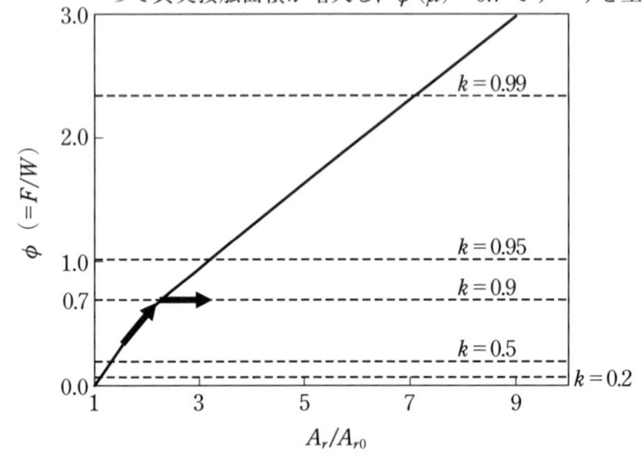

図 4.7　接線力による真実接触面積の増加とすべり出し時の摩擦係数（$\alpha=9$）

$$\mu=\frac{\text{界面のせん断強さ}}{\text{金属の塑性流動圧力}}$$

4.3　表面膜の効果

4.3.1　軟質被膜の効果

材料の機械的性質を利用して，固体摩擦を下げる方法のひとつが図 4.8 に示す表面膜の効果である．すなわち，硬質材料同士の場合には真実接触面積 A_r は小さいもののせん断強さ s は大きく，硬質材料と軟質材料の組み合わせでは，逆に，s は小さいが A_r は大きくなっていずれも摩擦力は大きくなる．硬質材料の表面にせん断強さの小さな被膜をつければ，荷重は下地の硬質材料で支えられるので真実接触面積 A_r は小さく，しかも軟質材料のせん断強さ s は小さいので，結果として小さな摩擦力が得られることになる．

このような軟質被膜の効果を利用したもののひとつが，図 4.9 に示すすべり軸受である．荷重を支持する裏金と呼ばれる鋼板，その上にライニングと呼ばれる合金，さらにその上にオーバーレイと呼ばれる薄いめっきをつけた 3 層構造から

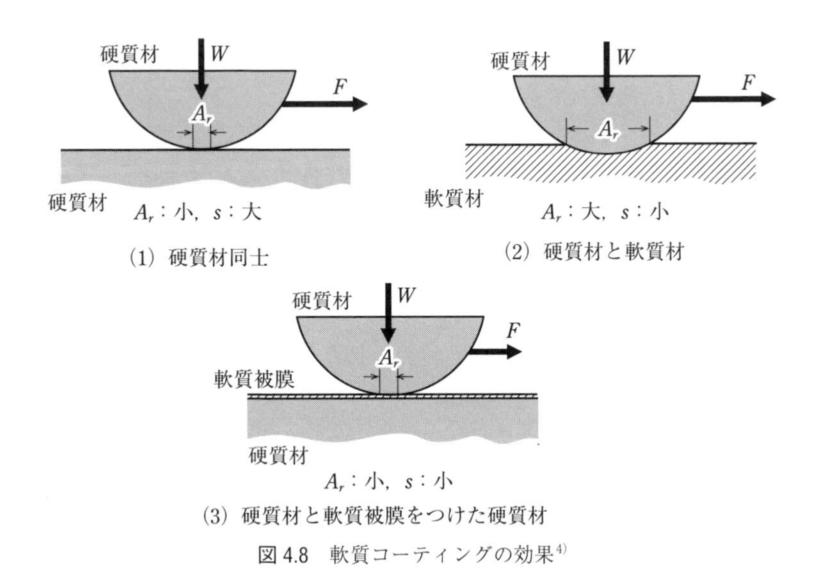

図 4.8　軟質コーティングの効果[4)]

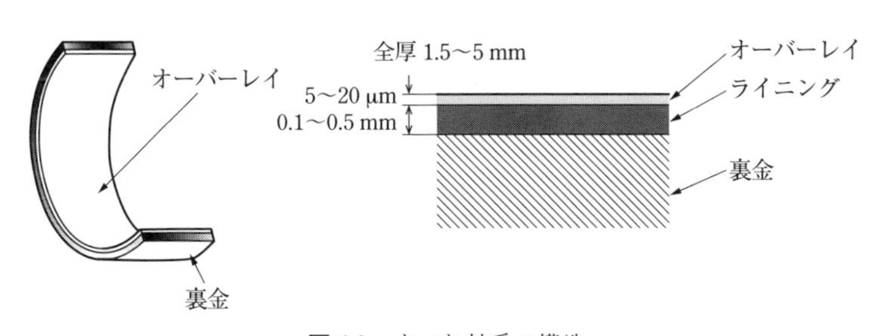

図 4.9　すべり軸受の構造

なる．オーバーレイにはせん断強さの低い鉛青銅めっきやアルミニウム－錫合金めっきなどが用いられる．

4.3.2　硬質被膜の効果

硬質被膜は，主として摩耗（第７章で述べるアブレシブ摩耗）を防止するのがねらいであるが，膜が凝着しにくい材料や，固体潤滑として作用する材料の場合，低い摩擦係数が得られる．以下では，その例となる自動車部品や金型・治具類など幅広い分野で用いられている硬質材料ダイヤモンドライクカーボン DLC

（Diamond-Like Carbon）について触れる．

DLC の特長は，高硬度と表面平滑性，非凝着性であるが，それらは多様性のある独特の構造によってもたらされる．すなわち，DLC は，**図 4.10** に示すダイヤモンドの sp3 結合とグラファイトの sp2 結合の双方を含むアモルファス構造であって，それらの結合の割合と水素含有量の違いで様々な組成の DLC が存在し，物性が大きく変化する．また，DLC 膜の厚さは，**図 4.11** に示すように数 μm 程度である．

DLC の表面平滑性は，構造が結晶粒界を持たないためで，相手面への攻撃性は平滑であることによって緩和される．また，無潤滑下における低摩擦の原因と

ダイヤモンド	DLC	グラファイト
		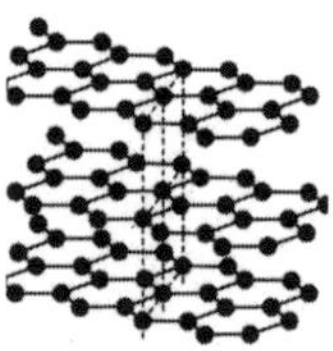
ダイヤモンド構造 sp3 構成元素：C	アモルファス （非結晶） 構成元素：C，H	グラファイト構造 sp2 構成元素：C

図 4.10　DLC の構造

図 4.11　超硬 G2 研削面上の DLC 膜[5]

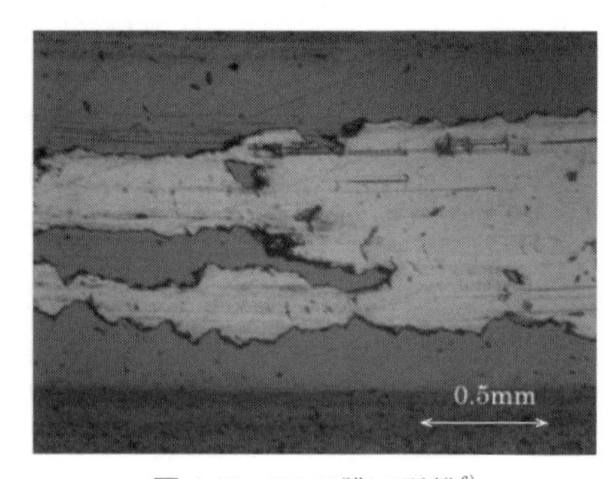

図 4.12　DLC 膜の剥離[6]

して，非凝着性のほかに，摩擦によって表面層がグラファイト化して固体潤滑効果を発現することも挙げられている．DLC では膜の剥離が問題であるが（**図 4.12**），基材表面の粗さは平滑面よりむしろ適度な凹凸をつけた方が耐剥離性が向上することが知られており，加えて適切な中間層を選択することで基材との密着性の向上が図られている．

4.4　掘り起こしによる摩擦

掘り起こしによる摩擦は，2つの材料の硬さが違うときに起こるもので，硬い方の表面の凸部が，軟らかい方の表面を掘り起こして溝を形成するときの力である．

図 4.13 に示すように，粗さ突起の形状が円すいで突起総数を n とし，軟らかい材料の塑性流動圧力を p_m とすると，荷重 W と掘り起こしによる摩擦力 F_p は次式で与えられる．

$$W=n\frac{\pi}{2}r^2p_m \tag{4.17}$$

$$F_p=nrdp_m=nr^2p_m/\tan\theta \tag{4.18}$$

したがって，掘り起こしによる摩擦係数 μ_p は次式で与えられる．

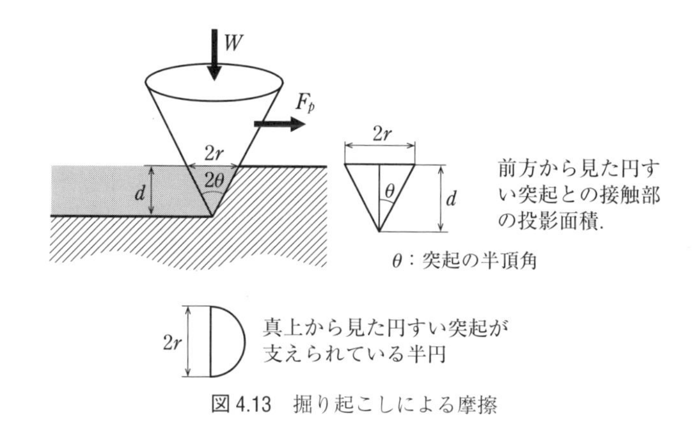

図 4.13　掘り起こしによる摩擦

$$\mu_p = \frac{F_p}{W} = \frac{2}{\pi \tan \theta} \tag{4.19}$$

掘り起こしによる摩擦係数の特徴は，式(4.19)より明らかなように，突起の形状にのみ依存し，材料には無関係なことである．機械加工面の表面粗さは角度 $\theta=80\sim85$〔°〕であるので μ_p は 0.056～0.112 となって，表 4.1 に示したような摩擦係数に比べて小さいことがわかる．一般に，金属同士の摩擦力は凝着摩擦力 F_s と掘り起こしによる摩擦力 F_p の和からなるが，機械要素の摩擦面の粗さは小さいため，掘り起こし項は無視できる．

4.5 転がり摩擦

4.5.1 すべり摩擦と転がり摩擦

転がり摩擦はすべり摩擦に比べてずっと小さく（図 4.14），古代，重量物の運搬に丸太が使われてきたのもその理由からである（図 4.15）．ところが転がり摩擦といっている場合にも，実際にはすべりを伴う場合がある．例えば，転がり軸受などの機械要素においても，純粋な転がり運動をしているものはほとんどなく，そこで生じる摩擦にはすべりに基づく摩擦成分が含まれている場合が大半である．したがって，転がり摩擦は自由転がり（すべりがないときの転がり）の状態と，すべりを伴ういわゆる転がりすべりの状態の 2 つに分けて考える必要がある．

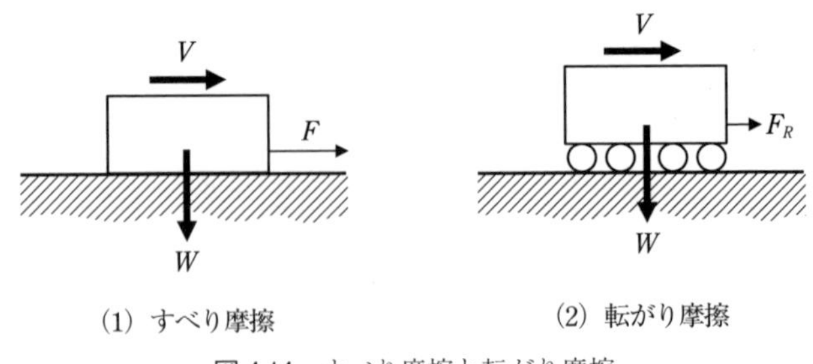

図 4.14　すべり摩擦と転がり摩擦

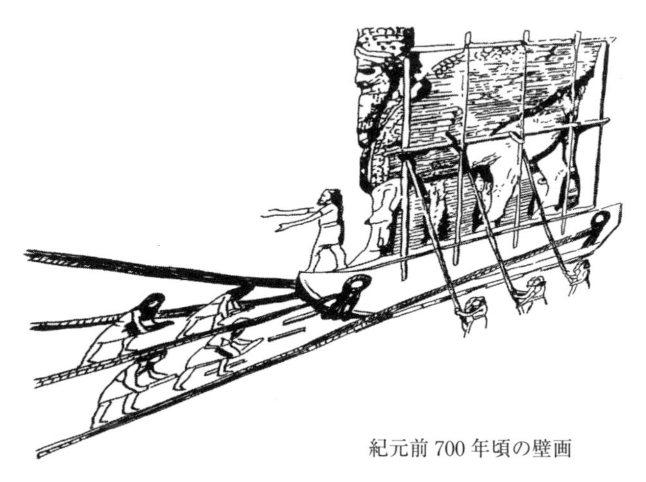

図4.15　古代アッシリアの巨像の運搬（原画を参考にして著者が描いたイラスト）

4.5.2　すべりがないときの転がり

自由転がり摩擦の要因には，すべり摩擦と同様の真実接触部の凝着や塑性変形などがあるが，硬い材料がゴムなどの軟らかい表面を転がるとき，あるいは逆に弾性体が剛性体表面を転がるときには，弾性ヒステリシス損失が支配的である．弾性ヒステリシス損失は，材料の押し込みと引き離しの際の変形力の違いから生じるエネルギーロスに基づくものである．

図4.16は，材料のひずみと応力の関係を示したもので，同一ひずみのときでも，ひずみを増加させていくときと減少させていくときとでは力が異なるために，斜線を施したようなループを描く．これをヒステリシスループと呼び，囲まれた面積がエネルギー損失に当たる．ヒステリシスループを描くのは，力を加えてゴムを変形させるとエネルギーが蓄えられ，力を除けば変形は元に戻るが，このときゴム内部の分子同士の摩擦によりいくらかのエネルギーを失い，それが熱として消費されるからである．

図4.17は，剛性円柱が弾性平面を転がるときの状態を示したものである．転がりの前方では圧縮変形が与えられ，後方では圧縮変形から解放されるので，エネルギー損失に対応する摩擦力が界面に働く．転がり摩擦係数は，モーメントの

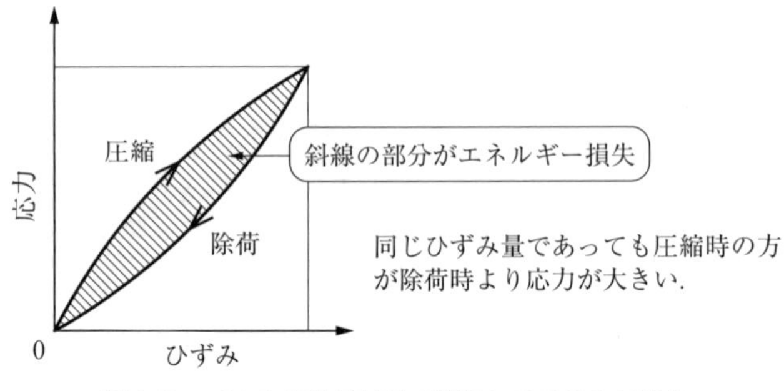

図 4.16　ゴムなど軟質材料の弾性ヒステリシス損失

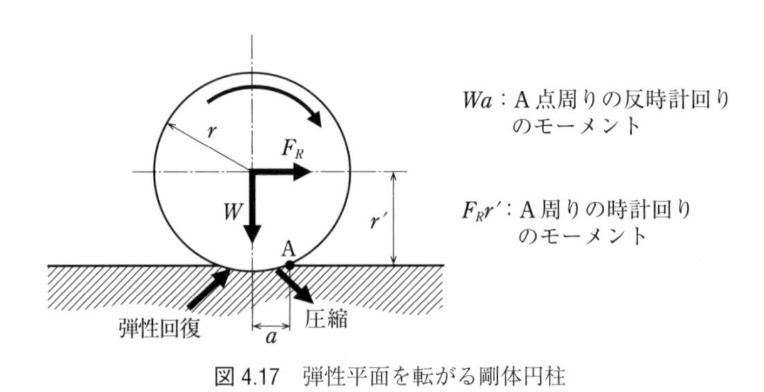

図 4.17　弾性平面を転がる剛体円柱

釣り合いから求められる．同図に示すように，円柱の半径を r，荷重を W，転がりに必要な力を F_R とすると，円柱は図中の A 点を乗り越えることになるので，A 点周りのモーメントの釣り合いより，次式が成り立つ．

$$Wa = F_R r' \qquad \frac{F_R}{W} = \mu_R = \frac{a}{r'} \approx \frac{a}{r} \tag{4.20}$$

このときの μ_R を転がり摩擦係数と呼ぶ．自動車タイヤではこれを転がり抵抗係数と呼ぶ．転がり抵抗係数はタイヤと路面の状態や車速によって変わるが，アスファルト舗装では 0.015 程度である[7]．一方，弾性ヒステリシス損失が小さい金属同士の転がり摩擦係数は $10^{-3} \sim 10^{-5}$ の小ささである[8]．

4.5.3 すべりを伴う転がり

自動車が前に進むことができるのは，図 4.18 に示すように，エンジンでタイヤを回転させる力が路面をけることによって，その反力としての駆動力が得られるからである．したがって，路面との摩擦力がなければタイヤは空転するだけで前に進むことはできない．ここで，駆動力をトラクション（traction），荷重に対するトラクションの比をトラクション係数と呼ぶ．

ここで接触部の様子をもう少し詳しく見てみよう．タイヤは弾性体であるので金属同士の接触と比べると，大きな接触面ができる．その部分を拡大すると，図 4.19(2)のように，接触部の前方ではすべりが生じておらず，タイヤと路面は固着した状態にある．この状態をタイヤが路面をグリップするという．そこでは，転がり方向の弾性ひずみ量に応じたトラクションが働く．そして，接触部の後方でトラクションがすべり摩擦力に達するとすべるようになる．

接触部におけるトラクション係数 T/W とすべり速度の関係を，図 4.19(3)に示す．すべり速度が小さく接触部が固着域のみの場合には，T/W は直線的に増大し，接触部内ですべり領域が増えると，次第に頭打ちとなってすべり摩擦係数 μ に達したのち低下する．

自動車の駆動・制動ができるのも，すべり摩擦係数に達するまでの領域で，それを過ぎると制御不能に陥る．強くブレーキをかけるとタイヤが回転を止めてしまう現象をホイールロックと呼ぶが，アンチロックブレーキシステム ABS は，

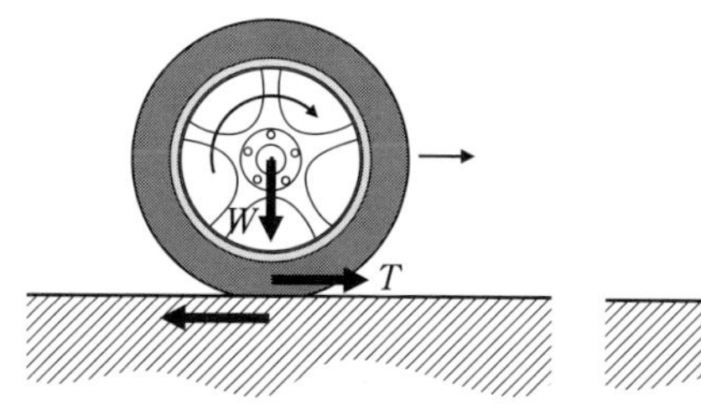

路面に与える摩擦力の反力として駆動力 T が得られる．

氷の上では摩擦が小さいので駆動力が得られない．タイヤが空転する状態をホイールスピンと呼ぶ．

図 4.18　自動車の駆動力

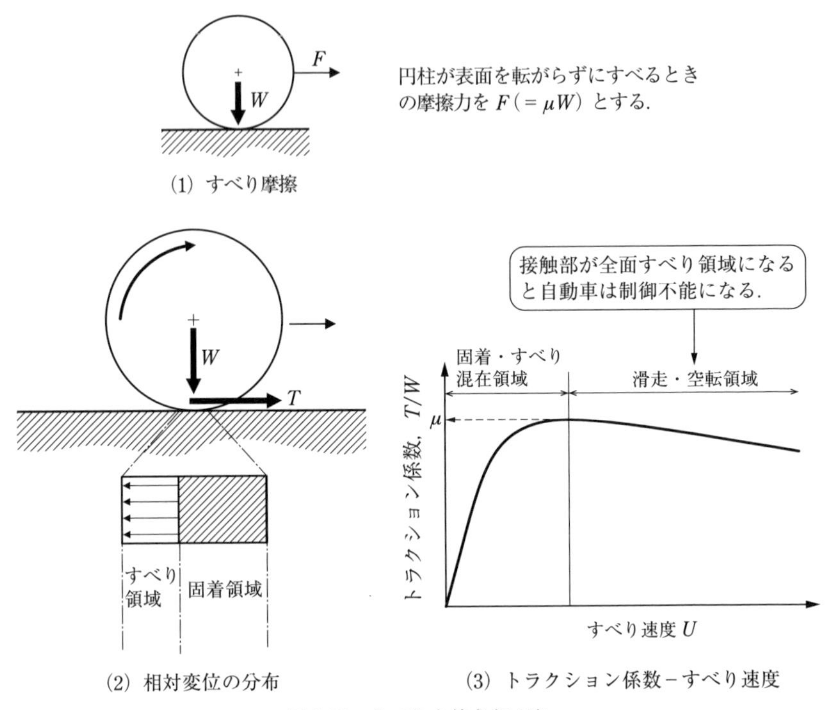

図 4.19　すべりを伴う転がり

ブレーキ時にもすべりが滑走・空転領域に入らないように制御する安全装置である．トラクション係数がピークに達するすべり率は，タイヤと路面間で 10～30 %，鉄道の車輪とレール間で 1 % 以下と弾性率の違いによって大きく異なる．

また，トラクション係数は，乾燥下では，タイヤとアスファルト路面間で 0.5～1.0，車輪とレール間で 0.3～0.5 であるが[8]，降雨時や氷雪時にはずっと低くなる．駆動時の空転や制動時の滑走が生じやすくなるのもそのためである．タイヤではトレッドパターンに工夫を加えて表面の水を除去しやすくしたり，鉄道ではレールに砂やアルミナなどの硬い固形粒子を散布したりして，トラクション係数を高め，駆動・制動力を確保している．

自動車の燃費を良くするためのタイヤからの取り組みは，変形を抑えヒステリシスロスによる転がり抵抗を小さくして，すべり摩擦係数を大きくするゴム材料の開発である．

第5章

摩擦の問題と摩擦の利用

摩擦が原因で，工作機械案内面のスティックスリップによる被加工物の精度不良や，表面損傷につながる摩擦熱が生じる．一方，くさびやねじ，ベルト伝動などの機械要素では摩擦は積極的に利用される．

5.1 スティックスリップ現象

固体が平面上を一定の速度ですべっているとき，すべりに伴って摩擦力が変動することがある．この現象をスティックスリップと呼ぶ．工作機械のすべり案内面でスティックスリップが生じると，被加工物の精度不良を生じるので，その防止は重要である．また，自動車エンジンからタイヤに動力を伝えるクラッチ機構では，エンジンの振動を吸収するためにわずかずつすべらせながら動力を伝えるが，ここでもスティックスリップによるこもり音や振動を生じることがある．

日常生活では，ドアの蝶番がキーキーと鳴きを生じることがある．音は摩擦振動によって現れる現象なので，これも一種のスティックスリップである．

スティックスリップは固体同士がすべりあうときに，スティック（固着）とスリップ（すべり）が交互に現れる振動現象で，その発生には，摩擦の速度特性が関係している．

スティックスリップを図5.1に示すモデルを使って説明しよう．スプリングで

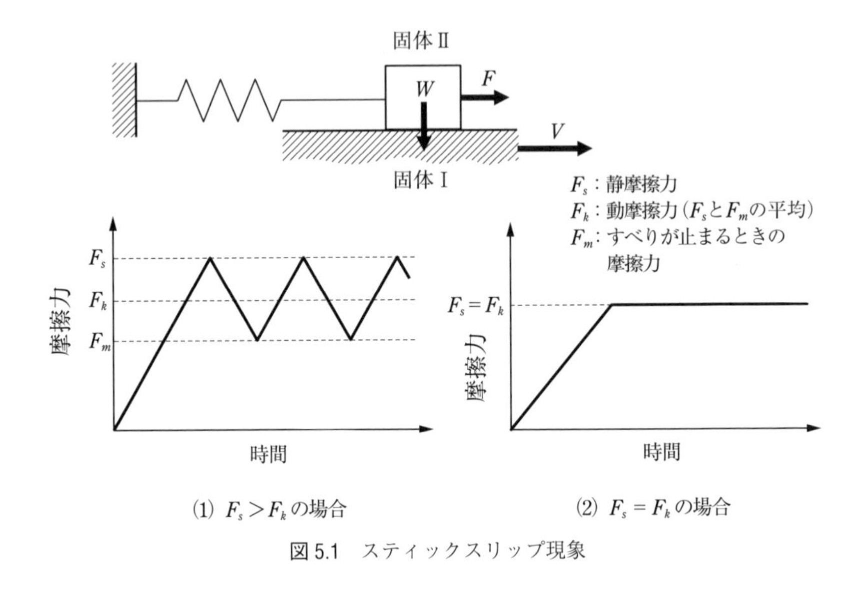

図 5.1　スティックスリップ現象

つないだ固体Ⅱに接触している下方の固体Ⅰを動かすと，静摩擦力が動摩擦力より高い（1）では，はじめ固体Ⅱは固体Ⅰに固着したまま右方向に移動する．このときがスティック状態である．その後，スプリングの伸びに伴う左方向の力が次第に増して，静摩擦力の限界値より大きくなると，固体Ⅱは引き戻される．このときがスリップ状態である．以後同様の過程を繰り返すことになる．一方，静摩擦力と動摩擦力が等しい（2）では，スライダは固体Ⅰに固着したまま右方向に移動した後，静摩擦力の限界値に達するとすべりを生じるものの，動摩擦力がスプリングの力と釣り合いながら連続的にすべりを生じるのでスティックスリップは起こらない．

スティックスリップが生じる必要条件のひとつは，静摩擦力が動摩擦力より大きいことであるが，すべり速度の大きさも関係している．図 5.2 は，往復動試験により速度を大きくしながら摩擦力の振幅の変化を見たもので，振幅の大きさがスティックスリップの程度と見なされる．高速になるにしたがい振幅は小さくなるが，これは高速になるほど固着の時間が短くなり，静摩擦力が小さくなるためである．実際スティックスリップは，すべり速度が小さいところで起きやすいことが知られている．

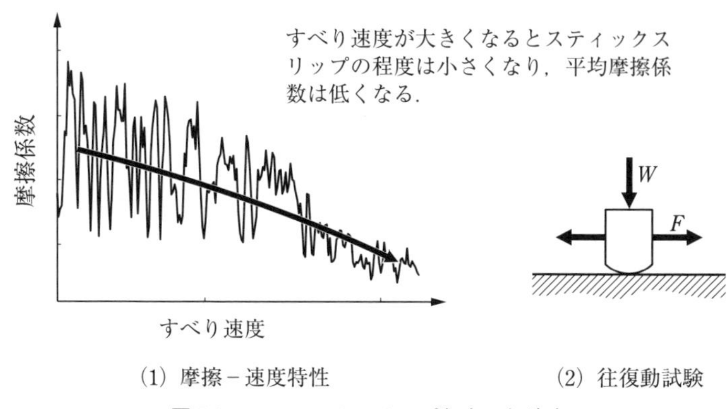

(1) 摩擦－速度特性　(2) 往復動試験

図 5.2　スティックスリップとすべり速度

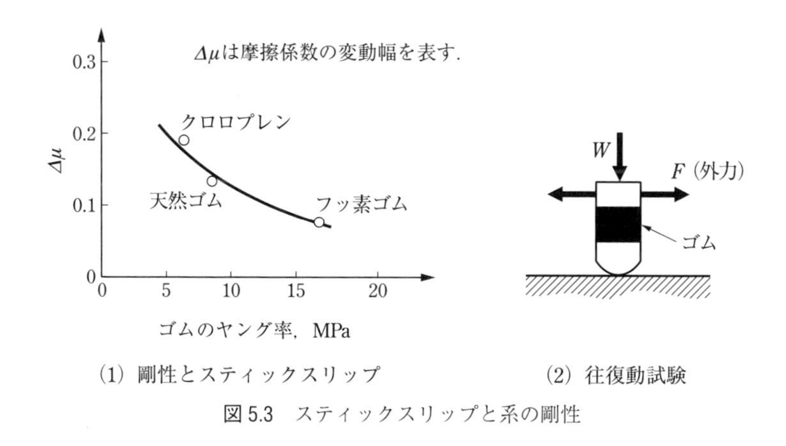

(1) 剛性とスティックスリップ　(2) 往復動試験

図 5.3　スティックスリップと系の剛性

このほか，スティックスリップの発生要件には，系の剛性が関係している．図5.3 の例[1)]は，試験片の端にゴムを取り付けて剛性の影響を調べたものであるが，ゴムのヤング率が小さくなるほどスティックスリップの程度は大きくなる．このほか，潤滑油を用いる場合に，速度が大きくなるほど動摩擦力が大きくなるような特性を持つ添加剤を使用する方法も，スティックスリップの抑制に有効である[1)]．

5.2 摩擦面温度

5.2.1 閃光温度

手のひらをこすり合せると熱く感じる．これは摩擦仕事が熱に変わるためである．固体同士がすべりあうときも同様で，摩擦によって消費されるエネルギーの大半は熱に変わる．摩擦による熱は摩擦面の温度を上昇させ，表面層を軟化したり，有効な潤滑膜の破断をもたらしたり，場合によっては焼付きに至ることがある．

摩擦面の温度上昇には，次の 2 通りの概念があって，いずれも閃光温度（flash temperature）と呼ばれる．そのひとつは，**図 5.4** に示すような真実接触部での温度上昇である．摩擦が生じる箇所は真実接触部であって，そこでの凝着部がせん断破壊されるとき熱が発生する．真実接触部は大きさが数 μm～十数 μm と小さいので，熱量はわずかであるが，各部の温度は瞬間的（10^{-4} s 以下）には 500～800 ℃ にまで上昇する．

一方すべりに伴い，真実接触部は見かけの接触面の中で次々に新しい箇所に移り変わっていくので，あちこちで温度上昇が生じ，さらにそのときの熱が真実接触部の周りにも伝わり，摩擦面全体の温度が上昇するようになる．閃光温度は，

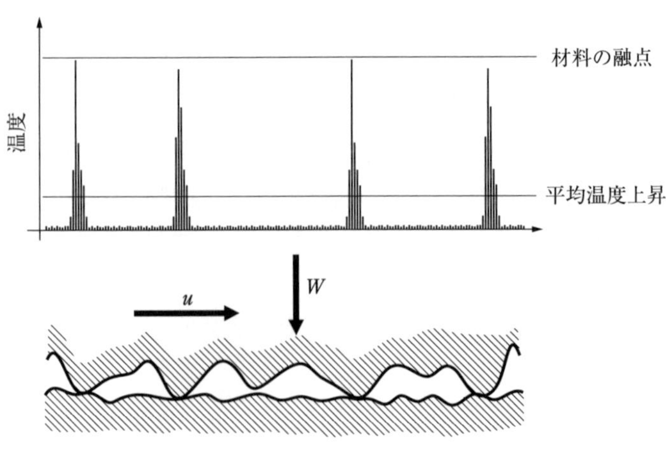

図 5.4　真実接触部における瞬間的な温度上昇

このときの摩擦面の平均温度上昇を指すこともある．

5.2.2　摩擦面温度の見積もり

次に摩擦面温度の見積もり法について述べる．固体が別の固体面上を荷重 W〔N〕を受けて速度 u〔m/s〕ですべっているときの摩擦係数を μ とすると，このときの単位時間当たりの発熱量 Q〔W〕は，単位時間当たりの摩擦仕事 μWu に等しい．

$$Q=\mu Wu \tag{5.1}$$

摩擦面の温度は，摩擦熱を発生熱源として考えると，熱源が移動していくときの問題として捉えられる．このとき，熱量が固体内部に向かってどのように伝わって，結果として摩擦面にどれくらいの温度上昇をもたらすかは，熱源の形状，熱源分布，熱源の移動速度 u，固体の熱拡散率 κ や熱伝導率 K などの熱物性によって異なるので，温度上昇を見積もる式もそれに応じて変わってくる[2-5]．具体的には，それらの因子をまとめたペクレ数（Peclet number）$L(=ua/(2\kappa))$ と呼ぶ無次元パラメータの大きさに応じて式を使い分けることになる．なお，ペクレ数 L は，固体材質と接触部の形状寸法が決まれば速度 u のみで決まる．

摩擦面の温度上昇を求める前に，まず**図 5.5** に示すような半径 a の円形の一様分布熱源における熱源の強さ Q（単位時間，単位面積当たりの発熱量を q とすると，$Q=\pi a^2 q$）と平均温度上昇 ΔT_{m} の関係を示す．静止熱源では，次の関係が

$$\Delta T_{\mathrm{m}}=0.849\frac{qa}{K}=0.27\frac{Q}{Ka} \tag{5.2}$$

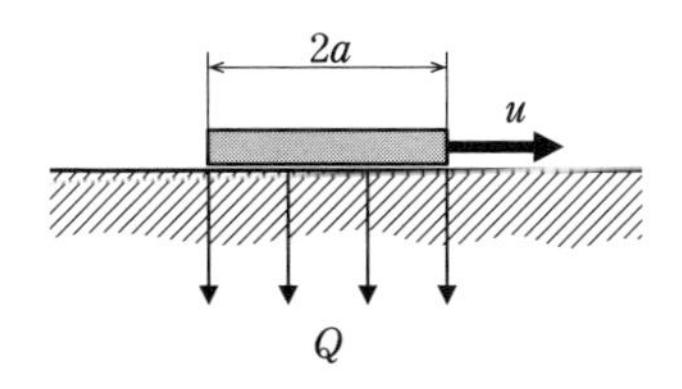

図 5.5　半無限体表面上の移動熱源モデル

また，移動熱源でペクレ数 L が大きいときには次の関係が成り立つ．

$$\Delta T_{\mathrm{m}}=0.798\frac{qa}{K\sqrt{L}}=0.254\frac{Q}{Ka\sqrt{L}} \tag{5.3}$$

次に，**図 5.6** に示すような，平面①上を半径 a の円形の突起②が速度 u ですべる場合に上式を適用する．接触部で発生する熱量 Q のうち，αQ が固体①へ，$(1-\alpha)Q$ が固体②へ分配されるとして，接触部の温度が等しいとおく．低速（$L<0.1$）では，熱分配率 α と摩擦面の平均温度上昇 ΔT_{m} は，固体①，固体②ともに静止熱源の式(5.2)を使って，

$$\text{固体①の平均温度上昇：}\Delta T_{\mathrm{m,1}}=0.849\frac{\alpha qa}{K_1} \tag{5.4}$$

$$\text{固体②の平均温度上昇：}\Delta T_{\mathrm{m,2}}=0.849\frac{(1-\alpha)qa}{K_2} \tag{5.5}$$

$\Delta T_{\mathrm{m,1}}=\Delta T_{\mathrm{m,2}}$ とおくと，次式が得られる．

$$\alpha=\frac{K_1}{K_1+K_2} \tag{5.6}$$

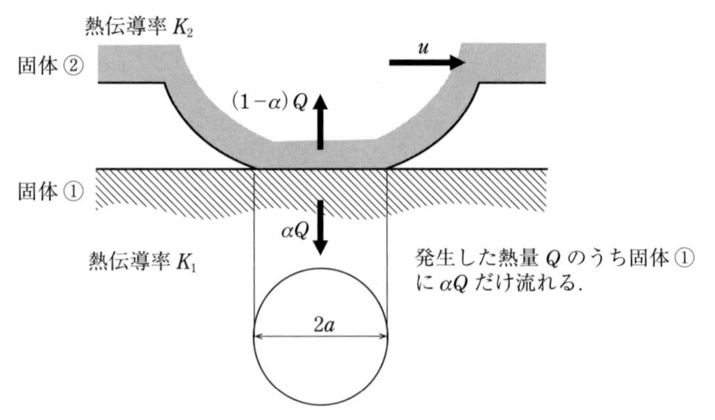

図 5.6　摩擦面における熱量の分配

$$\Delta T_{\mathrm{m}}=\frac{0.849qa}{(K_1+K_2)}=\frac{0.27Q}{(K_1+K_2)a} \tag{5.7}$$

すなわち低速では，熱源の移動速度に比べて熱伝導による熱の放散が速やかに行われるので，熱は熱伝導率の比に等配分される．

一方高速（$L>3$）では，静止している固体①に対しては移動熱源の式を，固体②に対しては熱源が移動しないので静止熱源の式を使う．

$$\text{固体①の平均温度上昇：}\Delta T_{\mathrm{m},1}=0.798\frac{\alpha qa}{K_1\sqrt{L}} \tag{5.8}$$

$$\text{固体②の平均温度上昇：}\Delta T_{\mathrm{m},2}=0.849\frac{(1-\alpha)qa}{K_2} \tag{5.9}$$

$\Delta T_{\mathrm{m},1}=\Delta T_{\mathrm{m},2}$ とおくと，熱分配率 α と平均温度上昇 ΔT_{m} は，それぞれ

$$\alpha=\frac{K_1}{K_1+0.94K_2/\sqrt{L}} \tag{5.10}$$

$$\Delta T_{\mathrm{m}}=\frac{0.798qa}{K_1\sqrt{L}+0.94K_2}=\frac{0.254Q}{(K_1\sqrt{L}+0.94K_2)a} \tag{5.11}$$

となる．式(5.11)から速度が大きくなると（L が大きくなると），α は1に近づく．つまり速度が大きくなると，すべての熱量は静止面（熱源の移動速度の大きい方）に流れることになる．

[問題 5.1]　半径 $a=2$〔mm〕の鋼の円形接触が，荷重 $W=100$〔N〕を受けながら，速度 $u=10$〔m/s〕で鋼表面をすべるときの接触面の平均温度上昇を求めよ．ただし，摩擦係数 $\mu=0.5$，鋼の密度 $\rho=7800$〔kg/m^3〕，熱伝導率 $K=46.7$〔W/mK〕，比熱 $C=460$〔J/kgK〕とする．

[解答]　発生熱量　$Q=\mu Wu=0.5\times100\times10-500$〔W〕

$$\text{熱拡散率 }\kappa=\frac{K}{\rho C}=\frac{46.7}{7800\times460}=1.30\times10^{-5}\ \text{〔m}^2\text{/s〕}$$

$$\text{ペクレ数}\ L=\frac{ua}{2\kappa}=\frac{10\times2\times10^{-3}}{2\times1.30\times10^{-5}}=769$$

式(5.11)において，$K_1=K_2=K$ とすると，平均温度上昇は，

$$\Delta T_{\mathrm{m}}=\frac{0.254Q}{K(\sqrt{L}+0.94)a}=\frac{0.254\times500}{46.7\times(\sqrt{769}+0.94)\times2\times10^{-3}}=47.4\ 〔℃〕$$

> **[問題 5.2]**　塑性接触状態にある円半径 $a=10$〔μm〕の鋼の真実接触部が，速度 $u=10$〔m/s〕で鋼表面をすべるときの真実接触部の温度上昇を求めよ．ただし，摩擦係数 $\mu=0.5$，塑性流動圧力 $p_m=2$〔GPa〕とする．

[解答]　問題 5.1 の見かけの円形接触を真実接触部に置き換えた問題である．

$$\text{単位面積当たりの発生熱量}\ q=\mu p_m u$$
$$=0.5\times2\times10^{9}\times10=1\times10^{10}\ 〔\mathrm{W/m^2}〕$$

$$\text{ペクレ数}\ L=\frac{ua}{2\kappa}=\frac{10\times10\times10^{-6}}{2\times1.30\times10^{-5}}=3.8$$

$$\text{式(5.11)より}\ \Delta T_{\mathrm{m}}=\frac{0.798qa}{K(\sqrt{L}+0.94)}=\frac{0.798\times1\times10^{10}\times10\times10^{-6}}{46.7\times(\sqrt{3.8}+0.94)}$$
$$=591\ 〔℃〕$$

上記 2 つの問題と解答の比較から，真実接触部の温度上昇が，見かけの摩擦面の平均温度上昇よりはるかに大きいことがわかる．

5.3　摩擦の利用――ベルト伝動

駆動軸と従動軸のプーリに平ベルトを巻きかけて回転トルクを伝えるベルト伝動は，簡単な構造で高効率が得られることから，多くの産業機械用の変速機として使用されている．また，ベルトとプーリの断面を V 型にすることで大トルク容量を可能にした鋼製のベルト式 CVT は，自動車用のトランスミッションに搭載されている．

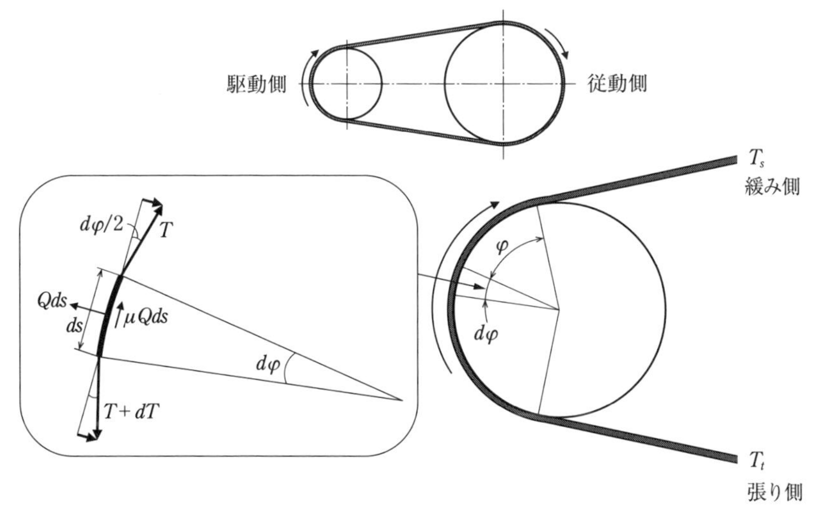

図 5.7　ベルト伝動

ベルト伝動では，張り側張力 T_t と緩み側張力 T_s の差である有効張力 T_e が伝動される．

$$T_e = T_t - T_s \tag{5.12}$$

図 5.7 のような，平ベルトの巻きかけ角を θ，ベルトがプーリを押し付けている単位長さ当たりの力を Q，摩擦係数を μ としたときの有効張力を求める．ベルトの自重と遠心力を無視し，接触長さのうち微小部位 ds，微小角度 $d\varphi$ をとると，そこでの半径方向の力の釣り合いは次式となる．

$$\begin{aligned} Qds &= T\sin(d\varphi/2) + (T+dT)\sin(d\varphi/2) \\ &= 2T\sin(d\varphi/2) + dT\sin(d\varphi/2) \end{aligned} \tag{5.13}$$

上式の右辺第 2 項は微小なのでこれを無視し，さらに $d\varphi$ は微小であることから，$\sin(d\phi/2) \approx d\phi/2$ とおくと次式が得られる．

$$Qds = Td\varphi \tag{5.14}$$

一方，円周方向の力の釣り合いでは $\cos(d\phi/2) \approx 1$ の近似を用いて次式が得られる．

$$(T+dT)\cos(d\varphi/2)=T\cos(d\varphi/2)+\mu Q ds$$

$$T+dT=T+\mu Q ds$$

$$\therefore \quad dT=\mu Q ds \tag{5.15}$$

式(5.14)と式(5.15)から

$$\frac{1}{T}dT=\mu d\varphi \tag{5.16}$$

上式をφについて0から巻きかけ角θまで積分すると，次式が得られる．

$$\int_{T_s}^{T_t}\frac{1}{T}dT=\mu\int_0^{\theta}d\varphi=\mu\theta$$

$$\therefore \quad T_t=T_s\exp(\mu\theta) \tag{5.17}$$

式(5.17)を式(5.12)に代入すると，

$$T_e=T_t-T_s=T_t-\frac{T_t}{\exp(\mu\theta)}=T_t\left(1-\frac{1}{\exp(\mu\theta)}\right) \tag{5.18}$$

上式より，摩擦係数μと巻きかけ角θが大きいほどベルトの伝達力は大きくなることがわかる[6)]．

第6章

境界潤滑と混合潤滑

固体間の直接接触を妨げ，摩擦を制御し摩耗を減らす役割を果たすのが，境界潤滑膜である．金属表面に形成される吸着膜の存在と摩擦に対する重要性は，20世紀初期に指摘され，その後の多くの研究によって境界潤滑機構の解明が進められてきた．

6.1　化学結合と分子間力

6.1.1　化学結合

分子は，1個の原子からなるHeやNeなどの希ガスを除いて，通常いくつかの原子が集まって構成されるが，これは原子間に力が働いているためで，このときの原子間の結びつきを化学結合と呼ぶ．化学結合には，主として金属結合，イオン結合，共有結合の3つのタイプがある．いずれも電子が結び目の役割を果たしている（図6.1）．イオン結合では，金属元素は陽イオンに，非金属元素は陰イオンになりやすい．

6.1.2　分子間力

分子と分子が近づくとその間に必ず引力が働く．これを分子間力という（図6.2）．

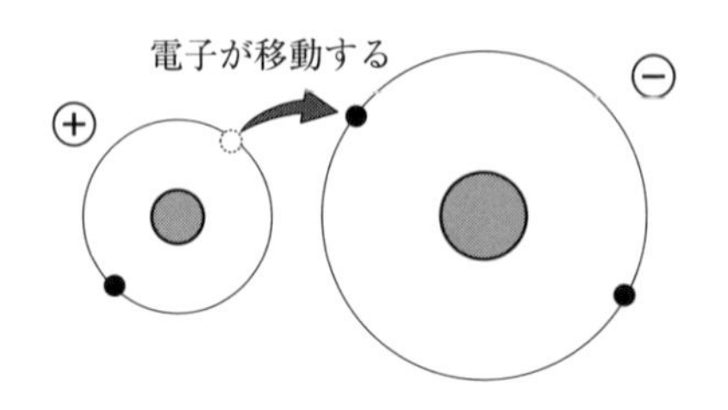

左の原子から放出された電子が右の原子に引き寄せられると，左の原子は陽イオン，右の原子は陰イオンになる．

(1) イオン結合

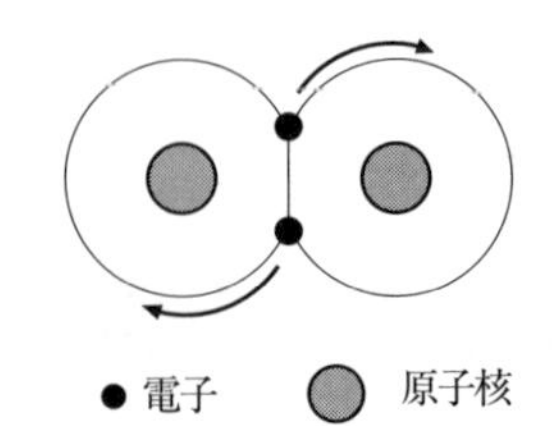

2 個の電子が原子間で共有される

(2) 共有結合

図 6.1　イオン結合と共有結合

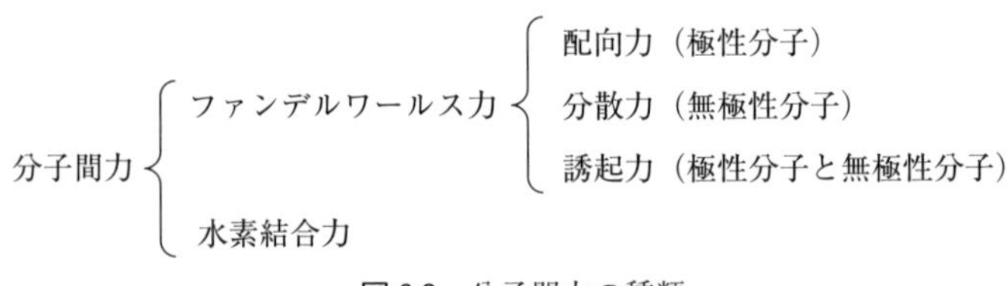

図 6.2　分子間力の種類

図 6.3(1)のようなイオン結合からなる極性分子では，電荷が結合の中心よりずれてプラスよりの電荷を持つ原子と，マイナスよりの電荷を持つ原子に分かれる．このような電荷が偏ったときの正極と負極を双極子と呼び，分子は極性を持つという．極性を持つ分子が集まると，プラスとマイナスが互いに引き合う力を持つ．このときの力を配向力と呼ぶ．極性分子の代表例は水である．潤滑油では一般に添加剤が極性を持つ．

極性を持たない分子の例としては炭化水素が挙げられる．もっとも極性を持たない炭素原子同士の結合であっても，原子核回りの電子は常に自由運動をしているため，結合間の重心より原子の電荷が，一時的にどちらかに偏ることがある（図 6.3(2)）．つまり極性を一時的に持つことになり，別の分子がその分子に近づくと，近づいた分子も極性を持つようになる．ちょうど磁石を金属材料に近づけると，金属材料が N 極と S 極を誘起するのと同じである．このような分子間力を分散力と呼ぶ．潤滑油基油の中でも炭化水素成分から構成される鉱油は無極

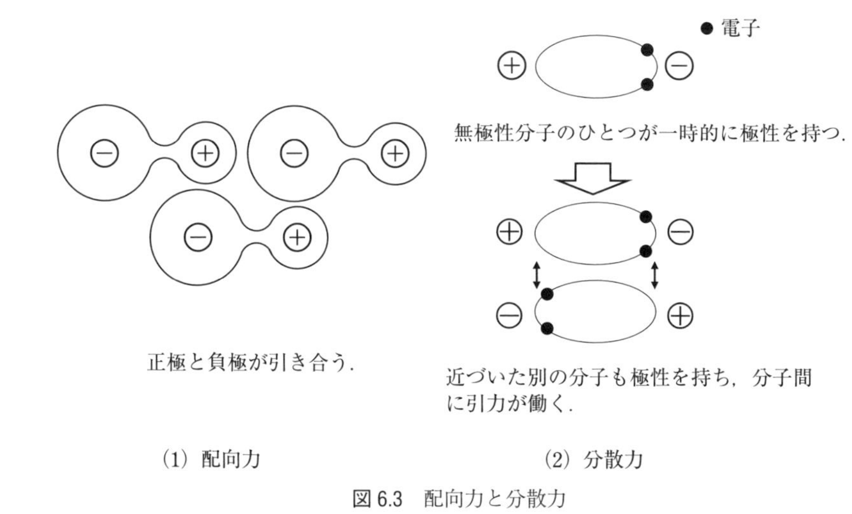

図 6.3　配向力と分散力

性なので，基油の分子間には分散力が働く.

また，極性分子と無極性分子が共存した場合，無極性分子は極性分子からの影響を受けて極性を持つようになる．このときの力を誘起力と呼ぶ．上述の配向力，分散力，誘起力は，いずれも電気的に中性である分子間に働く電気的な引力であるので，それらをまとめてファンデルワールス力（van der Waals force）と呼ぶ（永久双極子を持たない分散力のみをファンデルワールス力と定義する場合もある）.

6.2　境界潤滑膜

境界潤滑膜は，その生成機構から図 6.4 のように分類される.

6.2.1　油性剤と吸着現象

固体表面に吸着する分子の形状は，図 6.5 に示すように，分子の一端に極性基を持ち，他方に炭素数 10〜18 の炭化水素基を持つ構造である．このような化合物を油性剤（oiliness agent）と呼ぶ．炭化水素基は鉱油や炭化水素系油と溶け合う部分であるため，親油基とも呼ぶ．形状によって直鎖状と分岐状，飽和タイプ

- 境界潤滑膜
  - 物理吸着膜
  - 反応膜
    - 化学吸着膜
    - 無機反応膜

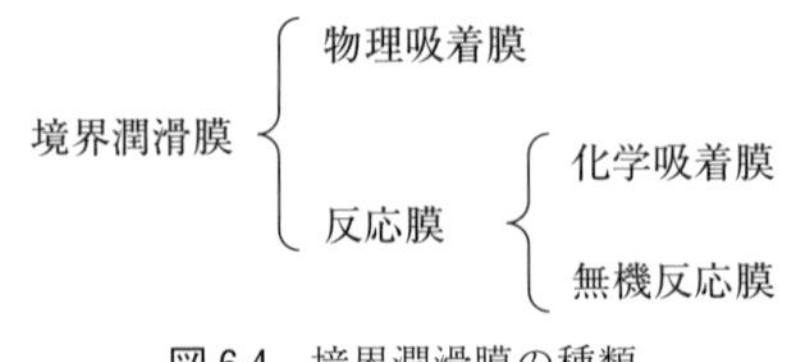

図 6.4　境界潤滑膜の種類

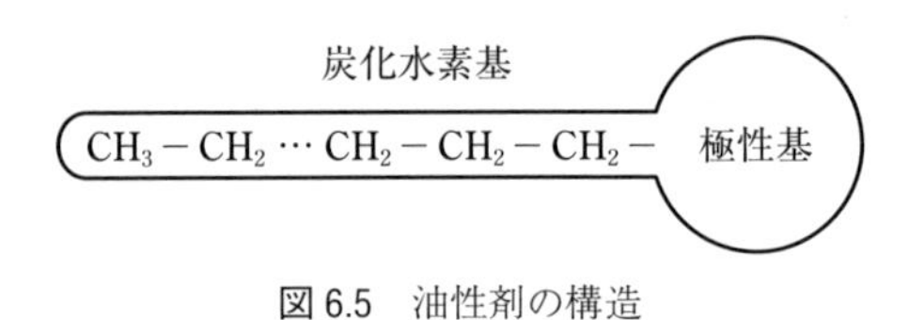

図 6.5　油性剤の構造

- 脂肪族炭化水素基
  - 飽和型（アルキル基）
    - 直鎖状　$CH_3 - CH_2 - CH_2 - CH_2 - CH_2 \cdots CH_2 -$
    - 分岐状　$CH_3 - CH_2 - CH(CH_3) - CH_2 - CH(CH_3) \cdots CH_2 -$
  - 不飽和型　$CH_3CH_2 \cdots CH = CH \cdots CH_2 -$

図 6.6　脂肪族炭化水素基

と二重結合を持つ不飽和タイプがある（図 6.6）．一方，極性基は水と溶け合うため親水基とも呼ぶ．極性基には，

①水酸基：$-OH$

②カルボキシル基：$-COOH$

③エステル基：$-COOR$

④アミノ基：$-NH_2$

などがある．

図 6.7 に示すように，少量の油性剤が溶解している油が固体と接触しているとき，固液界面における油性剤分子の濃度が，油中の濃度と比べて高くなる．このときを正の吸着と呼ぶ．

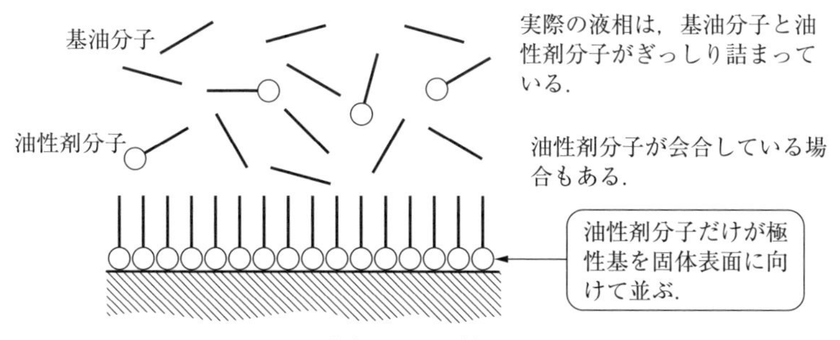

図 6.7　固体表面への油性剤の正の吸着

6.2.2　物理吸着

吸着の形態には，油性剤の極性基の種類と固体の種類によって，物理吸着（physical adsorption）と化学吸着（chemical adsorption）の 2 通りがある．

図 6.8 に，鉄表面に対して水酸基が物理吸着している状態を示す．物理吸着の吸着力はファンデルワールス力なので，弱い分子間結合力である．図 6.9(1)のように，表面が一層の分子膜で覆われているときの膜を単分子膜と呼ぶ．単分子膜の厚さは 1～3 nm である．一方，図 6.9(2)のように分子間の炭化水素基同士，極性基同士のファンデルワールス力によって，複数の分子膜が形成されるときの状態を多分子層吸着と呼ぶ．多分子膜の厚さは数 10～数 100 nm にも及ぶ．これらによってできた層を境界層と呼ぶ．吸着膜は境界潤滑膜の一形態である．

吸着現象は発熱を伴う化学作用であるので，吸着熱の大きさが吸着の強さの目

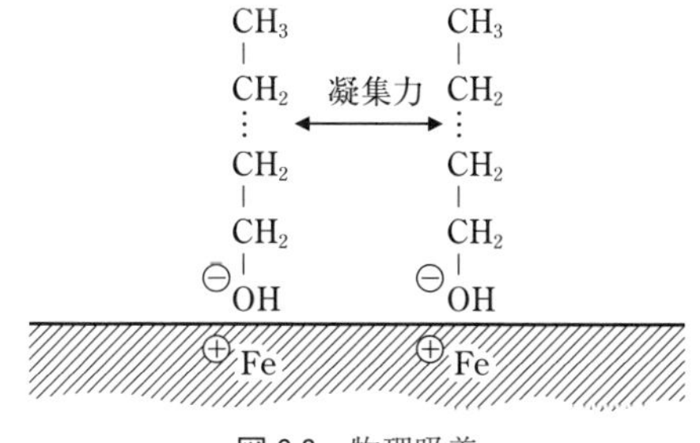

図 6.8　物理吸着

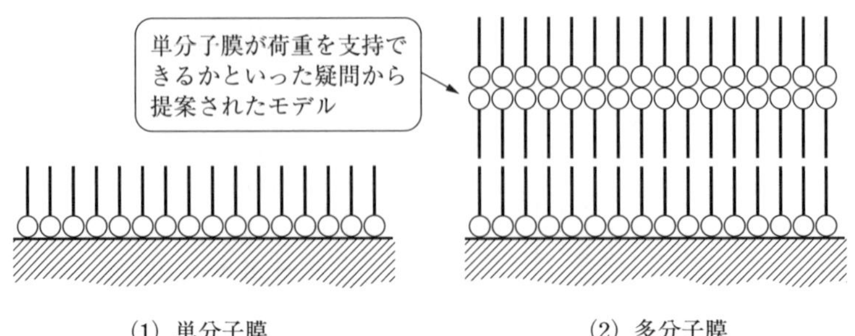

(1) 単分子膜　　(2) 多分子膜

図 6.9　単分子膜と多分子膜

安になる．一般に物理吸着は 10 kcal/mol 以下で小さく，高温下では分子の熱運動が激しくなって脱離するようになる．また，低温になると再び吸着するので，物理吸着は可逆吸着である．

6.2.3　化学吸着

図 6.10 は，極性基であるカルボキシル基-COOH が表面の Fe と化学反応した結果，ステアリン酸鉄が固体表面に生成した様子をモデル化したものである．このような吸着形態を，化学反応に基づくものであることから化学吸着と呼ぶ．また，ステアリン酸鉄のような脂肪酸と金属の反応生成物を金属石けんと呼ぶ．化学吸着する極性基には，カルボキシル基のほかにアミノ基などがある．もっとも金や白金のような不活性金属に対しては反応を生じないので，物理吸着しか起こらない．

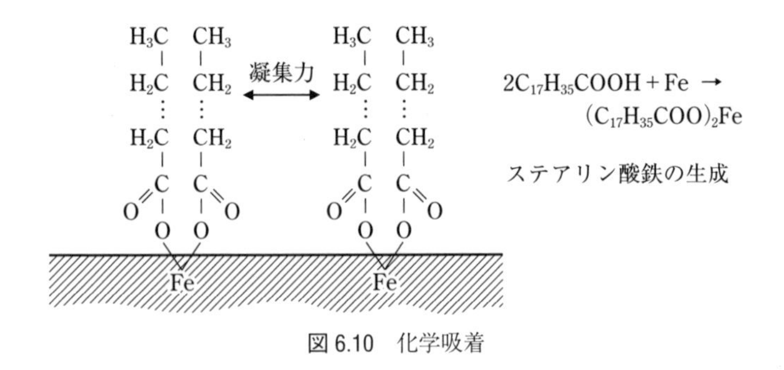

図 6.10　化学吸着

化学吸着は，固体表面と接している層のみに存在する単分子層吸着である．高温下では吸着分子は反応生成物として脱離するため，化学吸着は非可逆的である．

6.2.4　転移温度

吸着膜は分子層程度の大変薄い膜であるが，その存在は大きな潤滑効果をもたらす．図 6.11 は，油性剤添加油による，温度変化に伴う鋼の境界摩擦係数の変化を模式的に示したものである．物理吸着と化学吸着のいずれの吸着形態でも，ある温度までは低い摩擦係数を示すが，それ以上になると摩擦係数は急上昇する．このときの温度を転移温度（transition temperature）と呼ぶ．境界潤滑膜は一種の固体膜であるので，転移温度は固体から液体へ融解する温度，つまり融点である．

図 6.12 に示すように，油性剤として脂肪酸を用いた場合，脂肪酸の炭素数が多くなるほど転移温度は高くなる．また，同一炭素数で比較すると，転移温度は脂肪酸より相当する金属石けんの方が 50～70 ℃ 程度高くなるので，物理吸着より化学吸着の方が，より高温まで低摩擦を持続することができる．

表 6.1 に物理吸着と化学吸着の特性を比較して示す．

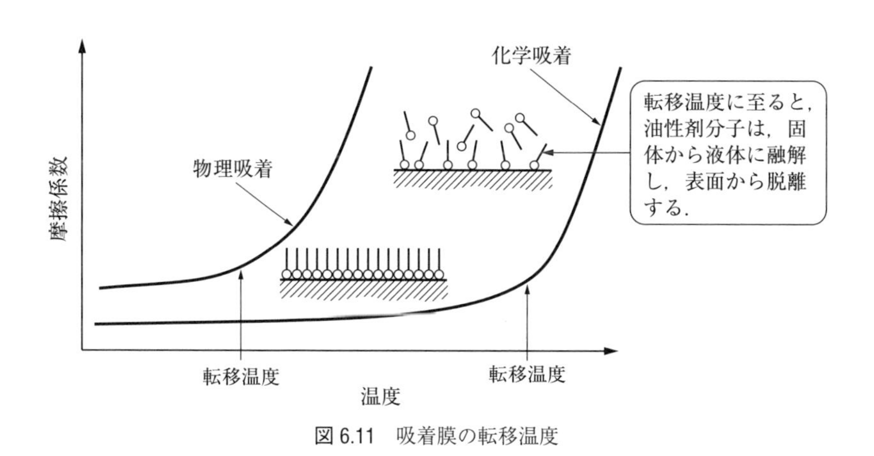

図 6.11　吸着膜の転移温度

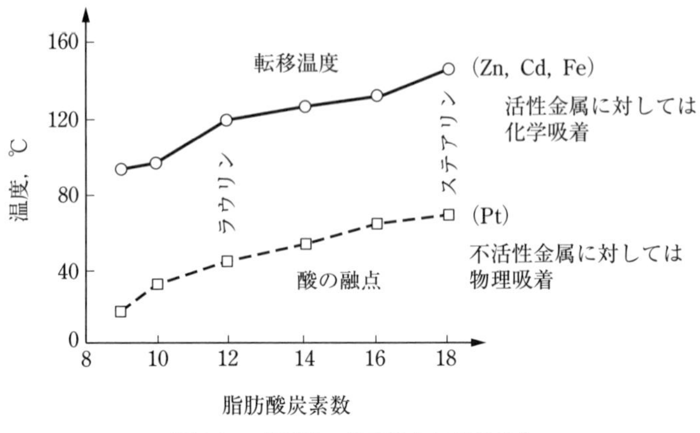

図 6.12　脂肪酸の炭素数と転移温度[1)]

表 6.1　物理吸着と化学吸着

吸着特性	物理吸着	化学吸着
吸着熱	10 kcal/mol 以下	20〜100 kcal/mol
吸着の可逆性	可逆吸着	非可逆吸着
膜の形成速度	速い	遅い
分子層の形態	単分子層 多分子層	単分子層
金属の選択性	なし	あり

6.2.5　油性剤分子の長さと形状

前項までは油性剤の極性基に着目したが，ここでは炭化水素基について述べる．吸着膜を形成する分子は，機械的擾乱に耐えられるように，①固体表面に強く吸着するとともに，②横方向の分子間の凝集力が強いことが必要であり，同時に低い摩擦係数を得るためには，③界面でのせん断抵抗は小さくなければならない．したがって，油性剤分子の形状は，図 6.13 に示すように，炭素鎖が直鎖状で長いものほど，隣接分子間の凝集力が強くなるので剥がれにくくなり[2)]，図 6.14 に示すように摩擦係数は低くなる[3)]．

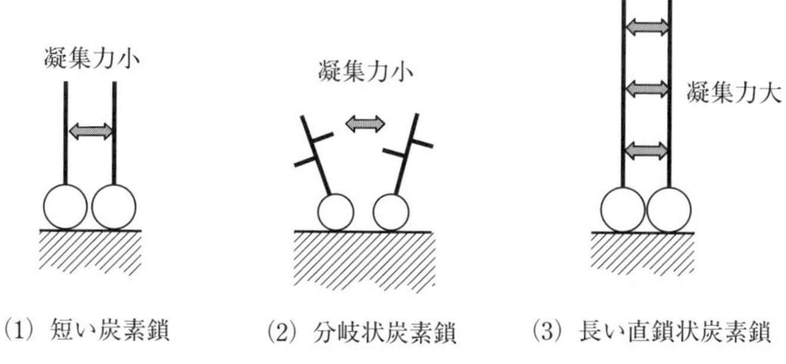

図 6.13　油性剤分子の長さおよび形状と凝集力

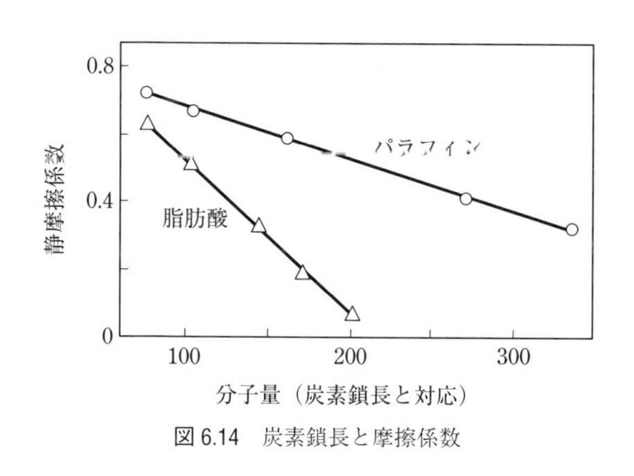

図 6.14　炭素鎖長と摩擦係数

6.2.6　極圧剤と無機反応膜

分子内に硫黄やリンを含む化合物は，固体表面に吸着した後，機械的せん断を受け，分解してさらに表面と反応し，図 6.15 に示すような融点が高く，せん断強さの小さな被膜を形成する．このような働きを持つ物質を極圧剤（extreme pressure agent の略から EP 剤ともいう）と呼ぶ．極圧剤の名前の由来は，歯車の歯面など極めて圧力の高いすべり面で，焼付きの防止効果や，摩耗の抑制効果を発揮する意味からつけられたものであるが，実際には高温で効果を生じるもので，極温剤と呼ぶべきものである[4]．極圧剤は，摩耗防止の機能を重視する場合

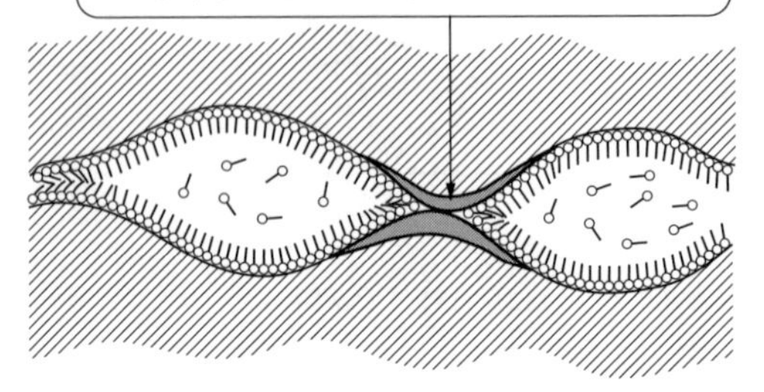

図 6.15　極圧剤による境界潤滑膜

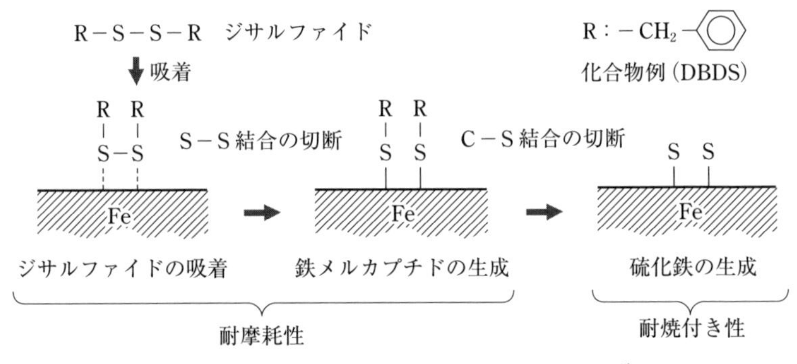

図 6.16　硫黄系極圧剤による境界潤滑膜の生成[5)]

には摩耗防止剤，耐荷重能（耐焼付き性の尺度）を重視する場合には耐荷重添加剤と呼ばれる．

極圧剤として代表的なものは，硫黄化合物，リン化合物，有機金属化合物である．硫黄化合物は，**図 6.16** に示すように鉄表面に吸着した後，分解生成した硫化鉄が無機反応膜として表面の保護作用を持つ．分子内の S−S 結合や C−S 結合が切断されやすいものほど耐摩耗性と耐焼付き性は向上する．

リン化合物の中で最も広く使用されているのが，トリアリールタイプのリン酸エステル $(RO)_3P=O$ で，代表的なものは TCP（Tricresyl phosphate）である．**図 6.17** に示すように，吸着した後，鉄との反応でリン酸鉄を生成して耐摩耗性

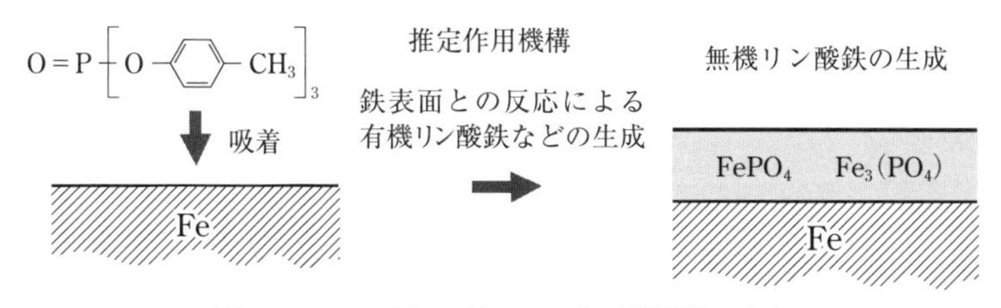

図 6.17　リン系極圧剤による境界潤滑膜の生成

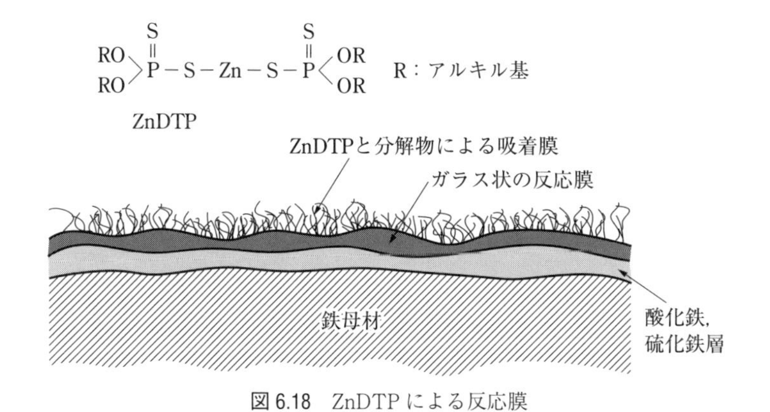

図 6.18　ZnDTP による反応膜

を改善する[6]．リン化合物は硫黄化合物より温和な条件下で性能を発揮する．

有機金属化合物の内耐摩耗性に優れるのが，**図 6.18** に示すジアルキルジチオリン酸亜鉛 ZnDTP（zinc dialkyldithiophosphate, ZDDP とも略す）である．ZnDTP は鋼表面に吸着し，熱や機械的せん断を受けて分解した後，鉄表面との反応により，酸化鉄と硫化鉄を多く含む層，リン酸鉄，硫化亜鉛，リン酸高分子物質を含むガラス状の層など多層構造の反応膜を形成する．もっとも，ZnDTP は油性剤のような摩擦低減効果は持たない．

摩擦低減効果を持つ有機金属化合物は，**図 6.19** に示すジアルキルジチオカルバミン酸モリブデン MoDTC（molybdenum dialkyldithocarbamate）などの油溶性有機モリブデン化合物である．鋼表面に吸着した後，機械的せん断を受けて分解し，固体潤滑剤としての作用を持つ二硫化モリブデン MoS_2 を摩擦面に生成する．ただし，MoS_2 生成にはあらかじめ Mo 酸化物の生成が必要条件になる[7]．

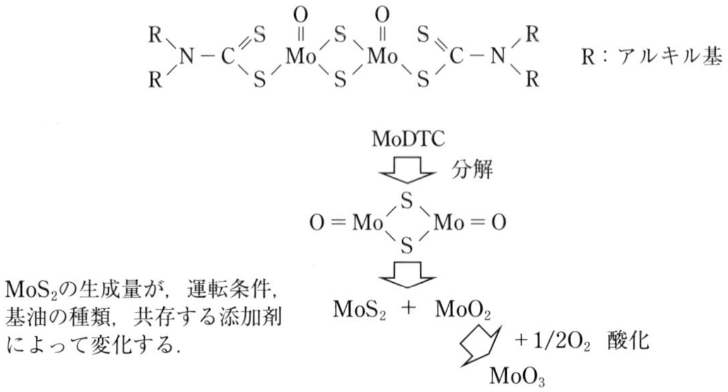

R: アルキル基

MoDTC

分解

$O=Mo(\mu\text{-}S)_2Mo=O$

MoS_2の生成量が，運転条件，基油の種類，共存する添加剤によって変化する．

$MoS_2 + MoO_2$

$+1/2O_2$ 酸化

MoO_3

図 6.19　MoDTC の摩擦低減機構[8)]

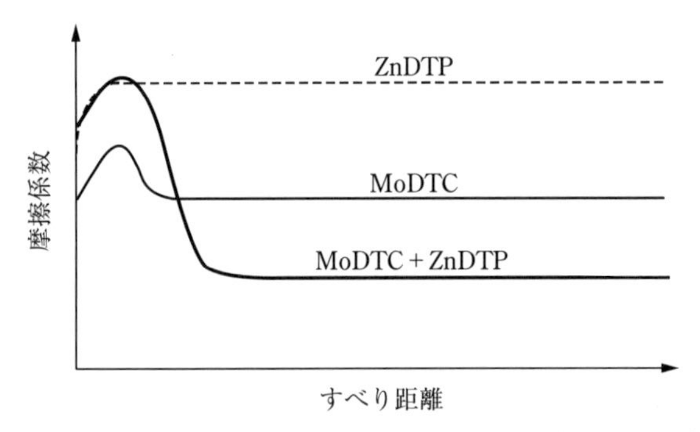

併用油中のZnDTPの役割として，MoS_2/MoO_3の比率を上げる効果，MoS_2が表面から除去されるのを防ぐ耐摩耗効果，MoS_2生成時の硫黄供給源などが考えられている．

図 6.20　MoDTC と ZnDTP との併用による摩擦低減効果

極圧剤は，摩擦・摩耗特性に対する相乗効果を期待して，複数のものを組み合わせて使用されることが多い．図 6.20 に示す MoDTC と ZnDTP との併用もそのひとつである．まず ZnDTP 由来の反応膜が生成した後，MoDTC が吸着・分解して，MoDTC 単独油と比べて MoS_2 がより高濃度で生成する[9-12)]．

6.2.7　油性剤と極圧剤との併用

図 6.21 は，油性剤と極圧剤の摩擦係数の温度による変化を概念的に示したものである．無極性のパラフィン油の場合，全体に摩擦係数は高く，油性剤を添加すると，低温では低摩擦を示すが，転移温度を限界としてそれより高温側では効

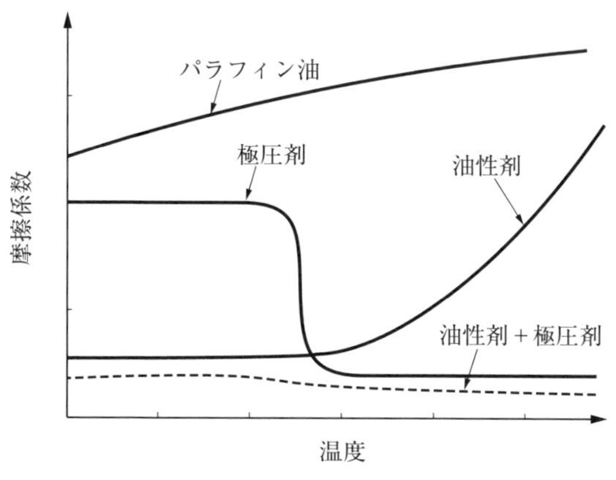

図 6.21　温度と摩擦係数[13)]

果を失い，摩擦係数が上昇する．それに対して，極圧剤では，ある温度を境に高温側で摩擦係数が低下する．したがって，油性剤と極圧剤を組み合わせることにより，広い温度範囲にわたって低摩擦を維持することができることを示唆している．

6.3　境界潤滑モデル

6.3.1　ハーディの境界潤滑モデル

20 世紀に入るまで，摩擦の原因は表面粗さのかみあいによると考えた凹凸説と，固体面間の分子間力によると考えた分子説が論戦を繰り広げていた．その論争に終止符を打つきっかけになる研究結果を報告したのが，イギリスのハーディ（Hardy）である．彼は，固体と潤滑剤（パラフィン，酸，アルコール）を変えた実験を行い，摩擦係数が潤滑剤分子の極性と鎖長によって影響を受ける結果を得た．

図 6.22 は彼の実験結果を基に考えたとされる概念図で，荷重を支持する潤滑剤分子が物理的に吸着し，単分子膜を作って固体面に規則正しく配列している．

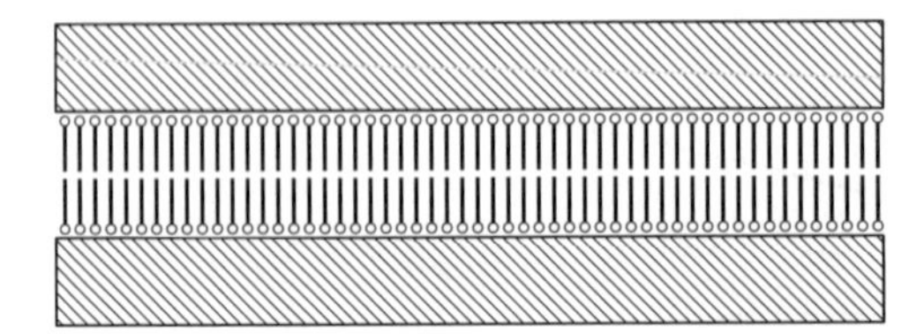

図 6.22　ハーディの境界潤滑概念図[14)]

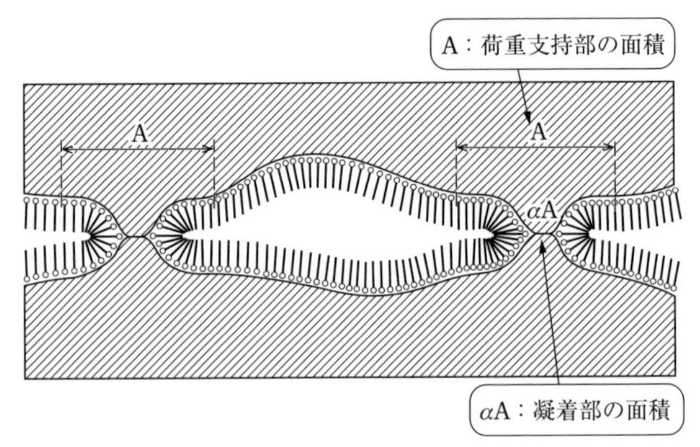

図 6.23　バウデンの境界潤滑概念図[14)]

6.3.2　バウデンの境界潤滑理論

ハーディの吸着膜モデルに，固体表面の粗さによる真実接触面積の概念を組み合わせたのがバウデン（Bowden）による境界潤滑モデルである（図 6.23）．荷重は，吸着膜と，吸着膜が破断して金属同士が直接接触した凝着部で支えられている．摩擦力は，各部のせん断力によって与えられるが，詳細は次項で述べる．

6.3.3　境界潤滑下の摩擦係数

図 6.24 は，バウデンのモデルを基にした図である．油性剤と極圧剤を用いた潤滑状態にある固体表面には，吸着膜と機械的せん断などによって分解生成した無機反応膜の両者からなる境界潤滑膜が形成され，突起部のところどころでは境界潤滑膜が破断して金属凝着を生じている．このような状態の摩擦係数を次に説明する．

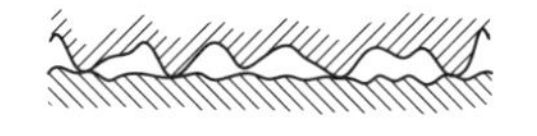

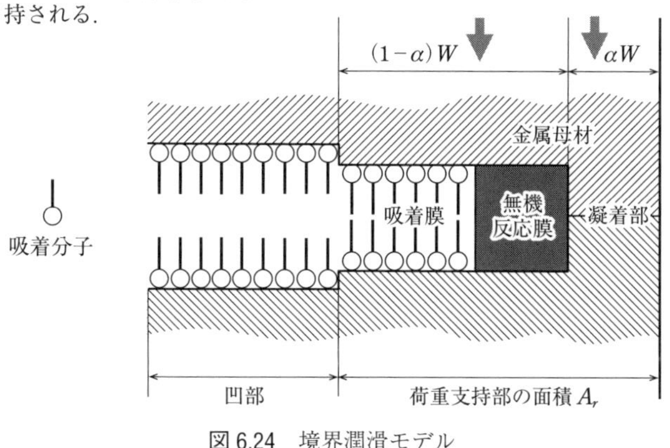

図 6.24　境界潤滑モデル

図中に示すように，荷重支持部の接触圧力は塑性流動圧力 $p_m(=W/A_r)$ に等しく，真実接触面積 A_r で支えられていると仮定し，凝着部と境界潤滑部の荷重分担割合をそれぞれ α，$1-\alpha$ とする．

摩擦力 F は，凝着部における摩擦力 F_d と，境界潤滑膜のせん断による摩擦力 F_b の和からなるので，

$$F=F_d+F_b \tag{6.1}$$

である．ここで，凝着部のせん断強さを s_m，境界潤滑部のせん断強さを s_b とすると，各部の面積は αA_r，$(1-\alpha)A_r$ であるので，摩擦力 F と摩擦係数 μ は次式で与えられる．

$$F_d=\alpha A_r s_m \qquad F_b=(1-\alpha)A_r s_b$$

$$\therefore \quad F=F_d+F_b=A_r\{\alpha s_m+(1-\alpha)s_b\} \tag{6.2}$$

$$\mu=\frac{F}{W}=\frac{1}{p_m}\{\alpha s_m+(1-\alpha)s_b\} \tag{6.3}$$

上式中の s_m/p_m は乾燥摩擦係数 μ_d に等しく，s_b/p_m を境界摩擦係数 μ_b とする

と，摩擦係数μは次式で表される．

$$\mu = \alpha\mu_d + (1-\alpha)\mu_b \tag{6.4}$$

乾燥摩擦係数μ_dは境界摩擦係数μ_bより大きく，固体の材質によって決まるので，境界潤滑下の摩擦係数μを小さくするには，凝着部の割合αを小さくすること，つまり境界潤滑膜を破断しにくくすることと，境界摩擦係数μ_bを小さくすることである．

6.4　混合潤滑モデル

6.4.1　混合潤滑下の摩擦係数

乾燥摩擦と境界摩擦の混在した状態における摩擦係数を境界摩擦係数と呼ぶこともある．境界潤滑膜が介在しないといっても，実際の表面には潤滑効果を含む酸化膜や汚れ膜が大抵存在しており，乾燥摩擦と境界摩擦の厳密な区別は困難と考えられるからである．

図6.25は，そのような意味から境界潤滑部が凝着部を含んでいるとして（以下この節では単に境界潤滑部と呼ぶ），荷重が境界潤滑部と流体潤滑部によって支持されている状態を示している．このような潤滑状態を混合潤滑と呼ぶ．

混合潤滑状態では，荷重は各部で受け持つことになるので，荷重をW，境界潤滑部の荷重分担割合をα_b'，流体潤滑部の荷重分担割合を$1-\alpha_b'$とし，μ_b'を境界摩擦係数，μ_fを流体摩擦係数とすると，接触部の平均摩擦係数μは，境界潤滑モデルでの比例配分と同じ取り扱いをして次式で表される．

$$\mu = \alpha_b'\mu_b' + (1-\alpha_b')\mu_f \tag{6.5}$$

μ，μ_b'，μ_fがわかっている場合には，α_b'は次式で表される．

$$\alpha_b' = \frac{\mu - \mu_f}{\mu_b' - \mu_f} \tag{6.6}$$

また，境界潤滑部の摩擦力分担割合F_b'/Fは次式で与えられる．

混合潤滑では，荷重は境界潤滑部と流体潤滑部で支持される．

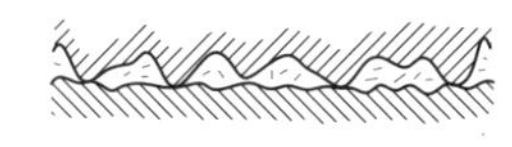

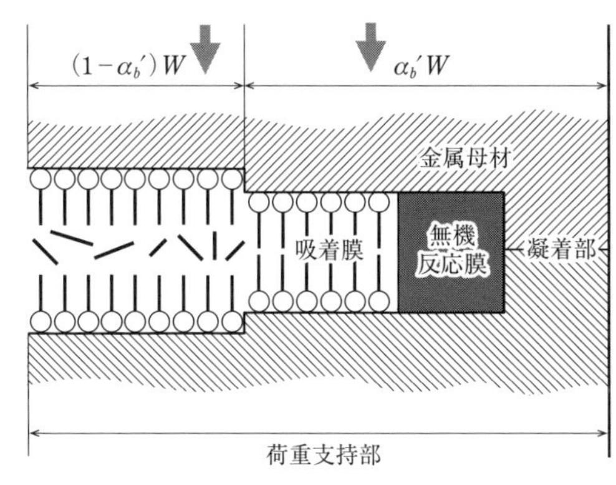

図 6.25　混合潤滑モデル

$$\frac{F_b'}{F}=\frac{\mu_b'\ W\alpha_b'}{\mu W}=\frac{\mu_b'\alpha_b'}{\mu} \tag{6.7}$$

一方，発熱量 Q は，摩擦力とすべり速度 v の積 $Q=\mu Wv$ で与えられるので，境界潤滑部の発熱割合 Q_b'/Q は，境界潤滑部の摩擦力分担割合 F_b'/F に等しい．

$$\frac{Q_b'}{Q}=\frac{\mu_b'\ W\alpha_b' v}{\mu Wv}=\frac{\mu_b'\alpha_b'}{\mu}=\frac{F_b'}{F} \tag{6.8}$$

[問題 6.1]　実験により，平均摩擦係数 $\mu=0.08$，境界摩擦係数 $\mu_b'=0.2$，流体摩擦係数 $\mu_f=0.001$ の値を測定した．境界潤滑部と流体潤滑部の荷重分担割合，摩擦力分担割合，発熱割合を求めよ．

[解答]　荷重分担割合は式(6.6)より求められる．

境界潤滑部の荷重分担割合：

$$\alpha_b'=\frac{\mu-\mu_f}{\mu_b'-\mu_f}=\frac{0.08-0.001}{0.2-0.001}=0.397$$

流体潤滑部の荷重分担割合：

$$1-\alpha_b'=1-0.397=0.603$$

摩擦力分担割合と発熱割合は式(6.8)より求められる．
境界潤滑部の摩擦力分担割合と発熱割合：

$$\frac{F_b'}{F}=\frac{Q_b'}{Q}=\frac{\mu_b'\alpha_b'}{\mu}=\frac{0.2\times0.397}{0.08}=0.993$$

流体潤滑部の摩擦力分担割合と発熱割合：

$$1-\frac{F_b'}{F}=1-\frac{Q_b'}{Q}=1-0.993=0.007$$

この結果から，混合潤滑状態では流体潤滑部分の荷重分担割合が大きくても，摩擦力分担割合と発熱の割合に関しては，その大半を境界潤滑部が占めることがわかる．したがって，$\mu_b'\gg\mu_f$ とすると，式(6.5)の混合潤滑下の摩擦係数 μ は次式で近似される．

$$\therefore\quad \mu\approx\alpha_b'\mu_b' \tag{6.9}$$

6.5　潤滑モードの遷移に伴う摩擦係数の変化

6.5.1　面接触

潤滑状態と摩擦係数の関係を，ジャーナル軸受を例にとって示したのが，**図6.26** に示すストライベック（Stribeck）曲線である．横軸は油膜厚さに関係する軸受特性数 $\eta N/P_{\rm m}$ で，η〔Pa·s〕は潤滑油の粘度，N〔rps〕は軸の回転速度，$P_{\rm m}$〔Pa〕は軸受平均面圧である．

図中右側の流体潤滑領域では，固体面同士が厚い油膜によって隔てられているために，固体表面の性質は一切関与せず，摩擦係数 μ は右上がりの曲線で表される．流体摩擦係数は 10^{-3} 程度の小さな値であり，固体間の直接接触が生じな

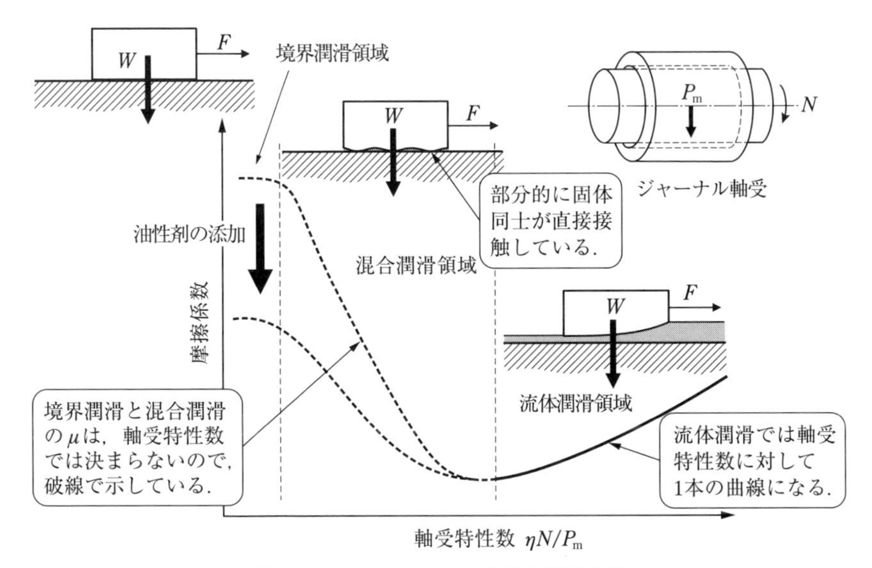

図 6.26　ストライベック曲線と潤滑状態

いので，摩耗や焼付きなどの表面損傷も起こらない理想的な状態である．したがって，軸受はこの領域で運転されるように設計することが基本であるが，起動時や停止時には油膜は形成されないため境界潤滑状態になる．また，回転速度が低い場合や荷重が高い場合にも，油膜厚さが薄くなって表面粗さの突起同士のぶつかり合いが始まり，混合潤滑領域へと移行する．

図の左側の境界摩擦係数は潤滑膜の性質に支配されるので，軸受特性数とは無関係の，流体摩擦係数の数十倍～数百倍の値をとる．混合潤滑下の摩擦係数は，軸受特性数が小さくなるにしたがい，油膜が薄くなって，摩擦係数の高い境界潤滑の割合が増すので摩擦係数は増大する．油性剤を添加して境界摩擦係数を下げると，図のように混合潤滑下の摩擦係数も低下する．式(6.9)における μ_b' を小さくする効果である．

なお，流体潤滑と混合潤滑の間に弾性流体潤滑（Elasto-Hydrodynamic Lubrication，略して EHL）を置いたストライベック曲線を散見するが，適当とはいえない[15,16]．その理由は次項で述べる．

6.5.2　点接触と線接触

ストライベック曲線は，接触圧が数十 MPa 程度までの面接触を対象にしたもので，流体潤滑領域では常圧粘度 η と N と P_{m} をひとまとめにして摩擦係数を表すことができた．一方，歯車やトラクションドライブなどの転がり接触部では，数百 MPa～数 GPa ほどの高圧になるので，粘度は圧力と潤滑油の種類に依存して常圧の値に比べて数千～数百万倍ほども高くなる．また，トラクション係数はすべり率によるが，10^{-2} のオーダーで流体摩擦係数より 1 桁高くなる（係数が 10^{-3} より小さい転がり摩擦は，粘性摩擦とは作用原理が異なる）．

そのような転がり接触下において，潤滑モードの遷移に伴う摩擦係数の変化を説明するには，**図 6.27** に示す μ-Λ 曲線によって表すのが合理的と思われる．図中，縦の破線を境として，右側が流体潤滑のひとつのモードである EHL 領域で，そこでのトラクション係数は，潤滑油の組成が大きく関わる高圧レオロジー特性によって支配される．一方，図の左側の部分は境界潤滑が混入してくる混合潤滑であって，油膜部が EHL 状態にあるため部分 EHL と呼ばれる．

なお，μ-Λ 曲線については，第 15 章においてもう少し詳しく述べる．

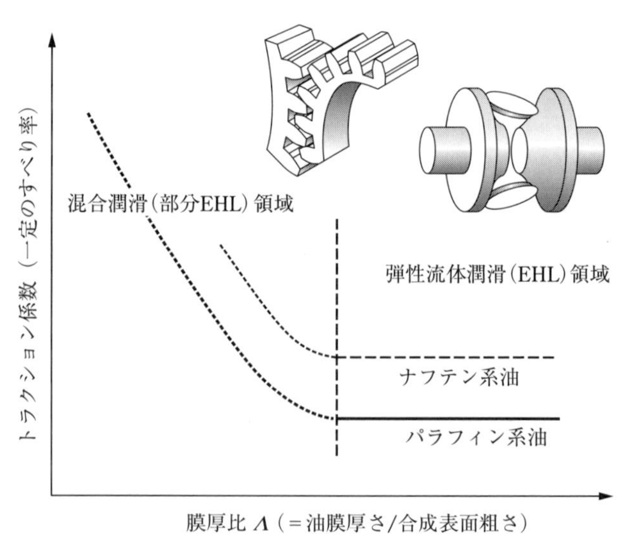

図 6.27　転がり接触下の潤滑状態の遷移

第7章 摩　耗

固体同士が直接接触するすべり面では多かれ少なかれ摩耗が生じる．摩耗現象は大変複雑で，摩擦係数が低いとき摩耗量が少ないとは限らない．摩擦係数と同様，摩耗量は材料固有の性質ではなく，材料の組み合わせや潤滑剤などによって変化するものである．

7.1 摩耗とは

摩耗（wear）は，「すべり合う固体表面から徐々に進行する材料損失」と定義される．定義は堅苦しいが，靴底がちびるとかタイヤのトレッドマークがなくなるなど，摩耗は身近な現象である．機械においては，摩耗が生じると初期の性能が大幅に低下し，振動や騒音を引き起こす原因になる．このように摩耗は機械の機能を低下させるので，機械の寿命は摩耗の程度が設計上の限界を超えたときとすることが多い．

自動車エンジンを例にとると，ピストンリングの摩耗が進行すると，シリンダとピストン間のシール機能が低下するために，燃焼ガスの吹き抜けによって馬力が低下し，オイル上がりと呼ぶ，エンジン油の燃焼室への混入量が増えて油の消費量が増すなどの不具合が生じる．また，**図7.1**に示すように，荷重やすべり速度など負荷条件が大きくなると，摺動材料の寿命は短くなる．

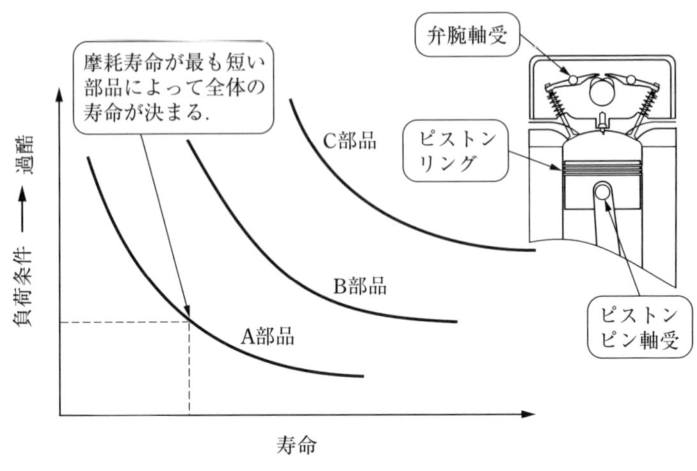

図 7.1　機械部品の摩耗寿命

一方，摩耗を積極的に利用する場合がある．切削加工や研削加工は，工具によって材料表面を摩耗することで所望の形状に加工する方法である．摩耗がうまくいかなければ，加工が成り立たない．また，身近なところで，消しゴムは鉛筆の炭素をゴム表面に付着させて鉛筆の跡を消す文具であるが，紙との摩擦で摩耗して新しいゴム表面を作ることにより，炭素の付着を繰り返し行うことができる．同様に，チョークによる黒板書きも摩擦によるチョークの摩耗を利用したものである．

7.2　摩耗の分類

7.2.1　摩耗の進行

同じ部位を繰り返し摩擦する場合のすべり距離に伴う摩耗量の変化は，図 7.2 に示すように，すべり距離にしたがい初めは摩耗の進み方が速く，そのうち摩耗の進行が鈍くなる．図中，摩耗が急速に増大する領域の摩耗を初期摩耗，傾きの小さな領域の摩耗を定常摩耗と呼ぶ．初期摩耗は，表面粗さの突起部のぶつかり合いによって突起部が消滅する期間であって，なじみ（running-in）過程と呼ば

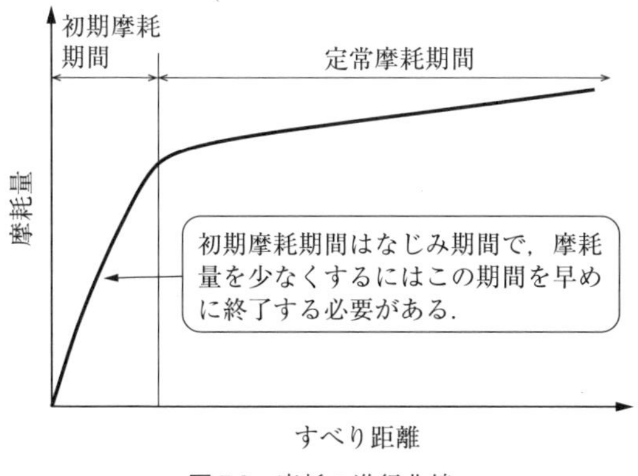

図 7.2　摩耗の進行曲線

れる．なじみが終わると表面が平滑になり，局部的な面圧が低下して，著しい摩耗の進行は止まるようになる．

7.2.2　機構による摩耗の分類

摩耗に対しては，材料やそれらの組み合わせ，潤滑剤の有無，作動条件，雰囲気が影響を及ぼす．もっとも実際には，それらの要因が絡み合いながら影響を及ぼすので，摩耗と要因の関係を見出すのは簡単でないことが多い．同様に，摩耗はそれが生じる原因から次の 4 つに分類されるが[1,2]，実際の摩耗は，単一の機構で起こるより 2 つ以上が組み合わさって起こることが多い．

①凝着摩耗（adhesive wear）

②腐食摩耗（corrosive wear）

③アブレシブ摩耗（abrasive wear）

④疲労摩耗（fatigue wear）

摩耗量は一般に除去される材料の体積で表される．摩耗の程度を表す尺度として，摩耗体積 V を荷重 W とすべり距離 L で割って得られる比摩耗量 w_s がよく用いられる．

$$w_s = \frac{V}{WL} \tag{7.1}$$

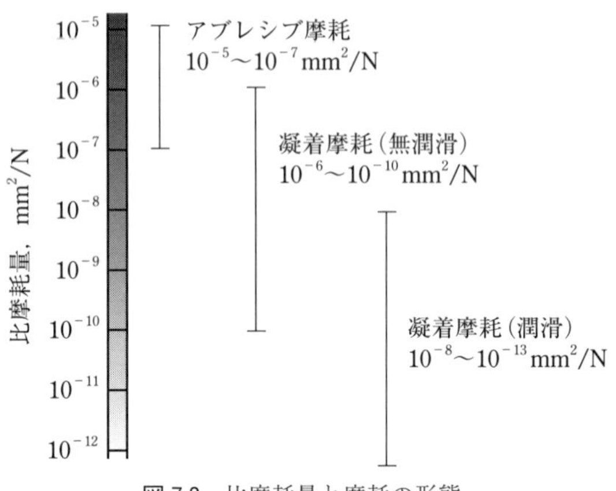

図 7.3　比摩耗量と摩耗の形態

比摩耗量は単位荷重・単位すべり距離当たりの摩耗量（単位 mm^2/N，ほかに $mm^3/(mN)$ が用いられる）を表すので，荷重やすべり距離が異なった条件で得たデータ間を比較でき，比摩耗量が同じであれば，摩耗の機構は同じと見なされる．図 7.3 に，摩耗の機構による分類とそれぞれの比摩耗量の範囲を示す[3)]．

> **[問題 7.1]**　ピンオンディスク試験機を用いて，回転速度 $N=500$〔rpm〕，摩擦半径 $r=10$〔mm〕，荷重 $W=200$〔N〕，試験時間 $t=1$〔時間〕の下で，試験片の摩耗体積 $V=0.5$〔mm^3〕を得た．このときの比摩耗量を求めよ．

[解答]　すべり速度は $U=\dfrac{2\pi N}{60}r=\dfrac{2\times 3.14\times 500\times 10}{60}=523$〔mm/s〕

すべり距離 $L=U\times t=523\times 3600=1.88\times 10^6$〔mm〕であるので，

比摩耗量は $w_s=\dfrac{V}{WL}=\dfrac{0.5}{200\times 1.88\times 10^6}=1.3\times 10^{-9}$〔$mm^2/N$〕

7.3　凝着摩耗

凝着摩耗は，材料同士の凝着部がせん断されることに起因して生じる摩耗である．凝着摩擦が摩擦の主要因であるのと同様，凝着摩耗は最も一般的に見られる

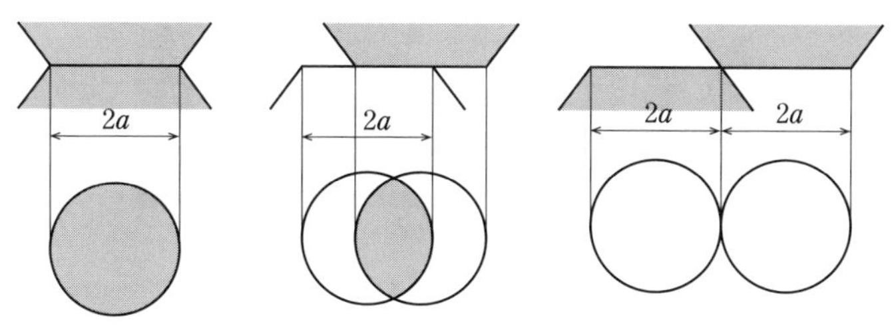

図 7.4　凝着摩耗のモデル

摩耗形態である．図 7.4 に凝着摩耗のモデルを示す．半径 a の円形突起が距離 $2a$ 移動して，その間に半径 a の半球状の摩耗粒子が発生すると仮定する．摩擦面には同一形状の突起が n 個存在するとし，摩耗粉の発生確率を κ とすると，摩耗量 V は次式で表される．

$$V = n\kappa \frac{2\pi a^3}{3} \tag{7.2}$$

すべり距離 $L=2a$，$K=\kappa/3$，粗さ突起の変形が塑性域にあるとして，$n\pi a^2 = A_r = W/H$ の関係を用いると，式(7.2)は次式の形に書ける．

$$V = K \frac{WL}{H} \tag{7.3}$$

式(7.3)から，凝着摩耗に対しては次の 3 つの法則が成り立つ[4-6]．

①摩耗量はすべり距離に比例する．

②摩耗量は荷重に比例する．

③摩耗量は軟質材料の硬さに逆比例する．

比例定数 K は，摩耗係数（wear coefficient）と呼ばれる無次元数で，摩耗の程度や耐摩耗性の指標として用いられる．

実際には，式(7.3)は広い条件範囲では成り立たず，ある荷重あるいはあるすべり速度を境に摩耗量は不連続的に増大する．凝着摩耗は，比摩耗量の大きさによりマイルド摩耗とシビア摩耗に分けられる．マイルド摩耗では，摩耗面は平滑で，図 7.5(1)に示すように摩耗粉の寸法は小さく，酸化によって着色しており，

酸化によって黒色化した摩耗粉.

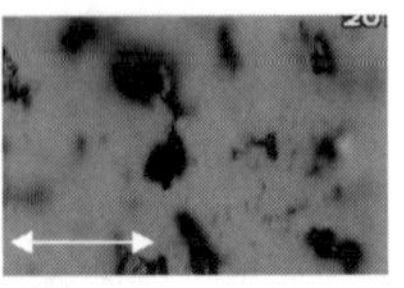

20 μm

(1) マイルド摩耗

金属光沢を持つ大粒の摩耗粉.

20 μm

(2) シビア摩耗

図 7.5　摩耗粉の形態

比摩耗量は 10^{-9} mm^2/N より小さい．シビア摩耗では，表面は酸化膜ができるより早く摩耗するので，摩耗面は粗く，図 7.5(2) に示すような大粒の金属光沢を持つ摩耗粉が発生する．また，比摩耗量は 10^{-7}〜10^{-8} mm^2/N の範囲にある．また，図 7.3 に示したように，凝着摩耗における潤滑の効果は大きく，無潤滑下の 1/100〜1/1000 にまで比摩耗量を下げることができる．

凝着摩耗の機構として，表面層が荷重と摩擦力を繰り返し受けることで生じる疲れ破壊が考えられている．この理論は，薄層が引き離される（デラミネート）ことからデラミネーション理論[7]と呼ばれる．摩耗面に多数のクラックが観察されることや，摩耗粉が薄片状であることが多いのがその裏づけとされている[8]．

7.4　腐食摩耗

腐食性のガスや液体中で表面が摩擦されると，表面にはまず腐食反応による生成物からなる反応膜が形成される．反応膜は金属母材と比べてもろく，母材との付着力が弱いので，機械的せん断が加わると容易に摩耗粉として脱落する．このようなプロセスが繰り返し生じるときの摩耗を腐食摩耗，あるいは化学摩耗（chemical wear）と呼ぶ．

空気中で最も多く現れる腐食摩耗の原因は，酸素と水である．酸化膜は金属母材と比べて硬いが，もろいため機械的せん断を受けると，図 7.6 のように微細な粉末となって脱落する[9]．このほか，空気中の水分が反応して金属水酸化物が生成し，摩耗を促進することがある．硫黄分の高い燃料を用いたときのエンジン内部では硫黄酸化物を生成し，それが水和して硫酸を生じるので，摩擦部位は腐食

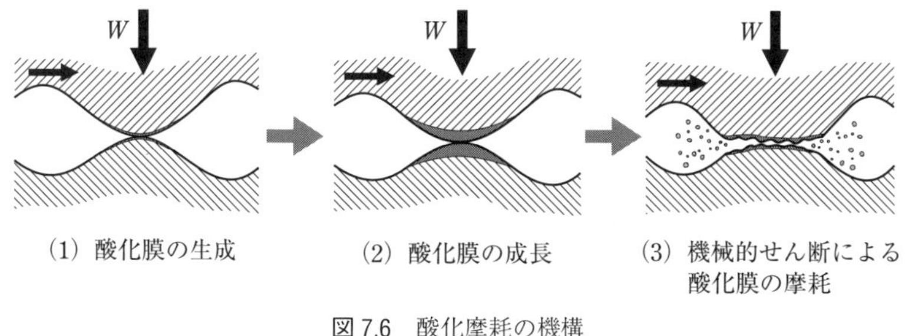

図 7.6　酸化摩耗の機構

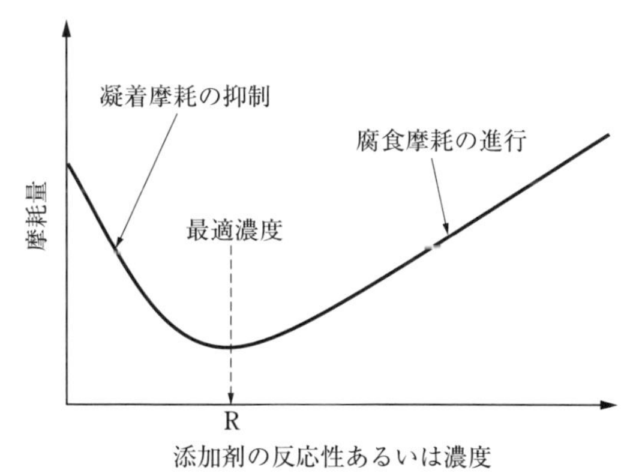

図 7.7　添加剤の反応性あるいは濃度と摩耗量

摩耗が進行しやすくなる．

図 7.7 は，添加剤の反応性あるいは濃度と摩耗量の変化をイメージとして表したものである．反応性（活性度）が低い範囲では，添加剤は金属同士の強い凝着を防ぐ働きを示し，摩耗低減の効果を持つが，活性度が高くなりすぎると表面の腐食反応が進み，結果として摩耗は増えることになる[10)]．同一添加剤の濃度を横軸にとった場合にも，同様の変化が現れる．

7.5　アブレシブ摩耗

アブレシブ摩耗は，軟らかい材料に対する硬い材料の微小切削作用に基づく摩耗である．例えば研削の際の，と粒と被加工材との関係で現れる．その機構は図

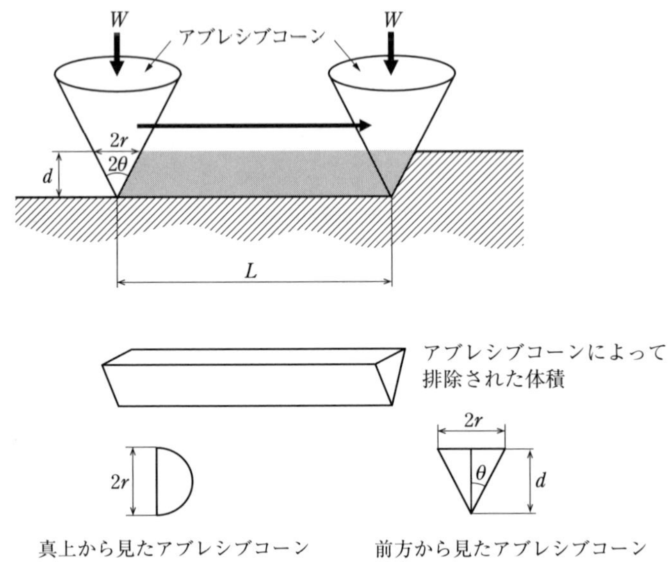

図 7.8　アブレシブ摩耗のモデル

7.8 に示すような単純なモデルによって説明される[11]．いま，硬い材料の粗さの突起の 1 個が，軟らかい材料表面に押し付けながら引っかき跡を作っていくときの様子を考える．突起を半頂角 θ の円錐形圧子に置き換え，すべり距離を L，荷重を W とし，前方から見た圧子と材料との接触面積を A_p とする．ここで，掘り起こした体積すべてが摩耗粉として排出されると仮定すると，摩耗量 V は次式で与えられる．

$$V = A_p L \tag{7.4}$$

図より $A_p = rd$，また，$d = \dfrac{r}{\tan\theta}$ であるので，式(7.4)は次式の形で表される．

$$V = \frac{r^2}{\tan\theta} L \tag{7.5}$$

一方，荷重 W は軟らかい材料の硬さを H とすると，垂直方向の投影面積の半円で支えられているので次式が成り立つ.

$$W = \frac{1}{2}\pi r^2 H \tag{7.6}$$

式(7.5)と式(7.6)より，摩耗量 V は次式の形になる.

$$V = \frac{2}{\pi \tan\theta}\frac{WL}{H} \tag{7.7}$$

式(7.7)によれば，アブレシブ摩耗量は，荷重 W とすべり距離 L に比例し，軟質材料の硬さ H に逆比例するので，凝着摩耗の式(7.3)と同じ形である．また，硬質材の突起半頂角 θ が小さくなるほど摩耗量は大きくなることを示している．研磨粒子の大きいサンドペーパーを使ったときほど摩耗量が多くなるのも，研磨粒子が大きくなるほど突起頂角が小さくなるからである.

なお，上述した軟質材と硬質材間で生じる場合を二元アブレシブ摩耗，軟質材に硬い固形異物が食い込むことで硬質材を削る場合を三元アブレシブ摩耗と呼んで区別されることが多い.

7.6　疲労摩耗

疲労摩耗は，荷重と摩擦力が繰り返し作用することによって起こる疲労破壊に基づく摩耗である．転がり軸受，歯車，動弁系（カムとフォロア）など接触面積が小さいために接触圧が高く，繰り返し応力を受ける機械要素で生じる．表面からクラックが生じる場合と，図 7.9 に示すように，表面下近傍の内部に生じたク

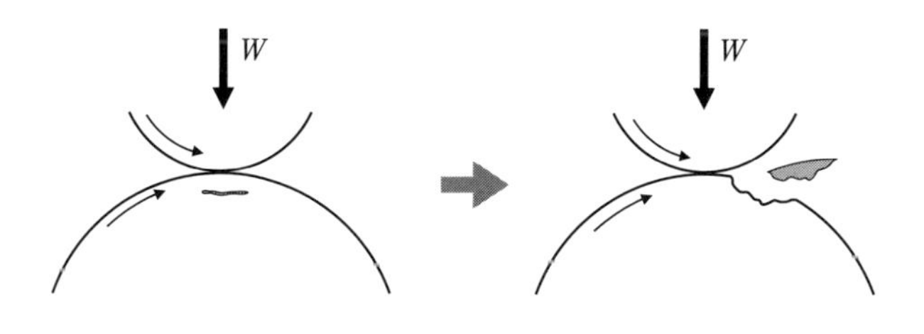

図 7.9　疲労摩耗の機構

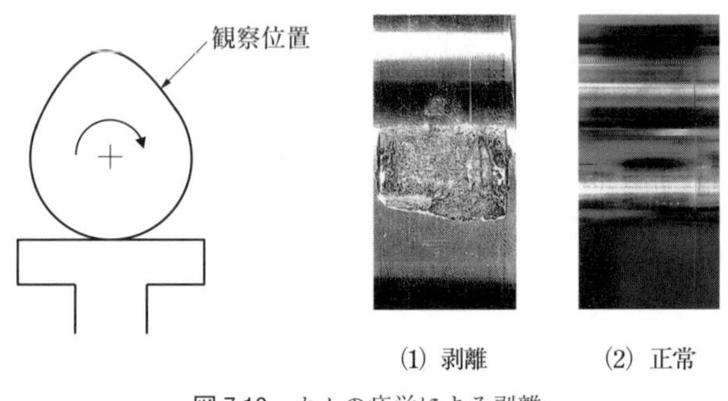

図 7.10　カムの疲労による剥離

ラックが表面にまで伝播して，摩耗粉として分離される場合がある．

うろこ状に剥がれるときの損傷をフレーキング（flaking），小さな穴が斑点状にあくときをピッチング（pitting）と呼ぶ．また，内部に進行して亀裂が広がり，大きな金属片が脱落して生じる損傷をスポーリング（spalling）と呼ぶ．図 7.10 にカムの疲労剥離を示す．

疲労摩耗による摩耗粉の寸法は凝着摩耗によるものと比べてずっと大きく，寸法のばらつきが大きいのも疲労摩耗の特徴である．

疲労寿命は潤滑条件が過酷になるほど短くなる．したがって，表面粗さが大きいほど凸部同士の接触が厳しくなり，潤滑油の粘度は低くなるほど油膜厚さが薄くなるので疲労寿命は短くなる．一方，添加剤の影響はやや複雑である．摩擦力を下げて疲労寿命が長くなる場合もあれば，金属表面の硬さを下げて疲労寿命が短くなる場合もある[12)]．

7.7　焼付き

二面が摺動している最中に，摩擦係数が突然増大して摩擦面が激しい溶着を起こし（図 7.11），面荒れを生じて，ときには摩擦面同士が固着してしまうことがある．このような現象を焼付き（seizure）と呼ぶ．焼付きは摺動部の温度が関係しており，真実接触部の温度は瞬間的には材料の融点にまで達する．歯車や動弁系での焼付きをスカッフィング（scuffing），転がり軸受の焼付きをスミアリン

(1) 焼付き

(2) 新品

図 7.11　ジャーナル軸受の焼付き

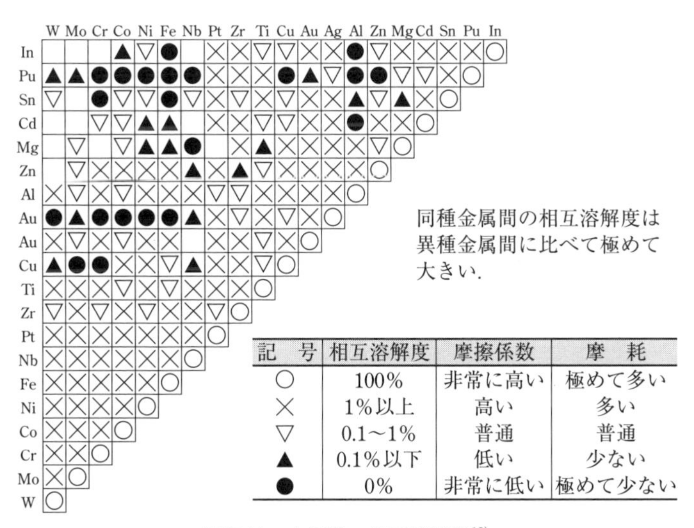

	W	Mo	Cr	Co	Ni	Fe	Nb	Pt	Zr	Ti	Cu	Au	Ag	Al	Zn	Mg	Cd	Sn	Pu	In
In				▲	▽	●		×	×	▽	▽	×	×	●	▽	×	×	×	×	○
Pu	▲	▲	●	●	●	●	●	×	×	×	●	▲	▽	●	●	▽	▽	×	○	
Sn	▽		●	▽	▽	●	▽	×	▽	×	▽	×	×	▲	▽	▲	×	○		
Cd			▽	▽	▲	▲		×	×	▽	▽	×	×	●	×	×	○			
Mg		▽		▽	▲	▲	●		×	▲	×	×	×	×	▽	○				
Zn		▽	×	×	×	×	▲	×	▲	▽	×	×	×	×	○					
Al	×	▽	×	▽	×	×	×	▽	▽	×	×	×	×	○						
Au	●	▲	●	●	●	●	▲	×	▽	×	▽	×	○							
Au	×	▽	×	▽	×	×		×	×	▽	×	○								
Cu	▲	●	●	×	×	▽	▲	×	×	▽	○									
Ti	×	×	×	▽	×	▽	×	×	×	○										
Zr	▽	×	▽	×	▽	×	×	▽	○											
Pt	×	×	×	×	×	×	×	○												
Nb	×	×	×	×	×	×	○													
Fe	×	×	×	×	×	○														
Ni	×	×	×	×	○															
Co	×	×	×	○																
Cr	×	×	○																	
Mo	×	○																		
W	○																			

記　号	相互溶解度	摩擦係数	摩　耗
○	100%	非常に高い	極めて多い
×	1%以上	高い	多い
▽	0.1～1%	普通	普通
▲	0.1%以下	低い	少ない
●	0%	非常に低い	極めて少ない

図 7.12　金属間の相互溶解度[13)]

グ（smearing）と呼ぶ.

金属材料の組み合わせとしては，図 7.12 に示すように，相互に溶解しやすいものほど摩擦係数は高く，摩耗量は多く，焼付きが生じやすい．俗にともがね（同種金属同士）が嫌われるのもこのような理由からである（図 7.13）.

潤滑下の焼付きの過程は，摩擦係数が何らかの原因で高くなって，摩擦面の温度上昇が著しく大きくなり，その結果，油膜の粘度が低下して油膜が破断し，凝着部が大きな接触部に発展することからなる（図 7.13）．したがって，焼付きの

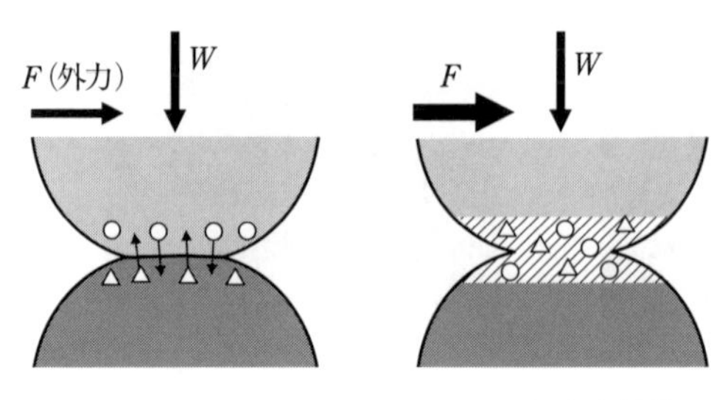

図 7.13　焼付き機構

発生には，油膜厚さと表面粗さの比で表される膜厚比がある限界値以下になったときに生じる臨界膜厚条件や，材料同士によって決まるある温度に至ったときに生じる臨界温度条件などが考えられている[14]．

7.8 Wear マップ

表面損傷の程度を条件によって区分して表したのが，図 7.14 に示す Wear マップである．摩擦面の材料設計などに利用される．横軸は無次元速度 $\overline{U}=ua/\alpha$

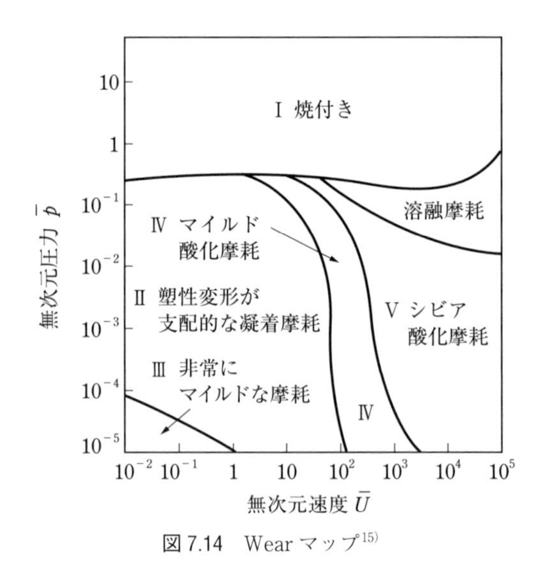

図 7.14　Wear マップ[15]

(a：接触円半径，u：速度，α：熱拡散係数）で，縦軸は無次元圧力 $\bar{p}=W/(A_{ap}H)$（A_{ap}：見かけの接触面積，H：軟質材料の硬さ，W：荷重）である．

図のⅢが，摩耗が最も少ない領域であるが，そこから $\bar{p}$ が大きくなると塑性変形が支配的な凝着摩耗領域のⅡになる．また，領域Ⅱから $\overline{U}$ が大きくなると，マイルド酸化摩耗からシビア酸化摩耗へと移行する．そこで $\bar{p}$ が大きくなると，摩擦面が熱で溶融する溶融摩耗へと移行する．また，無次元圧力 $\bar{p}$ がある限界値以上では，無次元速度 $\overline{U}$ に無関係に焼付きが生じる．

第8章

トライボ試験

トライボロジーに関わるデータを測定する試験を，ここではトライボ試験と呼ぶ．トライボ試験では，潤滑剤や摺動材料の耐焼付き性や耐摩耗性の評価を目的としたものから，トライボ現象の解析，実機性能のシミュレーションまで目的は様々である．

8.1 トライボ試験の種類

トライボ試験は，その目的から**表 8.1** に示すような 3 種類に大別される[1]．そのひとつは，潤滑剤や摺動材料の組み合わせの耐焼付き性あるいは耐摩耗性の評価を目的としたもので，球やブロックなど形状が単純な試験片の組み合わせから

表 8.1 トライボ試験の種類

種類	基礎的トライボ試験	シミュレーション試験	台上試験
試験例	四球試験	カムタペット試験	エンジン試験
試験時間	短 ⟸	⟹	長
試験コスト	安 ⟸	⟹	高
実機との相関	難 ⟸	⟹	有

なる．この種の試験を基礎的トライボ試験と呼ぶ．添加剤の作用機構の解明や潤滑油製品の品質管理にも用いられるが，特定の実機の性能と直接関係するものではない．

基礎的トライボ試験の対極に位置する試験は，特定の実機を台上に載せて，そのトライボ性能を評価するもので，台上試験と呼ばれる．歯車試験，ポンプ試験，エンジン試験などがこれにあたる．そして3つ目が基礎的トライボ試験と台上試験の中間に位置するもので，シミュレーション試験である．例えば，エンジンのカムタペット単体試験などが挙げられる．シミュレーション試験では実験時間短縮のために，実機より過酷な条件下で行われることが多い．そのため，実機とは別の表面損傷を評価している場合があるので，実機での損傷形態や実機データとの相関について十分考慮することが必要である．

8.2 基礎的トライボ試験

基礎的トライボ試験は，高面圧になりやすい点接触や線接触下でのものが多い．試験片には軸受鋼などの高硬度鋼が用いられる．試験片の組み合わせとして分類した基礎的トライボ試験の例を図8.1に示す．

四球試験は，3個の固定鋼球の上に1個の回転鋼球を接触させるもので，試験後の固定鋼球の摩耗痕径から耐摩耗性が評価される．また，荷重を段階的に増加させて耐焼付き性が評価される．

ピンオンディスク試験では，試験片のいずれかを固定し，もう一方を回転あるいは往復動させてすべりを与えるタイプが多い．ピンの代わりにボールやころも用いられる．往復動型のSRV（Schwingungs Reihungund Verschleiss）試験機や，ボールとディスクとも回転させながら回転速度の差によってすべりを与えるMTM（Mini-Traction Machine）は，潤滑油やグリースの摩擦係数の測定に多用されている．

ブロックオンリング試験は，下部の回転リングにブロックを接触させるもので，摩擦力はブロック支持台に取り付けられたロードセルにより検出される．

ピン＆Vブロック試験は，回転するピンをV型のブロック2個で挟み込む構造で，荷重を加えて摩擦トルクが測定される．

ローラ試験では，２個のローラに回転周速差を与えた状態で接触部に作用するトラクション（転がりすべり摩擦力）が測定される．摩擦のほかにピッチングが生じるまでの転がり疲労寿命が求められる．

基礎的トライボ試験では，耐焼付き性，耐摩耗性，摩擦特性が評価される．耐

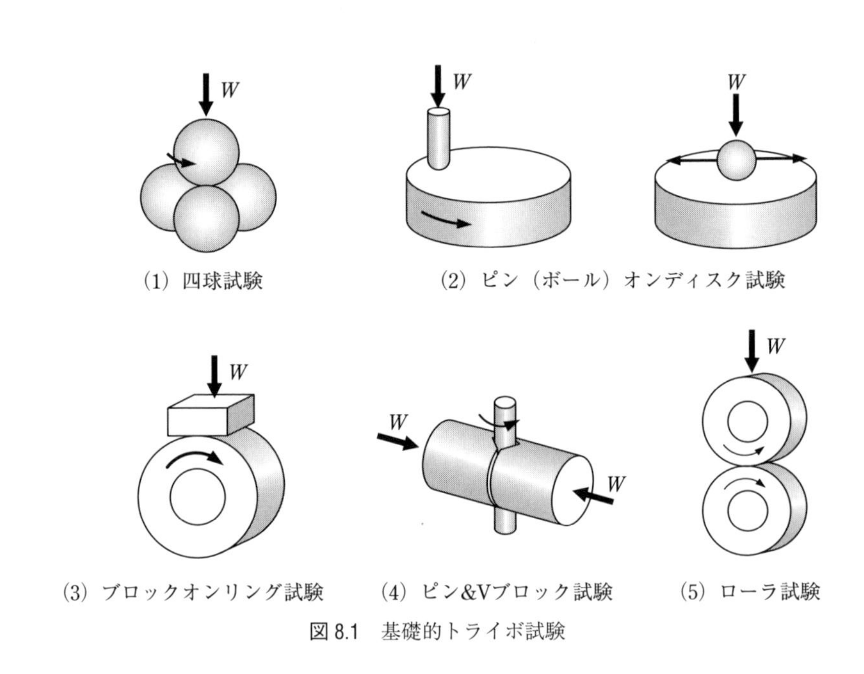

図 8.1　基礎的トライボ試験

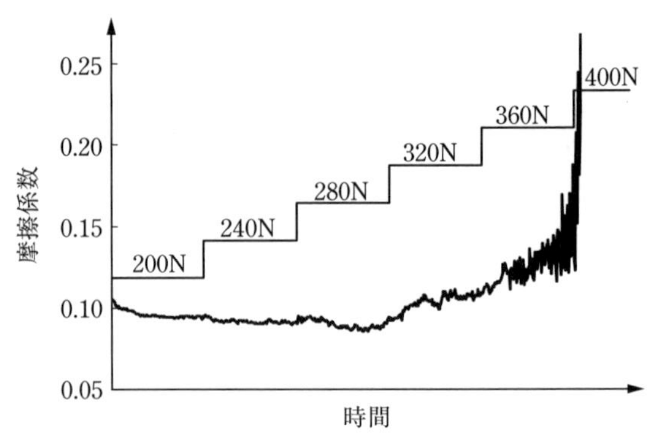

図 8.2　ステップロード法による焼付き限界の測定

焼付き性は，耐荷重能，極圧性，油膜強度とも呼ばれる．**図 8.2** に示すような，一定すべり速度の下で一定時間毎に荷重を段階的に増加させ，摩擦係数が急激に増加する荷重を焼付き荷重とし，焼付く直前の荷重を耐荷重能とする評価法が用いられる．耐摩耗性評価では，焼付き限界より温和な一定条件下で，一定時間試験を行い，**図 8.3** に示すような試験片の摩耗痕径や摩耗痕幅，摩耗深さ，重量減などが耐摩耗性の尺度とされる．

前述した MTM は，一定のすべり率の下でボールとディスクの平均周速を連続的に変えながら摩擦係数の変化を調べるのに適している．**図 8.4** は粘度を揃えた２種の油に対する摩擦特性の評価例である．油膜の引き込み効果が小さくなる低速側で添加剤の効果が現れるようになる．

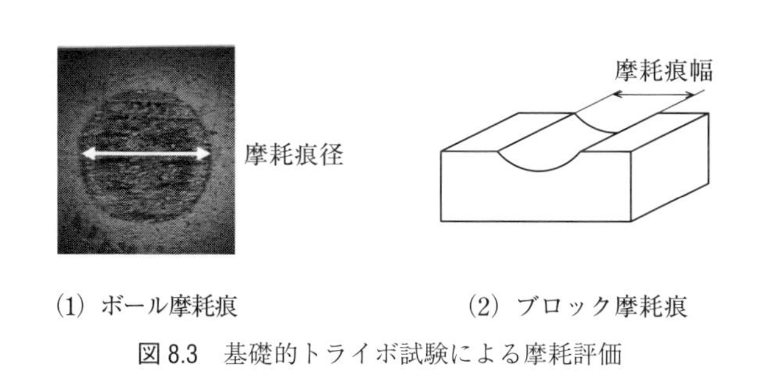

(1) ボール摩耗痕　　(2) ブロック摩耗痕

図 8.3　基礎的トライボ試験による摩耗評価

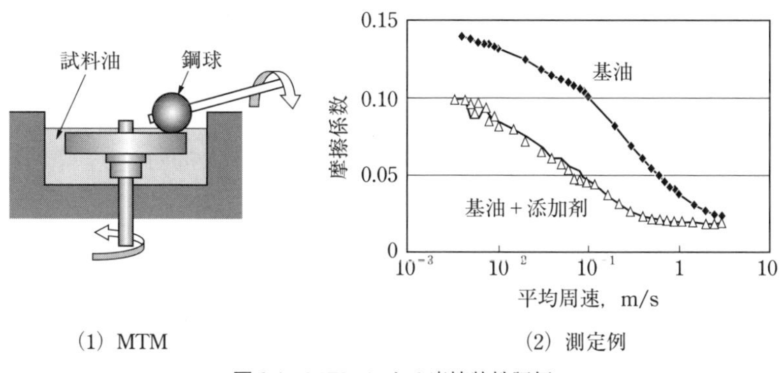

(1) MTM　　(2) 測定例

図 8.4　MTM による摩擦特性評価

8.3　転がり疲労試験

疲労寿命は，ローラ試験や転がり軸受試験によって評価される．転がり寿命の分布は，一般にワイブル分布にしたがうことが知られている．図 8.5 は，同一条件での試験結果の転がり寿命をワイブル確率紙にプロットした例である．試験に供した転がり軸受の 10 % の個数が損傷する寿命 L_{10}（信頼度 90 % の寿命），あるいは 50 % が損傷する寿命 L_{50} が寿命評価として用いられる．

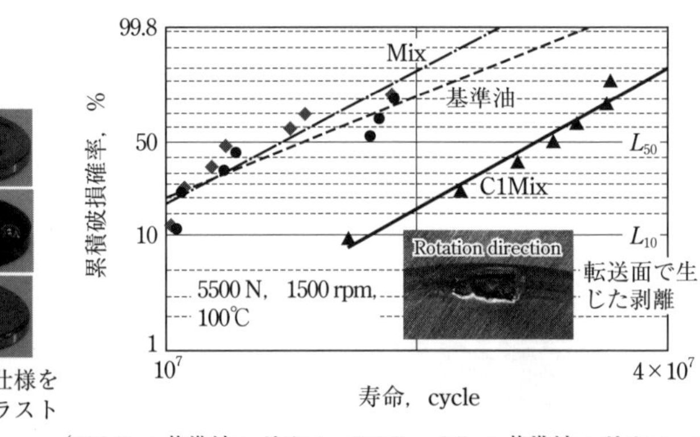

（C1Mix：基準油＋ポリマーC1Mix，Mix：基準油＋ポリマーMix）

図 8.5　転がり軸受試験による疲労寿命の評価[2)]

8.4　接触電気抵抗の測定

境界潤滑膜（以下文中ではトライボフィルムとも書くが同じものである）の生成状態を調べるために，トライボ試験機に図 8.6(1)に示すような接触電気抵抗の回路を設ける場合がある．接触電気抵抗法は，試験部位を周囲から電気的に絶縁して電圧を印加し，接触部の分離電圧を測定するものである．

抵抗値を持つトライボフィルムが形成される場合には，直列抵抗 R_d と接触抵抗 R_c に応じた分離電圧 V_c が検出され，それらを基に R_c の変化を求めることができる．図 8.6(2)は亜鉛系摩耗防止剤 ZnDTP 添加油のピンオンディスク試験の結果であるが，試験途中での絶縁性のトライボフィルムの生成を示唆している．

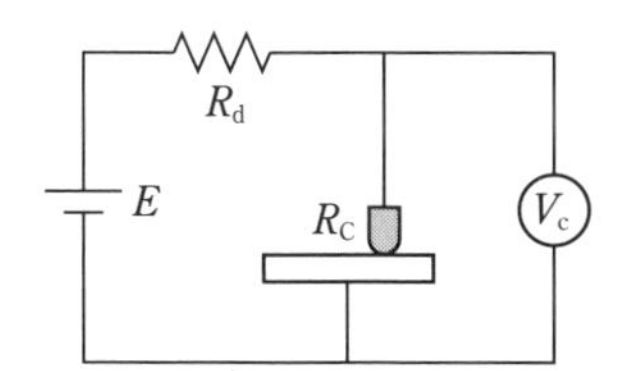

R_c：接触電気抵抗
R_d：直列抵抗
E：印加電圧
V_c：分離電圧

$$V_c = \frac{R_c}{R_c + R_d} E$$

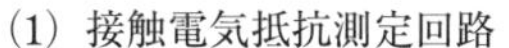

（1）接触電気抵抗測定回路

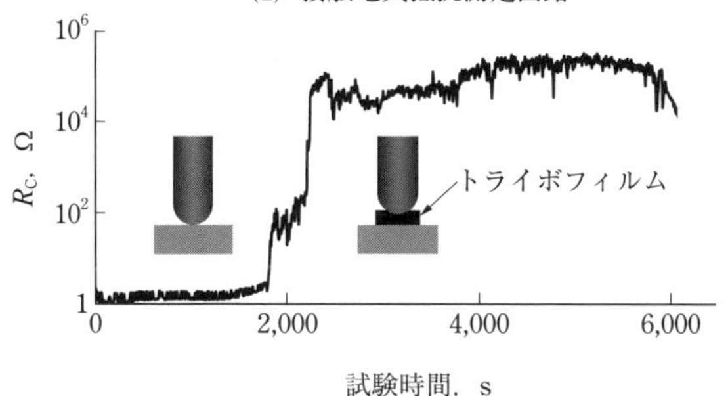

（2）R_cの変化

図 8.6　接触電気抵抗の測定[3)]

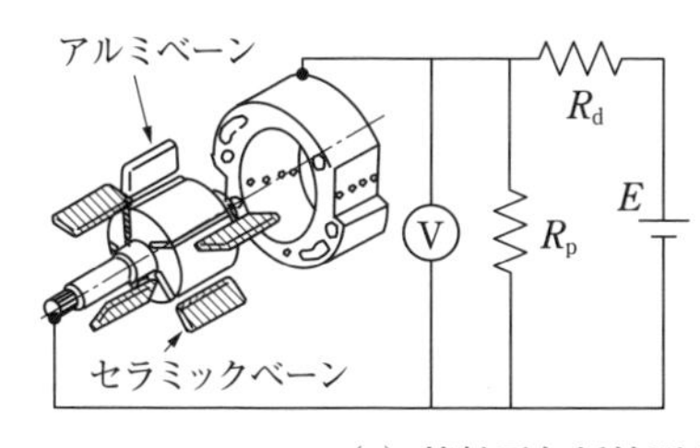

ベーン１枚をアルミ製，他を絶縁材料にして V_c を測定

（1）接触電気抵抗測定回路

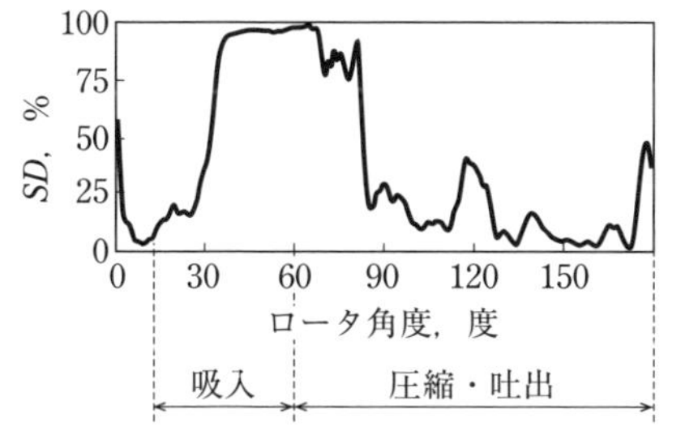

$SD = V_c / E \times 100$〔%〕

（2）分離度 SD の変化

図 8.7　圧縮機のベーン先端部の油膜形成の測定[4)]

このほか，油膜がときどき破断する場合には，金属接触する時間割合に応じた分離電圧が検出される．図 8.7 は，空調用マルチベーン式圧縮機に接触電気抵抗回路を組み込んでベーン先端部の油膜形成状態を調べた結果である．ロータ角度が吸入行程から圧縮・吐出行程に進むと，油膜形成が悪化する（分離度 *SD* が低下する）様子がわかる．このように，接触電気抵抗法は，トライボフィルムの生成状況や潤滑膜の破断を検出するのに有効である．

8.5 境界潤滑膜の厚さの測定

薄膜（境界潤滑膜および弾性流体潤滑膜）の厚さを計測する有力な方法として，光干渉法が挙げられる．反射率を上げるためのクロム膜に加えて，検出下限膜厚のかさ増し用としてのシリカ膜をコーティングしたガラスディスクが用いら

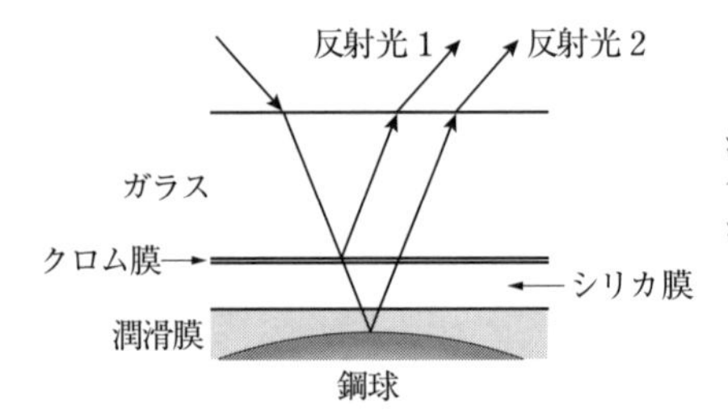

図 8.8　SLIM の測定原理

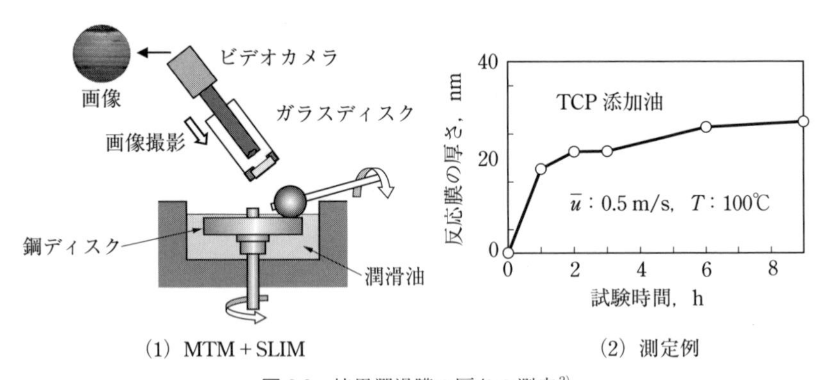

図 8.9　境界潤滑膜の厚さの測定[2)]

れることが多い．**図 8.8** に示すように，ガラスディスク上部から接触部に照射された白色光の一部はクロム膜で反射し，残りはシリカ膜と潤滑膜を通過して鋼球面で反射して戻るので，このとき生じる光路差による干渉縞の強度と波長，屈折率から潤滑膜の厚さが求められる．スペーサ層を用いる薄膜計測手法は，SLIM（Spacer Layer Imaging Method）と呼ばれる．**図 8.9** に，MTM を用いて鋼ディスクとの摩擦により形成された鋼球面上の潤滑膜厚さの経時変化を調べた結果を示す．

8.6　表面分析

トライボ試験の後，トライボフィルムの化学成分や厚さ，膜の生成機構を調べるために摩耗痕の表面分析が行われる．分析機器を用いた表面分析は，試料表面に電子，光，イオンを照射し，その結果表面から飛び出す電子や X 線などの信号を測定して，表面の化学成分や形状を知るものである．代表的な表面分析法を**表 8.2** に示す．

検出深さは分析法によって異なり，オージェ電子分光法 AES（Auger Electron Spectroscopy）や X 線光電子分光分析法 XPS（X-ray Photoelectron Spectroscopy）では数 nm なのでごく表層の情報であるが，イオンエッチングによって表面を削りながら分析を進めることで，深さ方向の分布も得ることができる．

表 8.2　代表的な表面分析法

入力信号	略称	出力信号	情報
電子	SEM	二次電子	表面形状
	EPMA EDS	特性 X 線	元素分布
	AES	オージェ電子	化学結合状態，分布
X 線	XPS	光電子	化学結合状態，分布
イオン	SIMS	二次イオン	化学組成

EPMA：Electron Probe Micro Analyzer，電子線マイクロアナライザ
SIMS：Secondary Ion Mass Spectrometry，二次イオン質量分析法

エネルギー分散型X線分光法EDS（Energy Dispersive X-ray Spectroscopy）は，検出深さが数µmと比較的深い範囲の分析で，走査型電子顕微鏡SEM（Scanning Electron Microscope）との組み合わせで広く利用されている（図8.10）．

図8.11は，ピンオンディスク試験後のピン先端の摩耗痕のSEM-EDS分析結果である．試料油PAO＋TCPによる着色した摩耗痕部分では，リンが高濃度で存在することから，リンを含むトライボフィルムが生成して耐摩耗性向上に寄与していたことを示唆している．

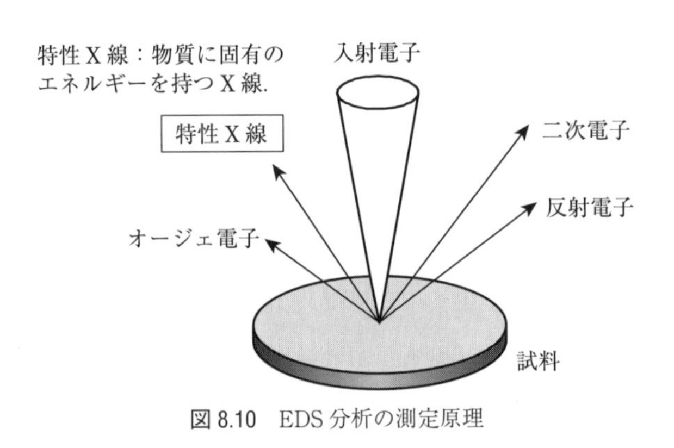

図8.10　EDS分析の測定原理

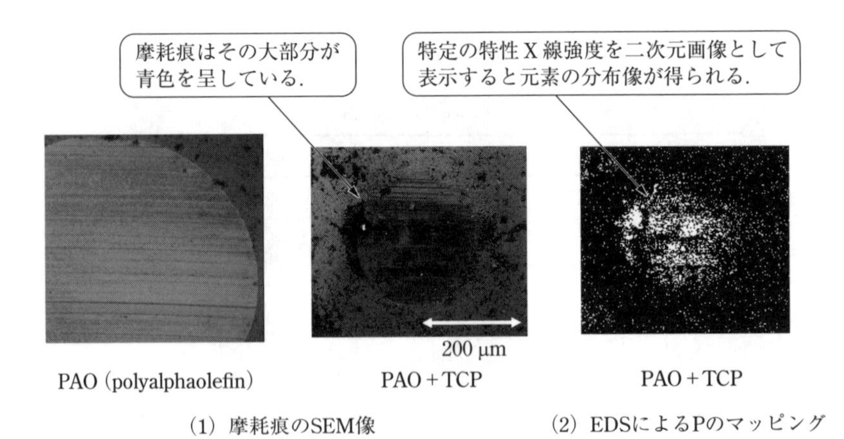

図8.11　摩耗痕の表面分析

8.7 AFMによる摩擦面の評価

固体表面を原子スケールで観察できる原子間力顕微鏡 AFM（Atomic Force Microscope）は，多くのナノテクノロジー分野で利用されている．トライボロジー分野もそのひとつで，ナノメートルスケールで測定したトライボフィルムの情報を基に，マクロトライボロジー現象を原子・分子レベルで理解することが可能になる．

8.7.1 AFMの動作原理

AFMは，表面形態像や，プローブの先端と試料表面間に微小電圧を印加して得られる電流像，機械的性質，粘弾性，摩擦力などの情報を得る顕微鏡である．測定主要部は，図8.12に示すように，プローブ，三次元スキャナ，光学検出系から構成される．プローブは，先端曲率半径が10 nm以下の鋭く尖った探針で，カンチレバーと呼ぶ片持ち板ばねの先端につけられている．プローブ先端と試料表面との距離を正確に保持する役割を果たすのが，圧電素子によって構成された三次元スキャナである．

プローブと試料表面間に作用する原子間力によって生じるカンチレバーの微小たわみ量は，カンチレバー背面に照射したレーザ光線の反射角度としてフォトダイオード上で捉えられる．カンチレバーには，0.1 nNの力を0.01 nmのたわみ量として検出するために，10 N/m程度のバネ定数の小さなSi製あるいはSi_3N_4製のものが用いられる．

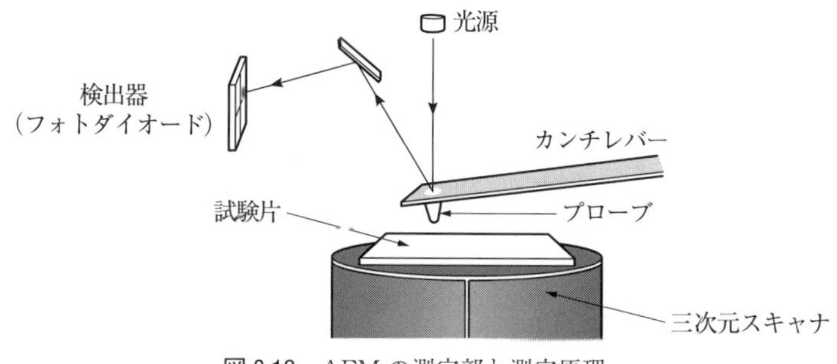

図8.12　AFMの測定部と測定原理

8.7.2　境界潤滑膜のナノスケール特性評価例

図 8.13 は，亜鉛系摩耗防止剤 ZnDTP 添加油による鋼同士の摩擦試験後の摩擦面を，AFM によって観測した表面形態像と電流像である．表面形態像からは，試験前の表面は山部と谷部から構成されるのに対して，試験後の表面は丘陵部（パッド）と谷部から構成されることがわかる．また，表面形態像と電流像を比較すると，パッドは絶縁性を示し，谷部は導電性を示すことから，荷重を支持するパッドで絶縁性のトライボフィルムが存在することを示唆している．このように，AFM によって摩擦面上のトライボフィルムの分布を知る手がかりが得られる．

また，プローブの先端を試料面に押し付けてひずみと力の関係が得られ，その傾きからトライボフィルムの弾性係数に関係するパラメータを求めることができる．図 8.14 は，アルキル基の形状が直鎖型と分岐型の ZnDTP 添加油による摩擦試験後の摩擦面を調べた例である．分岐型 ZnDTP 由来のトライボフィルムに

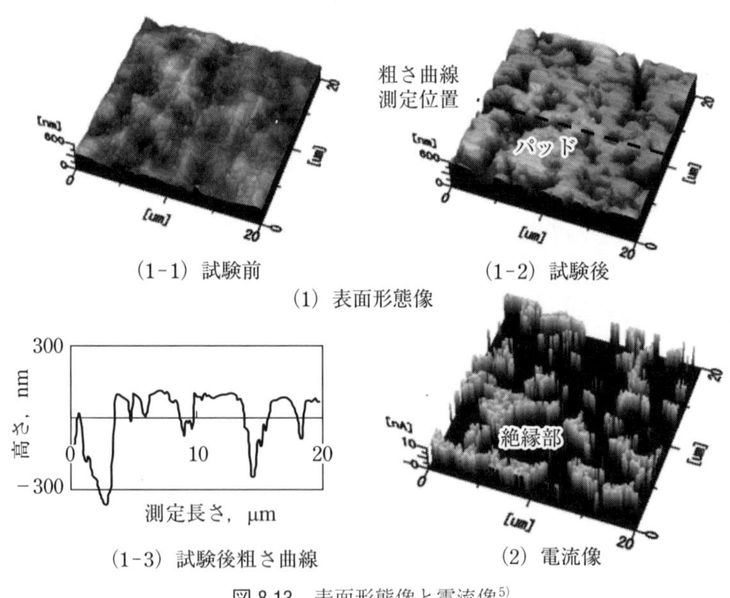

図 8.13　表面形態像と電流像[5]

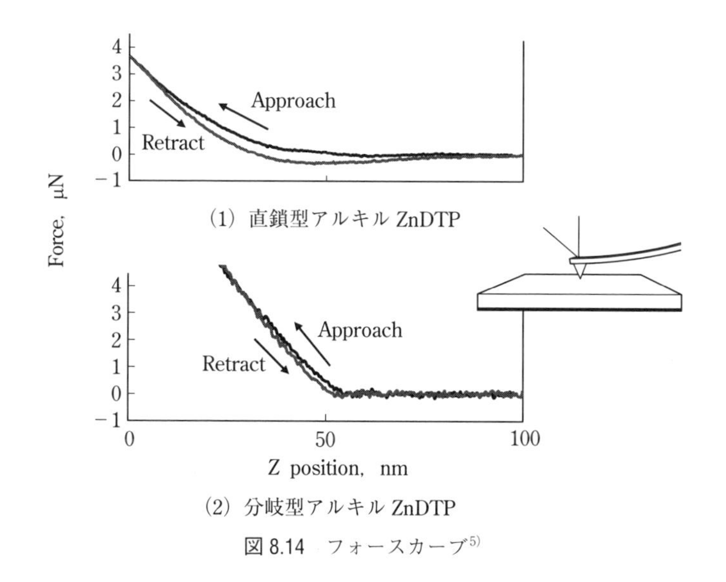

図 8.14 フォースカーブ[5)]

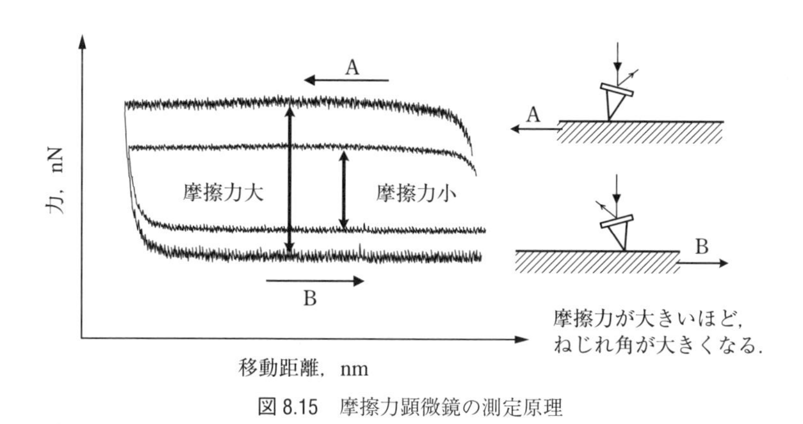

図 8.15 摩擦力顕微鏡の測定原理

対する傾きが直鎖型のそれより大きく，弾性係数が大きいと推察される．また，押し込み時と引き離し時のフォースカーブを比較すると，分岐型では一致しており弾性的挙動，直鎖型では両者の曲線は一致していないことなどから，粘性膜のスクイーズ効果によると考えられ，両者のナノスケールレオロジー的性質の違いが認められる．

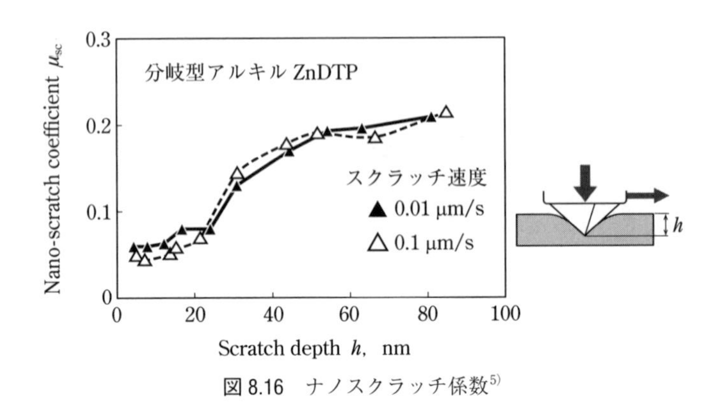

図 8.16　ナノスクラッチ係数[5)]

一方，コンタクトモードで試料を水平方向に往復動させたときに生じるカンチレバーのねじれを検出することで，ナノスケール摩擦力の測定が可能になる[6)]．図 8.15 は，1 回の往復動で得られた測定結果で，摩擦面上を走査すると測定面内の摩擦力の分布が得られる．摩擦力顕微鏡で測定されるナノスケール摩擦力は，マクロスケール摩擦のような強い凝着や摩耗を伴わない準静的条件下で得られる．

トライボフィルムのせん断抵抗を調べるために，ダイヤモンド製圧子を用いたナノスクラッチ試験が行われる．図 8.16 は，図 8.14 に示したトライボフィルムのナノスクラッチ係数 μ_{sc} の深さ方向分布を調べた例である．最表面から 60 nm までの領域は μ_{sc} が低下する傾斜構造であることからトライボフィルム，それより深い領域では μ_{sc} はほぼ一定値を示すことから基材領域と考えられる．またここには示していないが，最表面から深さ 20 nm 付近まではタイプによる μ_{sc} に違いが認められることから，アルキル基が残存するトライボフィルムの層と推察される．

第9章

粘　性

流体の物理的性質のうち「ねばり」を表す量が粘度である．適油という言葉は，機械の種類や運転条件に応じた適正な粘度を持つ潤滑油を用いることを意味しており，設計面での基本である．粘度が高すぎると，摩擦力の増大によって機械効率の低下を招くことがあり，粘度が低すぎると，油膜破断の結果焼付きに至ることがある．

9.1　粘度の定義と単位

流体は，ごくわずかの力でも加えられている間は流動し続け，力を取り去った後でも変形が元に戻らない．流動するのに力が必要なのは，流体内部で摩擦抵抗が働くためで，このような粘性のある流動を粘性流動と呼ぶ．粘性に関わる重要な法則は，ニュートンの粘性法則である．

いま図9.1のように，すきまhに満たされた液体を介して，面積Aの上面が速度Uで下面に対して平行に運動している場合を考える．上面にくっついた最上部の液体の速度はUに等しく，下面にくっついた最下部の液体の速度は0である．一方，液体内部では，上層と下層の隣り合った液体の平面は異なる速度で流動しているが，速度をならして一様にするような向きに摩擦力が働くため，結果として図中に示すように，速度分布は直角三角形の形になる．ここで，ニュー

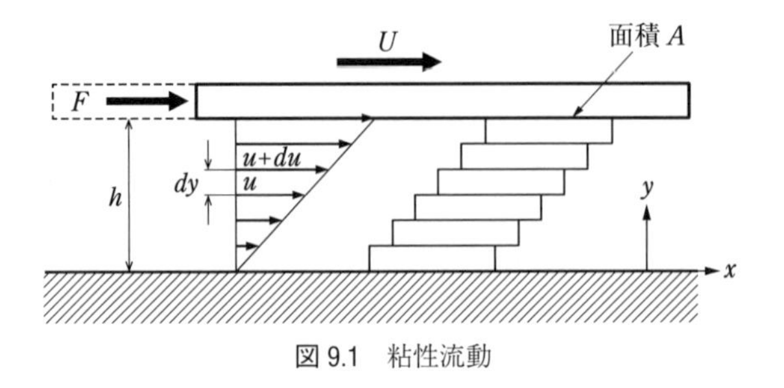

図 9.1　粘性流動

トンの粘性法則より，上面の運動に必要な力 F は面積 A と速度 U に比例し，すきま h に逆比例する．

$$F=\eta\frac{AU}{h} \tag{9.1}$$

式(9.1)を一般化すると，せん断応力 τ とせん断速度 du/dy の関係は次式で表現される．

$$\tau=\eta\frac{du}{dy} \tag{9.2}$$

式中の比例定数 η を絶対粘度（absolute viscosity）あるいは単に粘度と呼ぶ．

粘度の SI 単位は Pa･s で，工学単位の P（ポアズ，1P＝0.1 Pa･s）と，その 1/100 の cP（センチポアズ，1 cP＝0.01 P＝1 mPa･s）も用いられる．また，粘度 η を密度 ρ で割った値を動粘度（kinematic viscosity）と呼ぶ．

$$\nu=\frac{\eta}{\rho} \tag{9.3}$$

動粘度の SI 単位は m^2/s で，St（ストークス，1 St＝10^{-4} m^2/s）と，その 1/100 の cSt（センチストークス，1 cSt＝0.01 St＝1 mm^2/s）も用いられる．

粘度は温度と圧力によって変化するが，流体に固有の値である．**表 9.1** に代表的な流体の粘度を示す．

粘度がせん断速度あるいはせん断応力の広い範囲にわたって一定である流体を

表 9.1 流体の粘度

流体	粘度(20℃), mPa·s
空気	0.0181
水	1.0
オリーブ油	90
グリセリン 100%	1500

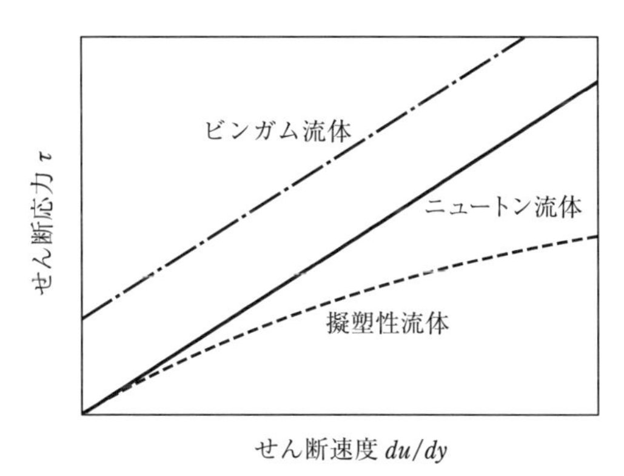

図 9.2 せん断速度とせん断応力の関係

ニュートン流体と呼ぶ．実際の潤滑油のせん断速度とせん断応力の関係は，図 9.2 に示すようで，潤滑油基油は一般にニュートン流体であるのに対して，ポリマーを含む油では，粘度を表す図中の傾きがせん断速度の増大に伴って小さくなる．このような流体を擬塑性流体（pseudo plastic fluid）と呼ぶ．一方，グリースのような半固体の場合には，ある程度のせん断応力を加えてはじめて流動が始まる．このような降伏値を持つ流体を塑性流体（plastic fluid），降伏値以上で τ と du/dy とが直線関係を示す流体をビンガム流体（Bingham fluid）と呼ぶ．そして，τ と du/dy が比例関係を示さない流体を総称して非ニュートン流体（non-Newtonian fluid）と呼ぶ．

9.2　粘度－温度特性

9.2.1　ASTM-ワルサーの式

液体の粘度は分子間力に基づくものであるので，温度上昇にしたがって分子間距離が離れるに伴い，分子間力が小さくなって粘度は低くなる．潤滑油の動粘度 ν〔mm^2/s〕の温度 T〔K〕による変化を表すのに，次の ASTM-ワルサー（Walther）の式（ワルサー ASTM の式ともいう）が広く用いられている[1]．

$$\log\log(\nu+0.7)=-m\log T+b \tag{9.4}$$

式中 m と b はそれぞれ油に固有の定数である．式(9.4)を用いれば，**図 9.3** に示すように，動粘度の温度変化は直線で表される．

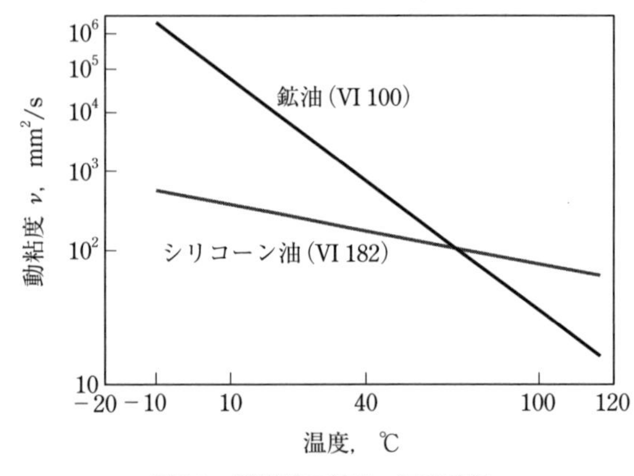

図 9.3　潤滑油の粘度－温度特性

> **[問題 9.1]**　試料油の 40 ℃ における動粘度を 23.32 mm^2/s，100 ℃ における動粘度を 4.473 mm^2/s とすると，75 ℃ における動粘度を求めよ．

[解答]　まず動粘度－温度関係から，m と b を算出する．

$$\log\log(\nu_{40℃}+0.7)=-m\log(40+273.15)+b$$

$$\log\log(\nu_{100℃}+0.7)=-m\log(100+273.15)+b$$

$$m=\frac{\log\log(\nu_{40℃}+0.7)-\log\log(\nu_{100℃}+0.7)}{\log(100+273.15)-\log(40+273.15)}=3.7635$$

$$b=\log\log(\nu_{40℃}+0.7)+m\log(40+273.15)=9.5328$$

次に，75℃ における動粘度 $\nu_{75℃}$ を算出する．

$$\begin{aligned}\nu_{75℃}&=10\text{^}[10\text{^}\{-3.7635\times\log(75+273.15)+9.5328\}]-0.7\\&=7.744\ 〔\text{mm}^2/\text{s}〕\end{aligned}$$

9.2.2　粘度指数

温度による粘度変化の程度を表す指標として粘度指数（Viscosity Index，略して VI）が広く用いられている．温度による粘度変化が小さい潤滑油ほど粘度－温度特性に優れるという意味で，粘度指数は高くなる．粘度指数は，図 9.4 に示すように，温度による粘度の変化が小さいペンシルベニア産油の VI を 100 とし，変化が大きいガルフコースト産油の VI を 0 として，これらを基準に決めたものである．

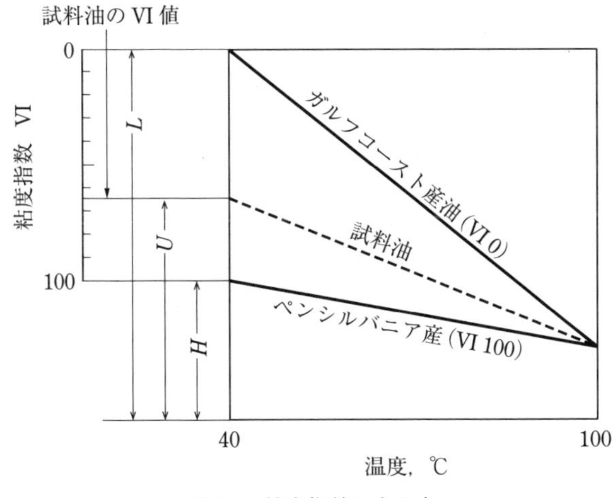

図 9.4　粘度指数の求め方

VI ≦ 100 の試料油に対する VI の計算には次式を用いる（JIS K 2283 A 法）.

$$\mathrm{VI}=\frac{L-U}{L-H}\times 100 \tag{9.5}$$

式中，L：100 ℃ で試料油と同一の動粘度を持つ粘度指数 0 の油の 40 ℃ における動粘度,

U：40 ℃ における試料油の動粘度,

H：100 ℃ で試料油と同一動粘度を持つ粘度指数 100 の油の 40 ℃ における動粘度.

VI ＞ 100 の試料油に対する VI の計算には次式を用いる（JIS K 2283 B 法）.

$$\mathrm{VI}=\frac{10^N-1}{0.00715}+100 \tag{9.6}$$

$$N=\frac{\log H-\log U}{\log Y} \tag{9.7}$$

式中，Y：試料油の 100 ℃ における動粘度.

［問題 9.2］ **表 9.2** のデータを用いて，40 ℃ における動粘度が 21.52 mm²/s，100 ℃ における動粘度が 4.10 mm²/s の油の粘度指数を求めよ.

［解答］ 表 9.2 より試料油の $H=20.37$ である．したがって，$U>H$ なので JIS K 2283 A 法で計算する.

表 9.2 動粘度に対応する L と H

動粘度，mm²/s（100 ℃）	L	H
4.00	25.32	19.56
4.10	26.50	20.37
4.20	27.75	21.21
4.30	29.07	22.05
4.40	30.48	22.92
4.50	31.96	23.81

$$\mathrm{VI}=\frac{L-U}{L-H}\times 100=\frac{26.50-21.52}{26.50-20.37}\times 100=81.24 \qquad \mathrm{VI}=81$$

［問題 9.3］ 表 9.2 のデータを用いて，40 ℃ における動粘度が 23.32 mm²/s，100 ℃ における動粘度が 4.473 mm²/s の油の粘度指数を求めよ．

［解答］ 表 9.2 より補間法で求めると試料油の $H=23.56$ である．したがって，$U<H$ なので JIS K 2283 B 法で求める．

$$N=\frac{\log H-\log U}{\log Y}=\frac{\log 23.56-\log 23.32}{\log 4.473}=6.835\times 10^{-3}$$

$$\mathrm{VI}=\frac{10^{N}-1}{0.00715}+100=\frac{10^{0.006835}-1}{0.00715}+100=102.2 \qquad \mathrm{VI}=102$$

9.3 粘度－圧力特性

9.3.1 粘度－圧力特性

粘度は圧力 p の増大に伴って，ほぼ指数関数的に増大することが知られている．したがって，粘度－圧力関係を表すのに次のバラス（Barus）式が用いられる．

$$\eta=\eta_0 \exp(\alpha p) \tag{9.8}$$

式中，η_0 は常圧粘度，α は粘度－圧力係数と呼ぶ油によって変化する定数で，α が大きいものほど同一圧力下で粘度は高い値を示す．鉱油では，粘度指数の高いものほど α は小さくなる．温度 30 ℃ におけるパラフィン系鉱油の α は 20 GPa^{-1} 前後，ナフテン系鉱油の α は 25～30 GPa^{-1} 程度である[2)]．

また，**図 9.5** に見られるように，粘度 η〔Pa·s〕と圧力 p〔Pa〕は大ざっぱには直線関係にあるが，厳密にはバラス式にしたがわずに，パラフィン系油ではやや上に凸，ナフテン系油ではやや下に凸の変化を示す傾向がある．そこで，粘度－圧力特性を正確に記述する式として，次のローランズ（Roelands）式[3)]が用いられる．

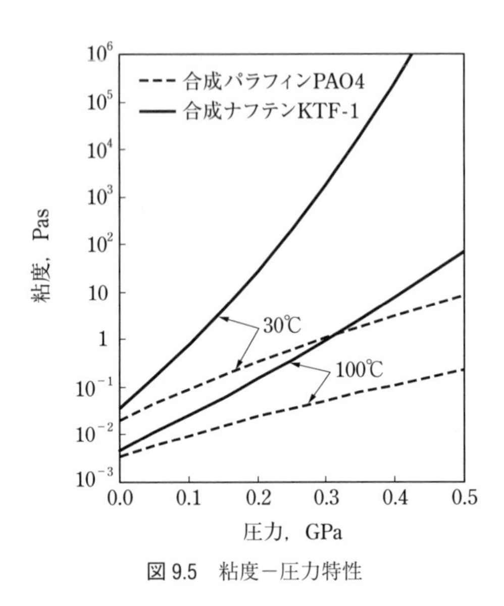

図 9.5　粘度－圧力特性

$$\eta=\eta_0 \exp(\alpha^* p)$$

$$\alpha^* p=[\ln \eta_0+9.67]\left\{\left(\frac{T+135}{T_0+135}\right)^{-S_0}(1+5.1\times 10^{-9}p)^{z}-1\right\} \tag{9.9}$$

式中，T_0 は基準温度〔℃〕，S_0，Z，η_0 は潤滑油に固有の値である．

9.3.2　粘度－圧力係数の推算

従来，粘度－圧力係数 α〔Pa^{-1}〕を推算する式がいくつか提案されているが，ウー（Wu）らの式[4)]は 2 点の温度における動粘度から求めることができるので使いやすい．

$$\alpha=(0.1657+0.2332 \log \nu)\times m\times 10^{-8} \tag{9.10}$$

式中，m は式(9.4)における粘度－温度係数，ν〔mm^2/s〕は求める温度における動粘度である．

［問題 9.4］ 問題 9.2 の油の 50 ℃ における粘度－圧力係数 α を，ウーらの式 (9.10) を用いて求めよ．

［解答］ 試料油の m＝3.7635，b＝9.5328 を用いて 50 ℃ における動粘度 $\nu_{50\,℃}$ を算出する．

$$\nu_{50\,℃} = 10\text{^}[10\text{^}\{-3.7635 \times \log(50+273.15)+9.5328\}]-0.7$$
$$= 16.15 \ [\mathrm{mm^2/s}]$$

$$\alpha = (0.1657 + 0.2332 \log \nu) \times m \times 10^{-8} = 1.68 \times 10^{-8} = 16.8 \ [\mathrm{GPa^{-1}}]$$

9.4 ポリマー添加による粘度－温度特性の改善

粘度は温度上昇に伴って低下するが，変化割合はできるだけ小さいことが好ましい．分子量が 5000～100 万の油溶性ポリマーは，油中に添加すると，図 9.6 に示すように，低温では小さな糸まり状に凝集して流動に対する抵抗が小さいが，高温では糸まりがほぐれた状態になり，流体力学的体積が増して流動に対する抵抗を増加させ，粘度低下を小さくする効果を持つ．このようなポリマーは粘度指数を高める効果を持つことから，粘度指数向上剤と呼ばれる．図 9.7 は，低粘度基油にポリマー添加したときの粘度－温度特性の改善を説明したものである．

ところでポリマー添加油は，図 9.8 に示すように，せん断を受けると粘度が低下する性質がある．これはポリマーがせん断方向に流動配向して，流体力学的体積が小さくなるためであって，新油におけるこのような粘度低下の現象を一時的

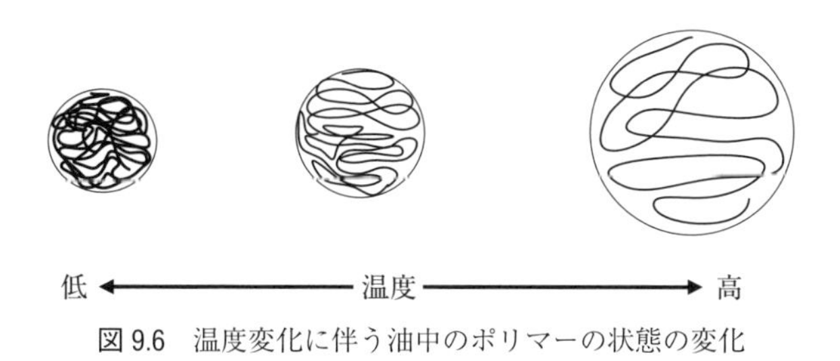

図 9.6 温度変化に伴う油中のポリマーの状態の変化

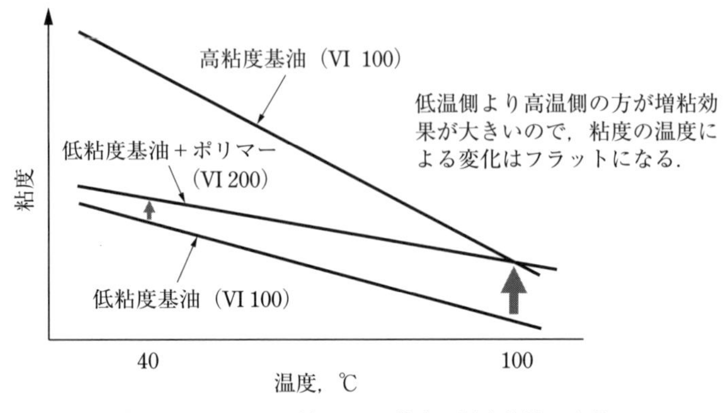

図 9.7　ポリマー添加による粘度－温度特性の改善

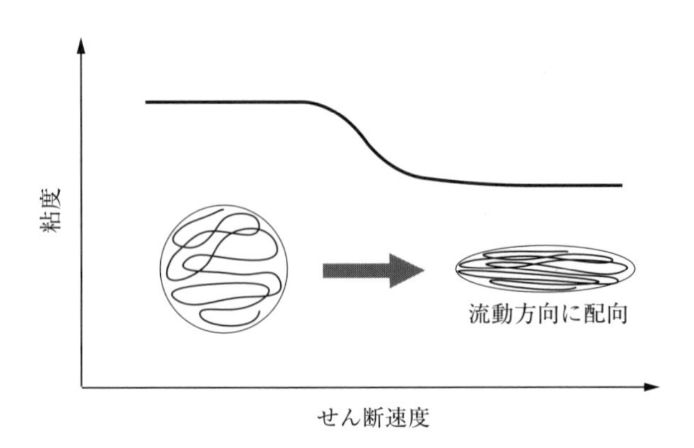

図 9.8　ポリマー添加油のせん断に伴う粘度変化

粘度低下と呼ぶ．また，繰り返しせん断を受けると，ポリマー分子が切断されて粘度が低下する．新油に比べた使用油の粘度低下がそれであり，これを永久的粘度低下と呼ぶ．したがってポリマーには，せん断安定性（繰り返しせん断を受けた際の分子の切断されにくさ）に優れることが要求される．

9.5　粘度の測定法

動粘度の測定には，図 9.9 に示すような毛細管粘度計が広く使われている．一

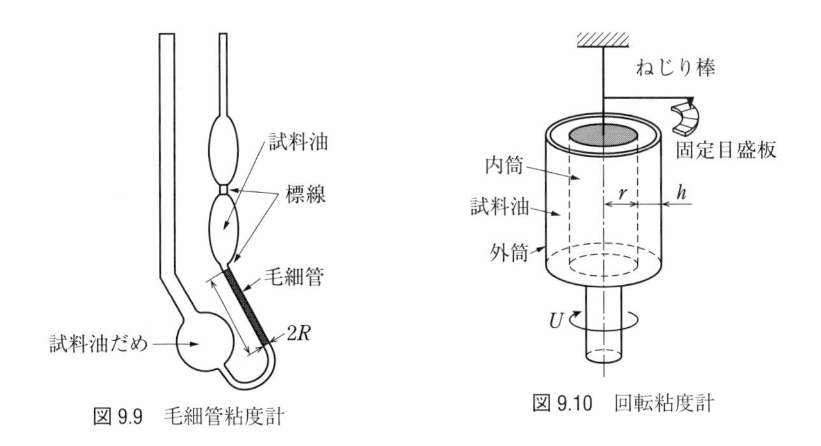

図 9.9　毛細管粘度計

図 9.10　回転粘度計

定体積の粘性流体が毛細管を通過するとき，ポアゼイユの式から動粘度νは次式で表される．

$$\nu = Bt \tag{9.11}$$

式中のBは粘度計毎に決まる定数で，あらかじめ動粘度が既知の標準粘度液を用いて求めておく．

回転粘度計は，二重円筒の間に試料油を満たし，内筒あるいは外筒を回転させるときに相手側の円筒が受けるトルクを測定し，回転速度との関係から粘度を求めるものである．図 9.10 の例は，外筒を回転させるもので，内筒に回転モーメントMが与えられる．すきまをh，内筒の円筒面の表面積をA，周速をU，内筒の半径をr，回転力をFとすると，ニュートン粘性の式(9.1)により粘度ηを求めることができる．エンジン油では，低温見かけ粘度，高温高せん断粘度の測定に利用される．

$$M = Fr = \eta \frac{AU}{h} r \tag{9.12}$$

このほか，試料油中を自由落下する鋼球の速度から粘度を求める落球式粘度計が用いられる．速度は既知の 2 点間の距離を通過する時間を測定して決める．高圧粘度の測定に利用されている[7]．

9.6　粘性による軸受の摩擦抵抗

ニュートン粘性の式を，**図 9.11** に示す軸と軸受が同心状態にあるジャーナル軸受に適用すると，摩擦係数を表す式が導かれる．

図に示すように，半径すきま（油膜厚さ）を c，軸の直径を D とすると，軸受内の軸全周面積 $A=\pi DL$，周速 $U=\pi DN$ と表せるので，ニュートン粘性の式 (9.1) より，摩擦力 F は次式の形で表せる．

$$F=\eta A\frac{U}{c}=\frac{\eta\pi^2D^2LN}{c} \tag{9.13}$$

摩擦力 F を軸受荷重 W で割ると摩擦係数 μ が得られる．

$$\mu=\frac{\eta\pi^2D^2LN}{Wc} \tag{9.14}$$

また，軸受平均面圧を P_{m} とすると，荷重 W は軸受投影面積 DL を用いて

$$W=P_{\mathrm{m}}DL \tag{9.15}$$

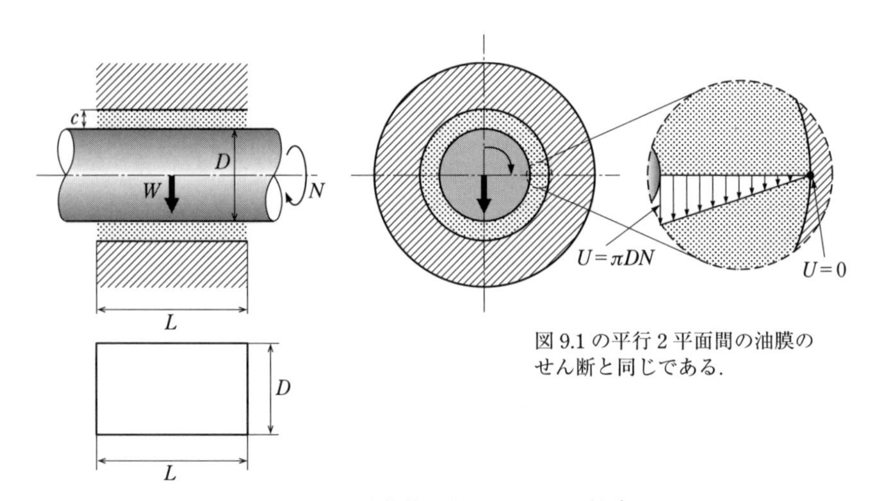

図 9.11　同心状態にあるジャーナル軸受

であるので，摩擦係数 μ は次式の形に書ける．

$$\mu=\frac{\pi^2 D}{c}\frac{\eta N}{P_m} \tag{9.16}$$

上式をペトロフの式（Petroff's law）と呼ぶ．ペトロフの式は，流体の粘性式から誘導したもので，軸受内の流体の運動による圧力の影響は考慮していない．しかしながら，式(9.16)による摩擦係数 μ は，軽荷重で高速回転の場合には実際の値に近くなることが知られている．

> **［問題 9.5］** 荷重 $W=1.5$〔kN〕，速度 $N=1000$〔rpm〕で回転する軸を，軸直径 $D=60$〔mm〕，軸受幅 $L=60$〔mm〕，半径すきま $c=30$〔μm〕の同心状態にあるジャーナル軸受で支えているとする．粘度が 10 mPa･s の潤滑油を用いたとき，ペトロフの式を用いて摩擦係数と軸受で消費される動力を求めよ．

［解答］ 軸の回転速度は $N=1000/60=16.67$〔rps〕，軸受平均面圧は式(9.15)より，

$$P_m=\frac{W}{DL}=\frac{1500}{60\times10^{-3}\times60\times10^{-3}}=4.17\times10^5 \text{〔Pa〕}$$

摩擦係数 μ は式(9.16)より，

$$\mu=\frac{\pi^2 D}{c}\frac{\eta N}{P_m}=\frac{3.14^2\times60\times10^{-3}}{30\times10^{-6}}\times\frac{10\times10^{-3}\times16.67}{4.17\times10^5}=0.0079$$

消費される動力 H〔W〕は，軸の周速 $U(=\pi DN)$ と粘性抵抗 $F(=\mu W)$ の積で表される．

$$H=UF=\pi DN\mu W=3.14\times60\times10^{-3}\times16.67\times0.0079\times1500$$
$$=37.2 \text{〔W〕}$$

9.7 粘性の分子論的解釈

物質の状態は，それを作っている原子あるいは分子の集まり方によって決まる．図 9.12 に示すように，液体分子は気体分子ほど自由勝手に動き回れるわけではなく，また結晶固体ほど規則正しい配列で並んでいるものでもない．その構造は，限られた空間に占められているという点でどちらかというとやや固体に近く，固体に比べれば，欠陥あるいは空孔を多く含んだ一種の凝集状態にあると考えられる．

アイリング（Eyring）は分子論的立場から粘性流動を解明するために，液中の空孔を仲立ちとした粘性流動機構を提案した[5]．図 9.13 に示すように分子が二層に並んでいる状態を考える．流動するためには，上層の空孔に左隣の分子が飛び込み，その結果，空孔が流れと逆方向に移動していく現象と見なされる．分子がある位置から別の位置に移動するためには，隣接分子との分子間力に逆らって

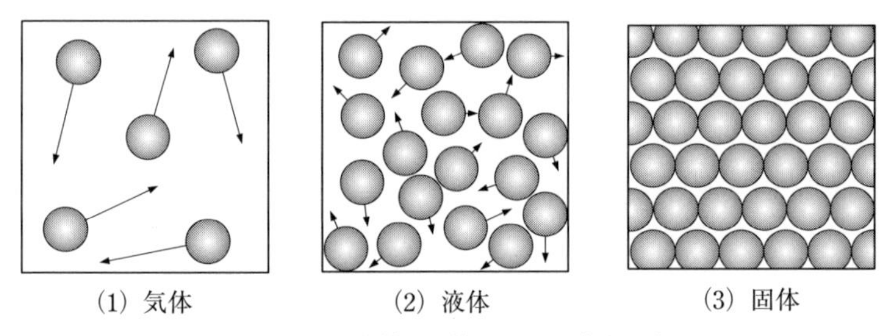

図 9.12　物質の三態と分子の集まり方

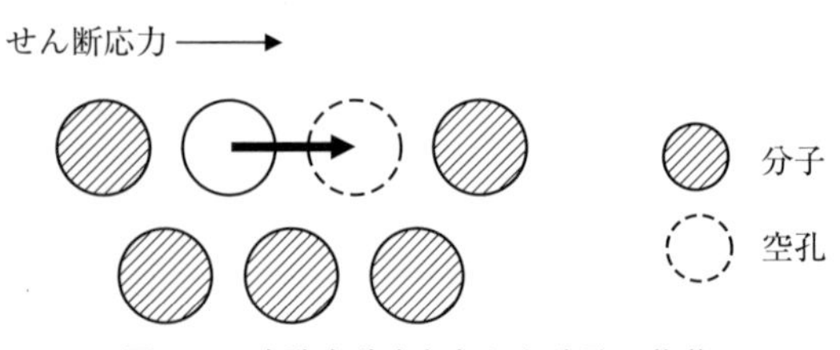

図 9.13　空孔を仲立ちとした分子の移動

行かなければならず，このことは，活性化状態の山を乗り越える現象と等価と考えられる．式の導出過程は省略して，アイリングの空孔理論によって得られる粘度式を示すと，次のようになる．

$$\eta=\frac{\tau Nh}{2RT}\exp\left(\frac{\Delta F^{\neq}}{RT}\right)\Big/\sinh\left(\frac{\tau V_{\tau}}{2RT}\right) \tag{9.17}$$

式中，N はアボガドロ数，h はプランク定数，T は絶対温度，R は気体定数，$\Delta F^{\neq}$ は分子の移動前と移動後の自由エネルギーの差で活性化自由エネルギーと呼ぶ．また，V_{τ} は分子が流動するときに占めるモル当たりの体積で粘性体積と呼ぶ[6]．

上式より，粘度はせん断応力 τ の関数として表されることがわかる．式中の $2RT/V_{\tau}$ は応力の次元を持つ量で，この値 $\tau_0(=2RT/V_{\tau})$ を特性応力（representative stress）あるいはアイリング応力と呼ぶ．式(9.17)を τ_0 を使って書き直すと，次式の形になる．

$$\eta=\frac{\tau Nh}{\tau_0 V_{\tau}}\exp\left(\frac{\Delta F^{\neq}}{RT}\right)\Big/\sinh\left(\frac{\tau}{\tau_0}\right) \tag{9.18}$$

式(9.19)において粘性体積 V_{τ} をモル分子容 V と等しいと仮定すると，$\tau\ll\tau_0$ の範囲では，$\sinh x\approx x$ と近似できるので，次式で表されるようにせん断応力に無関係のニュートン粘性を示す．

$$\eta=\frac{Nh}{V}\exp\left(\frac{\Delta F^{\neq}}{RT}\right) \tag{9.19}$$

すなわち，アイリングの理論によれば，すべての液体はもともと非ニュートン流体であるが，**図 9.14** に示すように，液体に固有のあるせん断応力 τ_0 より小さい範囲でニュートン性を示すことになる．

さらに活性化状態の諸量の関係式

$$\begin{aligned}\Delta F^{\neq}&=\Delta H^{\neq}-T\Delta S^{\neq}\\&=\Delta E^{\neq}+P\Delta V^{\neq}-T\Delta S^{\neq}\end{aligned} \tag{9.20}$$

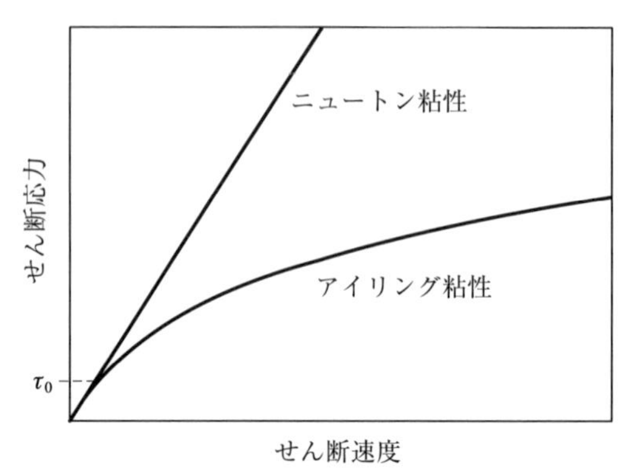

図 9.14 アイリング粘性によるせん断速度とせん断応力の関係

を用いると，式(9.19)は次式の形に書ける．

$$\eta=\frac{Nh}{V}\exp\left(-\frac{\Delta S^{\neq}}{R}\right)\exp\left(\frac{\Delta H^{\neq}}{RT}\right)$$

$$=\frac{Nh}{V}\exp\left(-\frac{\Delta S^{\neq}}{R}\right)\exp\left(\frac{\Delta E^{\neq}}{RT}\right)\exp\left(\frac{P\Delta V^{\neq}}{RT}\right) \quad (9.21)$$

式中，$\Delta E^{\neq}$，$\Delta H^{\neq}$，$\Delta S^{\neq}$，$\Delta V^{\neq}$ はそれぞれ粘性流動の活性化エネルギー，活性化エンタルピー，活性化エントロピー，活性化体積である．動粘度を $\nu(=\eta/\rho$，ρ：密度) とすると，活性化諸量のうち $\Delta H^{\neq}$ は動粘度の温度による変化を表す量であり，$\Delta V^{\neq}$ は式(9.8)の粘度－圧力係数 α と次の関係がある．

$$\Delta H^{\neq}=R\left\{\frac{\partial \ln \nu}{\partial(1/T)}\right\}_p \quad (9.22)$$

$$\Delta V^{\neq}=RT\left(\frac{\partial \ln \nu}{\partial p}\right)_T\approx RT\left(\frac{\partial \ln \eta}{\partial p}\right)_T=RT\alpha \quad (9.23)$$

9.8 粘度と化学構造

粘度は，分子形状，大きさ，極性の影響を受けて変化する．一般に，分子間力が小さく屈曲性に富んだ構造は，分子間力が大きく剛直構造のものと比べて粘度は低くなる．例えばジメチルシリコーン油は，シリコーン原子が大きく，メチル基がその回りを自由に回転でき，骨格をなす Si−O−Si 結合が屈曲性に富んでいるため，**図 9.15** に示すように，同程度の重合度を持つポリブテンと比べて粘度はずっと低く，VI は高くなる．

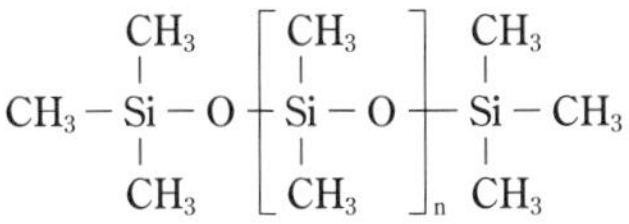

$CH_3-Si(CH_3)_2-O-[Si(CH_3)_2-O]_n-Si(CH_3)_2-CH_3$

重合度 82，粘度 102mPa･s

(1) ジメチルシリコーン油

$CH_3-C(CH_3)_2-[CH_2-C(CH_3)_2]_n-H$

重合度 81，粘度 100,000mPa･s

(2) ポリブテン

図 9.15　ジメチルシリコーンとポリブテンの粘度[7)]

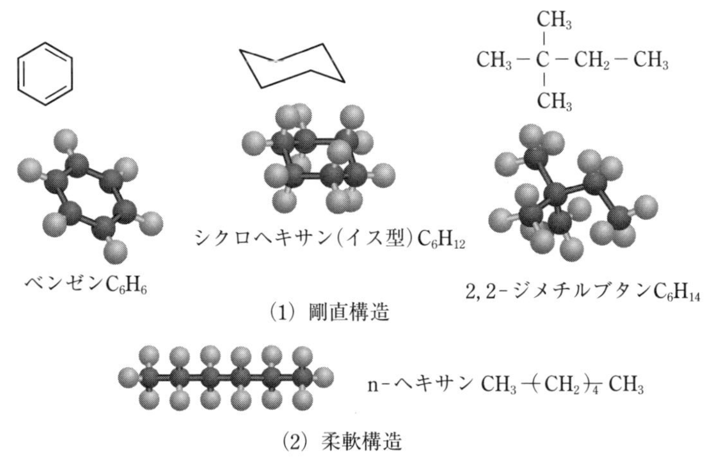

図 9.16　分子の構造と柔軟性

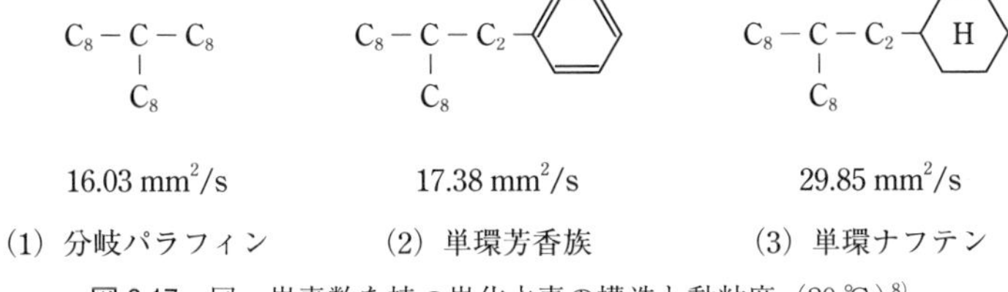

図 9.17　同一炭素数を持つ炭化水素の構造と動粘度（20 ℃）[8)]

一方，ナフテン環や芳香族環，房状の分岐パラフィンは剛直構造であるので，それらを分子内に含むものは，柔軟構造の直鎖パラフィンと比べて粘度は高くなる（図 9.16）.

一般に炭化水素の構造と粘度に関しては，次のような関係が認められている.

①同一の系列（例えば直鎖パラフィン）では，分子量が大きくなるほど粘度は高くなる.

②同一分子量で比較すると，粘度は，単環ナフテン ＞ 単環芳香族 ＞ 直鎖パラフィン ＞ 短い側鎖が少数ついた分岐パラフィンの順にある．図 9.17 に，同一炭素数の炭化水素の構造と動粘度を示す.

③分子内の環の数が多くなるほど粘度は高くなる.

第 10 章

潤滑剤

潤滑剤を用いる目的は，摩擦の制御と摩耗や焼付きなどの表面損傷の防止である．機械の種類，用途，条件に応じて古来多くの種類が用いられてきており，それらは外観から潤滑油（液体潤滑剤），グリース（半固体潤滑剤），固体潤滑剤の3つに分類される．

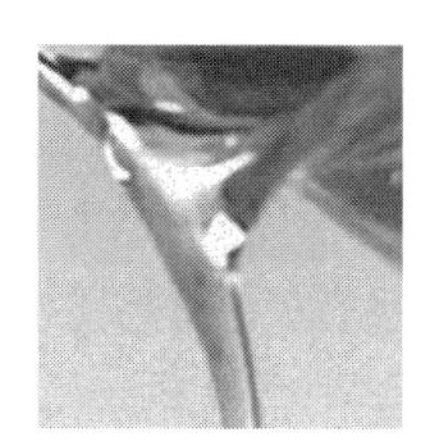
潤滑油

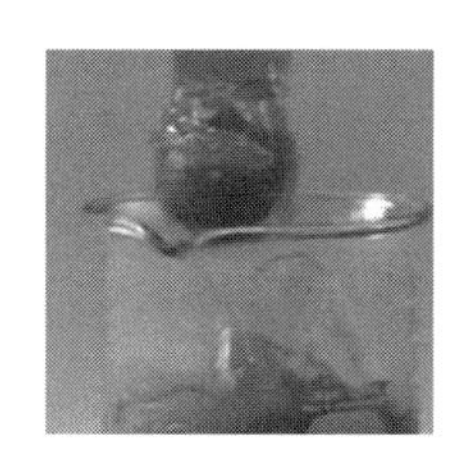
グリース

固体潤滑剤

10.1　潤滑油

10.1.1　潤滑油製品の構成

液体である潤滑油（lubricating oil）は，グリース（grease），固体潤滑剤（solid

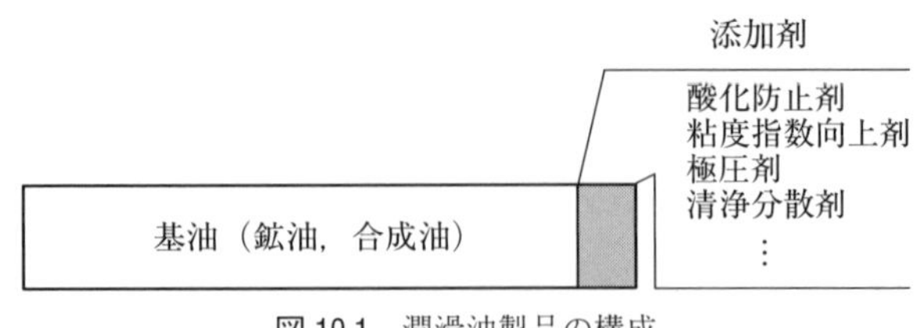

図 10.1　潤滑油製品の構成

lubricant）に比べて，①冷却性に優れる，②取り扱いが容易である，③浸透性に優れるなどの特長を持っており，一般の条件下で最も多く使用される．潤滑油に要求される性能は用途毎にまちまちであるが，共通する基本性能として下記の点が挙げられる．

①安定性に優れる，②融点あるいは流動点が低い，③引火性が低い．

潤滑油は，基材の種類から，原油（crude oil）を精製して得られる鉱油（mineral oil，石油系潤滑油とも呼ぶ），化学的に製造される合成油（synthetic oil，合成潤滑油とも呼ぶ），天然に産する動植物油，水系潤滑剤に分けられる．

市販されている潤滑油製品は，一般に，図 10.1 に示すような製品容量の大半を占める基油（base oil）と添加剤（additive）から構成される．

10.1.2　鉱油

(1) 鉱油の化学組成

一般的な条件下で使用量が最も多いのが，原油を精製して得られる鉱油である．鉱油の主体は，炭素数が 15〜50，分子量が 200〜700 の範囲にある炭化水素の無数の成分の混合物である．鉱油に含まれる炭化水素は，図 10.2 に示すようなパラフィン（鎖状）炭化水素，ナフテン（脂環式）炭化水素，芳香族炭化水素に分けられ，それらの構成比率は原油の種類によって異なる．

一般に，パラフィン炭化水素の多いパラフィン系鉱油と，ナフテン炭化水素の多いナフテン系鉱油に大別される．両者の組成上の大きな違いは，パラフィン系鉱油には，融点の高い直鎖状パラフィン（ワックス）が含まれるのに対して，ナフテン系鉱油にはこの成分が含まれないことである．

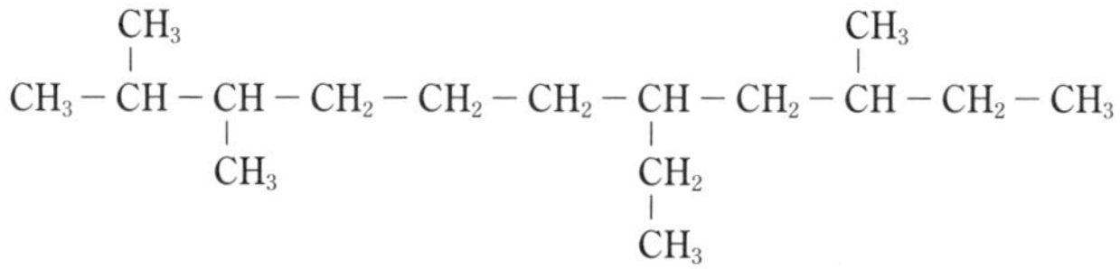

パラフィン炭化水素

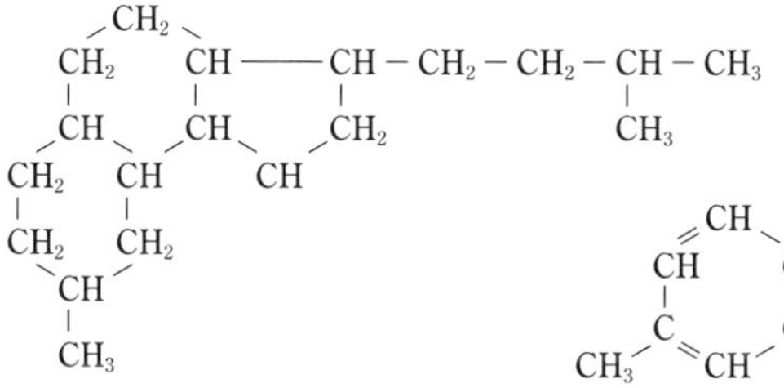

ナフテン炭化水素 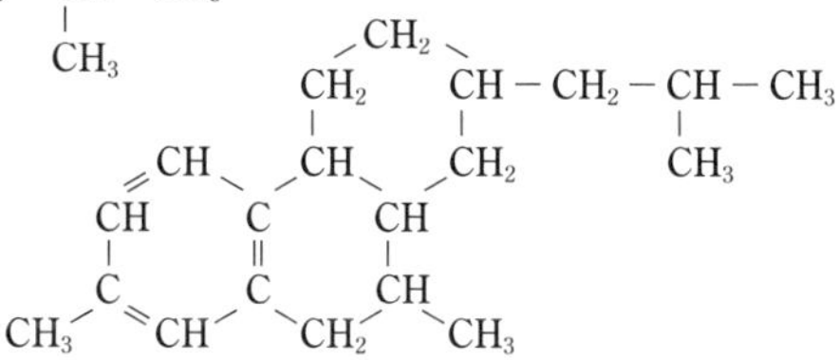　　　　芳香族炭化水素

図 10.2　精製鉱油の主成分のモデル化合物

(2) 鉱油系基油の製造法

原油には，安定性などの点で潤滑油として好ましくない硫黄化合物や窒素化合物が微量，多環芳香族炭化水素が少量含まれるので，パラフィン系鉱油は図 10.3 に示す水素化分解法あるいは溶剤精製法により精製される．水素化分解法では，図 10.4 に示すように多環芳香族炭化水素は粘度指数の高いパラフィン炭化水素やナフテン炭化水素に構造変換される．

一方，溶剤精製法では，フルフラールなどの溶剤により多環芳香族成分が抽出除去され，水素化仕上げ工程において硫黄化合物や窒素化合物などが除去される．

表 10.1 に API（American Petroleum Institute，アメリカ石油協会）で定めた基油カテゴリーを示す．Group Ⅰが溶剤精製油，ⅡとⅢが水素化分解油である．グループⅢには水素化分解型の鉱油のほかに，天然ガスから製造される，イソパラフィンを主体とした GTL（Gas To Liquid）基油も分類される．

ナフテン系鉱油は，ナフテン系原油の産地が限られることから生産量はパラフィン系鉱油に比べて少ないが，流動点が低い特長を生かして低温用作動油や冷凍機油などに使用される．精製法は，従来硫酸との反応によって芳香族炭化水素を除去する硫酸洗浄法であったが，廃硫酸処理の問題から，近年では水素化分解法

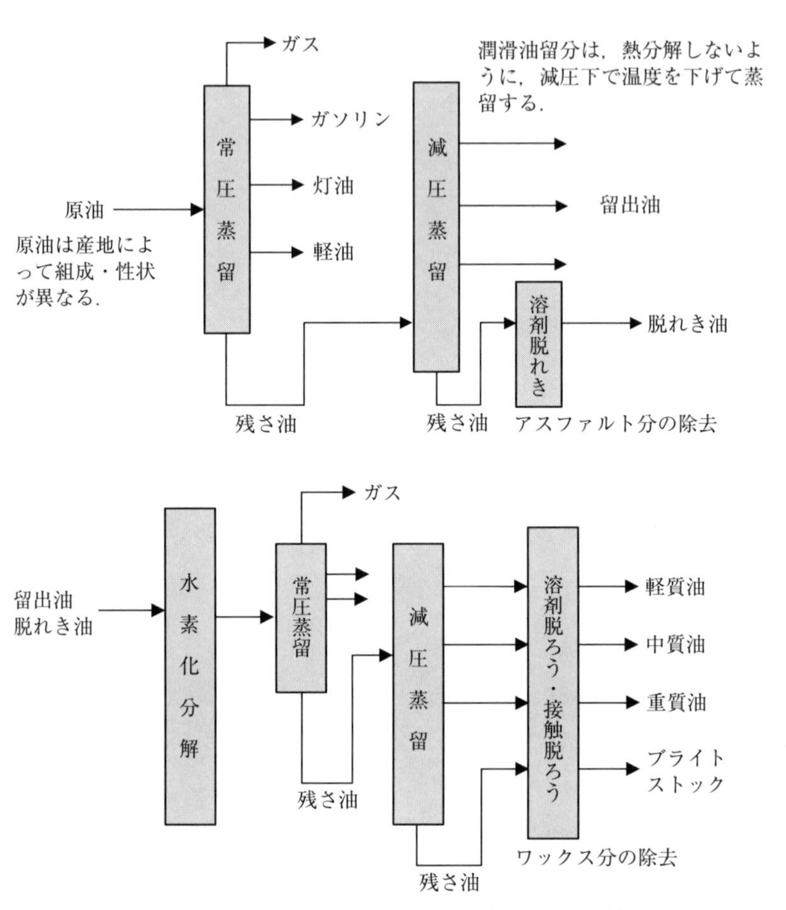

図 10.3　潤滑油基油の精製プロセス（水素化分解法）

に変わりつつある．

10.1.3　合成油（合成潤滑油）

(1) 合成油の種類

広い温度範囲にわたって作動される機器に対して，鉱油では短期間の使用で劣化が進行したり，低温で固化したりして対応しきれないことがある．そのような場合に合成油が使用される．合成油は特定の性能を高める意図で化学合成された

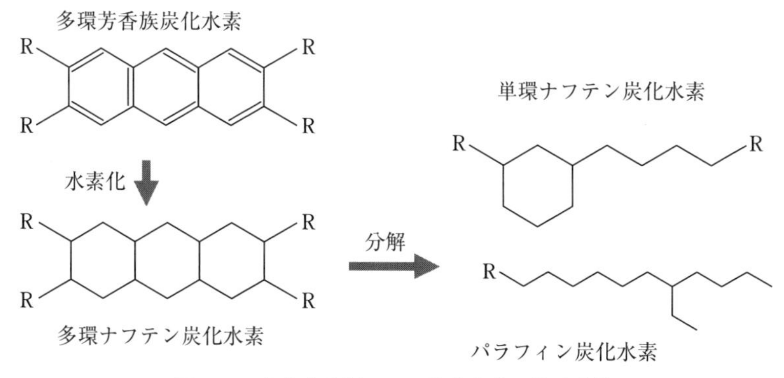

図 10.4　水素化分解による炭化水素の構造変換

表 10.1　基油の品質分類[1)]

分類	硫黄分		飽和分	粘度指数
Group Ⅰ	＞0.03	and/or	＜90	80～119
Group Ⅱ	≦0.03	and	≧90	80～119
Group Ⅲ	≦0.03	and	≧90	≧120
Group Ⅳ	PAO			
Group Ⅴ	Group Ⅰ～Ⅳに属さないもの(エステルなど)			

Group Ⅰ 低硫黄分 低芳香族分 ⇨ Group Ⅱ 粘度指数の向上 ⇨ Group Ⅲ

酸化安定性の向上，低蒸発性

もので，すべての性能が優れるといった理想潤滑油を指すわけではない．したがって，条件や用途が変わると鉱油に比べて性能が劣る場合もある．

合成油は，分子を構成する元素と化学構造から**表 10.2** のように分類される．以下に代表的な合成油について少し詳しく述べる．

(2) 合成炭化水素

代表的な合成炭化水素は，**図 10.5**(1)に示すデセン-1（炭素数 10 の α-オレフィン）をモノマーとした重合油 PAO である．PAO は，粘度−温度特性，低温流動性，酸化安定性の点で Group Ⅰ とⅡの鉱油より優れていること，鉱油に対

表 10.2　合成油の種類と用途例

種　類	代表例	用途例
合成炭化水素	PAO	エンジン油
	ポリブテン	2サイクルエンジン油
	アルキルベンゼン	冷凍機油
	合成ナフテン	トラクション油
合成エステル	二塩基酸エステル	ジェットエンジン油
	ポリオールエステル	ジェットエンジン油
ポリエーテル	ポリアルキレングリコール	作動油，金属加工油
	ポリフェニルエーテル	耐放射線油
	ポリビニルエーテル	冷凍機油
ケイ素化合物	ジメチルポリシロキサン	熱媒体油
リン化合物	リン酸エステル	難燃性作動油
ハロゲン化合物	クロロフルオロカーボン	難燃性作動油

して実績を持つ添加剤が使用できることなどから，高品質のエンジン油基油などとして使われる．

イソブテンをモノマーとしたポリブテンは，熱分解によって残さを生じない特長から，燃料とともに燃焼される2サイクルエンジン油の基油の一部として用いられる．

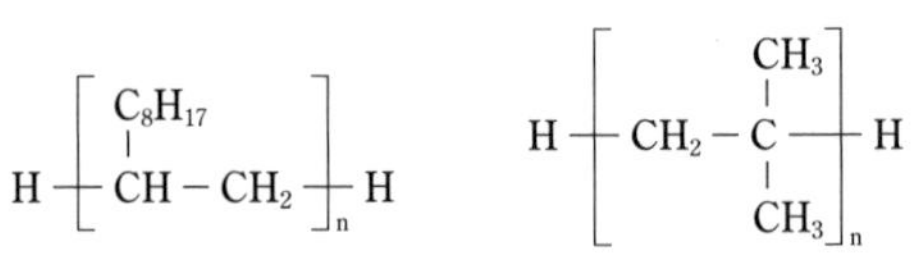

$$H\!\left[\begin{matrix}C_8H_{17}\\ |\\ CH-CH_2\end{matrix}\right]_n\!H \qquad H\!\left[\begin{matrix} & & CH_3\\ & & |\\ CH_2 & - & C\\ & & |\\ & & CH_3\end{matrix}\right]_n\!H$$

重合度nが大きくなるほど分子量が大きく，粘度は高くなる．重合油は分子量分布を持つ．

(1) PAO　　(2) ポリブテン

図 10.5　PAO とポリブテン

(3) 合成エステル

合成エステルの中では，二塩基酸から出発した図 10.6 に示すジエステルと，

$$C_8H_{17}-O-\overset{\overset{\displaystyle O}{\|}}{C}-\left[CH_2\right]_8-\overset{\overset{\displaystyle O}{\|}}{C}-O-C_8H_{17}$$

図 10.6　ジエステル（セバシン酸オクチル）

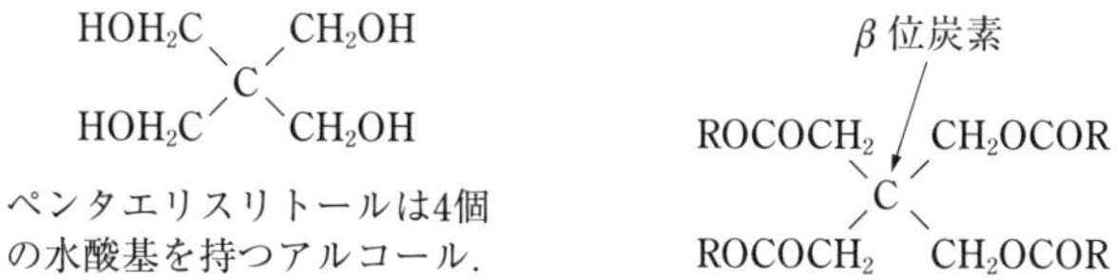

$$HOH_2C\quad CH_2OH \qquad C \qquad HOH_2C\quad CH_2OH$$

ペンタエリスリトールは4個の水酸基を持つアルコール.

β位炭素

$$ROCOCH_2\quad CH_2OCOR \qquad C \qquad ROCOCH_2\quad CH_2OCOR$$

図 10.7　ペンタエリスリトールエステル

多価アルコールを主体としたポリオールエステルが代表的である．ジエステルは航空機用作動油として開発されたもので，熱・酸化安定性，低温流動性が良好である．

ポリオールエステルは，ジエステルの酸化を受けやすいアルコール側のβ位の炭素についた水素がアルキル基で置き換えられているので，ジエステルに比べて熱・酸化安定性がいっそう優れている（図 10.7）．合成エステルの特徴は，アルコールと脂肪酸のそれぞれの構造を変化させることで，物理的化学的性質を制御できることと，極性基を持つ点である．極性基の存在は，潤滑性の点で有利である反面，有機材料を溶解しやすいことからシールとの適合性で問題となる場合もある．

(4) ポリアルキレングリコール

ポリアルキレングリコールは，アルキレンオキサイドの開環重合によって得られる．アルキレン基としてはエチレン基やプロピレン基が代表的である（図 10.8）．末端に水酸基を残したものは親水性に富むので，水で希釈して使用する

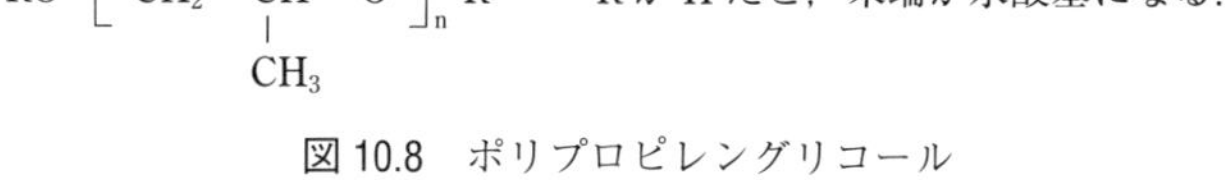

$$RO-\left[CH_2-\underset{\underset{\displaystyle CH_3}{|}}{CH}-O\right]_n-R$$

RがHだと，末端が水酸基になる．

図 10.8　ポリプロピレングリコール

水溶性タイプの金属加工油剤に，アルキル基で置換されたものは作動油として使用される．

10.1.4　動植物油

動植物油の中では，なたね油，ひまし油，パーム油，ラード，牛脂が古くから用いられている．いずれも図 10.9 に示すような長鎖脂肪酸のグリセライドで，種類によって脂肪酸の炭素数と不飽和結合の数が異なる．鉱油に比べて潤滑性に優れる特長を持つが，分子内の不飽和結合が熱・酸化に対して不安定なために，高温下の使用には不向きとされている．

もっとも最近の環境問題に対する関心の高まりから，植物油の積極的な使用が進められている．潤滑油が自然界に放出された場合，それらが微生物によって水と二酸化炭素に分解されにくい潤滑油の場合には，河川，湖沼，海洋汚染の問題となる．微生物による分解されやすさを測定する生分解性試験の結果によれば，表 10.3 に示すように鉱油に比べて植物油の生分解率は高く，戸外での作業にな

$$
\begin{array}{l}
\quad\ \ \mathrm{O} \\
\quad\ \ \| \\
\mathrm{H_2COC-R_1} \\
\ \ | \\
\ \mathrm{HCOC-R_2} \\
\ \ |\quad \| \\
\ \ |\quad \mathrm{O} \\
\mathrm{H_2COC-R_3} \\
\quad\ \ \| \\
\quad\ \ \mathrm{O}
\end{array}
$$

二重結合を不飽和結合とも呼ぶ

$$\mathrm{CH_3 - (CH_2)_7 CH = CH - (CH_2)_7 COOH}$$

オレイン酸

脂肪酸側（R_1，R_2，R_3）にはオレイン酸など二重結合を持つものが多く含まれる．

図 10.9　動植物油の構造

日本では，生分解率や毒性などの基準を満たすことで「エコマーク」認定を取得することができる．

表 10.3　潤滑油の生分解性[2)]

種　類	生分解率(%)
ナフテン系鉱油	0〜30
パラフィン系鉱油	40〜60
植物油	80〜100
合成油(エステル)	70〜100

る建設機械用作動油，船外機用エンジン油，チェーンソー用油の基油として有利である．

10.1.5　水系潤滑剤

水系潤滑剤は水を加えて使用する油剤の総称である．特長として油に比べて，①冷却性に優れる，②低価格，③不燃性が挙げられるが，一方，①潤滑性に乏しい，②腐敗しやすい，③キャビテーションを生じやすい欠点がある．外観と組成から，乳白色状態のエマルション，半透明状態のソルブル，透明状態のソリューションと水－グリコールの4種類に分けられる．

エマルションは，油分が鉱油あるいは合成油を基油とし，界面活性剤，さび止め剤，極圧剤などからなるもので，形態から連続相である水中に油が分散したO/W（水中油滴）形とW/O（油中水滴）形に分けられる（図10.10）．前者は水溶性切削油剤として，後者はもっぱら難燃性作動液として用いられる．ソルブルは，エマルションに比べて組成面で基油濃度を低く，界面活性剤濃度を高めにしている．ソリューションは金属塩を主体としたもので，いずれも水溶性切削油剤への適用量が最も多い．このほか，水とグリコールの混合液に添加剤とポリマーを配合した水－グリコールは，難燃性作動液として使用される．

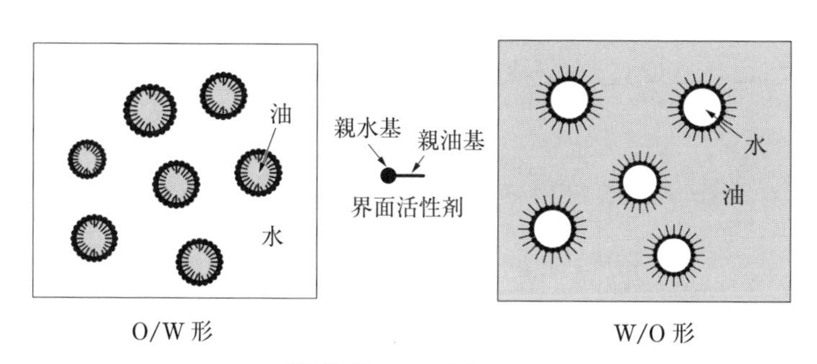

図10.10　エマルション

10.1.6　潤滑油の基本物性

(1) 比重（密度）

液体の比重（密度）には，分子を構成する元素の種類と分子間力ならびに分子

表 10.4　潤滑油の比重と粘度指数

構成元素	種　類	VG	s(15/4℃)	VI
C, H	パラフィン系鉱油	32	0.86	120
	ナフテン系鉱油		0.88	10
	PAO		0.83	135
C, H, O	エステル		0.92	149
	ポリプロピレングリコール		0.98	157
C, H, O, Si	ジメチルポリシロキサン		0.97	407
C, F, O	パーフルオロポリエーテル	46	1.8	121

の形状が影響を及ぼす．**表 10.4** に示すように，F や Cl などを含むハロゲン化合物，Si や O を含む合成油は炭化水素油に比べて比重が大きい．また，炭化水素では，炭素と水素の原子数比が大きくなるほど比重は大きくなる．

(2) 粘度指数

代表的な潤滑油の粘度指数 VI を表 10.4 に示す．合成油では，分子の主鎖が可撓性を持つポリグリコールやジメチルポリシロキサンは高 VI を示す．

図 10.11 は，100℃ における動粘度を 4〜5 mm^2/s に揃えたパラフィン系鉱油

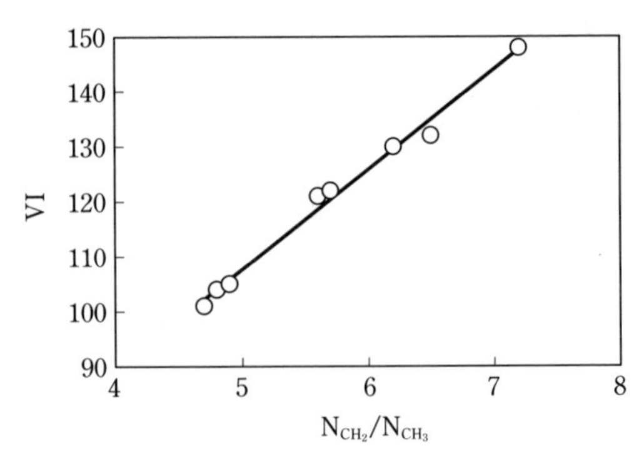

図 10.11　パラフィン系鉱油の粘度指数と N_{CH2}/N_{CH3} [3)]

の VI と，構造分析によるメチレン基の数 N_{CH2} とメチル基の数 N_{CH3} の比の関係を見たものである．図より，パラフィン鎖の直線性が粘度指数の向上に寄与していることが示唆される．

(3) 粘度－圧力係数

表 10.5 に数種の潤滑油の粘度－圧力係数 α を示す．合成油の α は化学構造によって異なり，合成ナフテンはナフテン系鉱油より大きい α を示し，エステルやポリグリコールはパラフィン系鉱油より小さな α を示す．

(4) 熱的性質

物質中に温度差がある場合，高温部から低温部へと熱の移動現象が生じる．このときの熱移動の起こりやすさが熱伝導率として表される．

比熱は，単位質量当たり温度を 1℃ 上昇させるのに必要な熱量として定義される．**表 10.6** に鉱油の比熱と熱伝導率を示す．

表 10.5　潤滑油の粘度－圧力係数[4)]

種　類	粘度, mPa･s (30℃)	α, GPa^{-1} (30℃)
パラフィン系鉱油	121	22.5
ナフテン系鉱油	149	29.9
ポリブテン	91.1	29.3
合成ナフテン	30.0	34.5
エステル (DOS)	14.7	9.3
ポリエチレングリコール	208	14.8

表 10.6　鉱油の比熱と熱伝導率[5)]

種　類	比熱, $J \cdot kg^{-1} \cdot ℃^{-1}$ (20℃)	熱伝導率, $W \cdot m^{-1} \cdot ℃^{-1}$ (100℃)
鉱油	1670	0.14
水	4184	0.58

10.2 グリース

10.2.1 グリースの構造

給油が頻繁に行えない箇所あるいは冷却があまり必要でない場合に，半固体状のグリースが使用される[6]．グリースは，図 10.12 に示すように添加剤を含む油分に増ちょう剤が分散された分散系である．静止状態では油分は増ちょう剤の網目構造の中に包含されているが，ある程度以上の外力を受けると流動を始め(9.1 節参照)，増ちょう剤の網目から油がしみ出して潤滑作用を行う．増ちょう剤は，太さ 0.1 μm～数 μm，長さ数 μm～100 μm の繊維が集まって網目構造を作っている（図 10.13）．

油潤滑に比べてのグリース潤滑の利点のひとつに，密封装置が簡単にできることが挙げられる．軸受潤滑の場合を例にとると，軸受内部ではグリースは流動しているのに，回転力を受けない外部では固体状を呈し，外部からの水分や塵埃の混入を防止することができる．

10.2.2 グリースの種類と性質

グリースの実用性能は増ちょう剤の種類によって大きく影響を受けるので，通常それらによって分類される．表 10.7 に増ちょう剤によるグリースの分類を示す．基油は，使用条件に適合した粘度や粘度－温度特性を考慮して選定される．

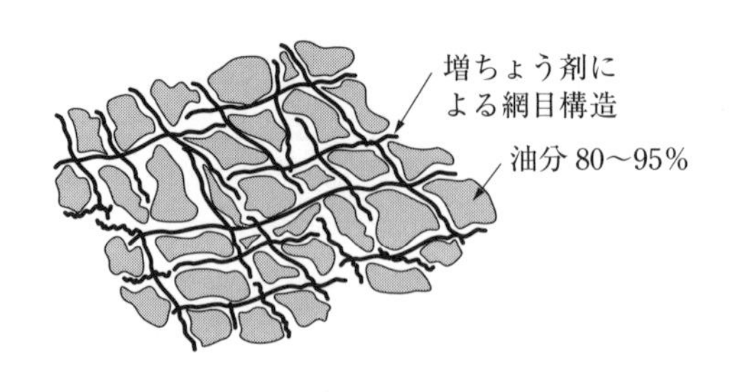

図 10.12　グリースの構造

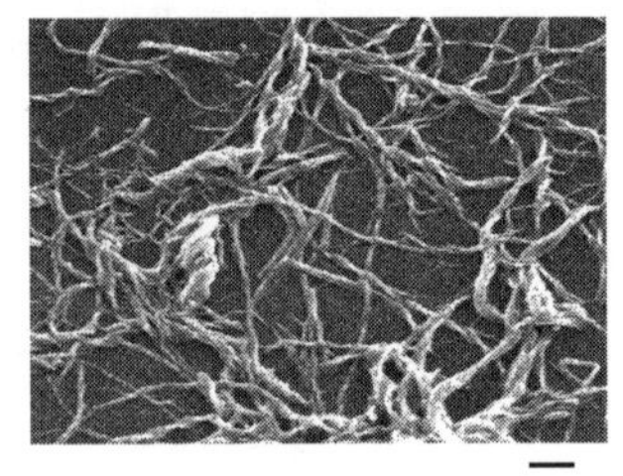

図 10.13　増ちょう剤
（リチウムヒドロキシステアレート）

表 10.7　増ちょう剤によるグリースの分類

増ちょう剤の種類		代 表 例
石けん系	単一石けん	Li 石けん，Ca 石けん，Al 石けん
	コンプレックス	Li コンプレックス，Ca コンプレックス，Al コンプレックス
非石けん系	有機系	ウレア，PTFE
	無機系	ベントナイト，シリカゲル

一般に，高荷重低速運転や高温箇所には高粘度基油が，軽荷重高速運転では低粘度基油が使用される．

(1) 石けん系グリース

石けんは，図 10.14 に示すような高級脂肪酸と塩基の反応によって得られる．脂肪酸には，ステアリン酸や 12 ヒドロキシステアリン酸が用いられ，塩基には Li，Na，Ca，Ba，Al などの水酸化物が使われる．石けん系グリースの中でもリチウムグリースは耐熱性，耐水性に優れ，多くの用途に使われることから万能グリースとも呼ばれる．リチウムヒドロキシステアレートは機械的せん断に対する構造安定性に優れる．また，石けん系増ちょう剤の耐熱性を改良するために，高級脂肪酸と他の有機酸とを組み合わせたのがコンプレックス石けんである．

$$CH_3-\!\left[CH_2\right]_{16}\!-COOH + LiOH \longrightarrow CH_3-\!\left[CH_2\right]_{16}\!-COOLi + H_2O$$

ステアリン酸　　水酸化リチウム　　リチウムステアレート

$$CH_3-\!\left[CH_2\right]_{5}\!-\underset{}{\overset{OH}{\overset{|}{CH}}}-\!\left[CH_2\right]_{10}\!-COOLi$$

リチウムヒドロキシステアレート

図 10.14　リチウム石けん

(2) 非石けん系グリース

石けん系グリースは，増ちょう剤の融解温度から高温での使用に限界があるのに対して，非石けん系の増ちょう剤は融解することがないので，耐熱性が良好で

$$R-NHCONH-R'-NHCONH-R \qquad R,\ R'：炭化水素基$$

図 10.15　ジウレア

ある特長を持つ．アミンとイソシアネートの重合体であるウレアグリースが代表的である（図 10.15）．

10.2.3　グリースの性状と試験法

グリースの性状には，潤滑油に共通するものとグリース独自のものとがある．以下には後者の代表的な性状と試験法について述べる．

(1) ちょう度

ちょう度（consistency, cone penetration）はグリースの見かけの硬さを表す尺度で，潤滑油では粘度に相当する重要な物性である．**図 10.16** に示すように，平滑にしたグリースの表面に，一定重量の円すい形の金属針を 5 秒間グリースに貫入させ，その深さ（mm）を 10 倍した数値で表す．したがって，グリースが軟らかいほどちょう度は大きい．ちょう度の分類は，**表 10.8** に示す NLGI（National Lubricating Grease Institute，米国グリース協会）で規定されている．

グリースにせん断を与えることを混和と呼ぶ．一定条件下で混和すると，増ちょう剤の構造に変化が生じ，ちょう度は低下する．NLGI のちょう度番号は，図

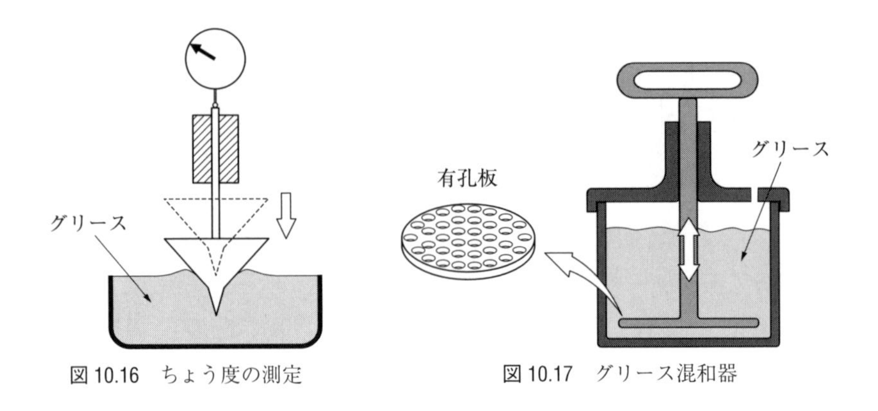

図 10.16　ちょう度の測定　　図 10.17　グリース混和器

表 10.8　グリースのちょう度と外観，用途

NLGI 分類番号	ちょう度	外　観	用　途
No. 000	445～475	半流動状	集中給油系，全損系
No. 00	400～430	半流動状	
No. 0	355～385	極めて軟質	
No. 1	310～340	軟質	転がり軸受，一般
No. 2	265～295	中間	
No. 3	220～250	やや軟質	
No. 4	175～205	硬質	シール・鋼索用などの特殊用途
No. 5	130～160	極めて硬質	
No. 6	85～115	固体	

10.17 に示すような混和器にグリースを入れ，60 回混和した後のちょう度の値で規定している．これに対して混和しないちょう度を不混和ちょう度という．

ちょう度は一般に増ちょう剤の配合量に支配され，量が多いほど硬くなる．また，温度が高くなるほどちょう度は大きくなるので，使用にあたってはこの点も考慮する必要がある．

(2) 滴点

グリースを加熱するとある温度で流動状となる．グリースを底に穴のある容器に充填し，規定の速度で容器を昇温加熱して，穴からグリースが軟化して滴下したときの温度を滴点（dropping point）という．滴点はグリースの使用最高温度の目安となる．

(3) 離油度

円すい型金網にグリースを充填し，規定温度，規定時間経過した後に滴下分離した油の質量を求め，試験前のグリースの質量に対して百分率で表したものを離油度という．離油度の大きいグリースは，集中給脂装置の配管内で圧力が加わると油分離しやすくなるので不都合である．貯蔵中あるいは使用中に油が分離する

状態を離しょうという.

10.3　固体潤滑剤

固体潤滑剤は，潤滑油やグリースが使用できない超高温，極低温，高真空，高圧下で使用される．メインテナンスに優れた性能を示す．作用機構から，**表 10.9** に示すように層状構造化合物，有機高分子化合物，軟質金属に大別される．

層状構造化合物の中で代表的なグラファイト（黒鉛）と二硫化モリブデン（MoS_2）は，**図 10.18** に示すように異方性が強い結晶構造をなしており，せん断を受けると結晶面間の結合が容易に切れるために低い摩擦係数が得られる．もっともグラファイトは，水蒸気の吸着によって摩擦・摩耗の低減効果を発揮するの

表 10.9　固体潤滑剤の種類

層状構造化合物	グラファイト（黒鉛），MoS_2，窒化ホウ素（BN），WS_2
有機高分子化合物	PTFE，ポリエチレン，ポリアミド
軟質金属	金，銀，銅，鉛，錫

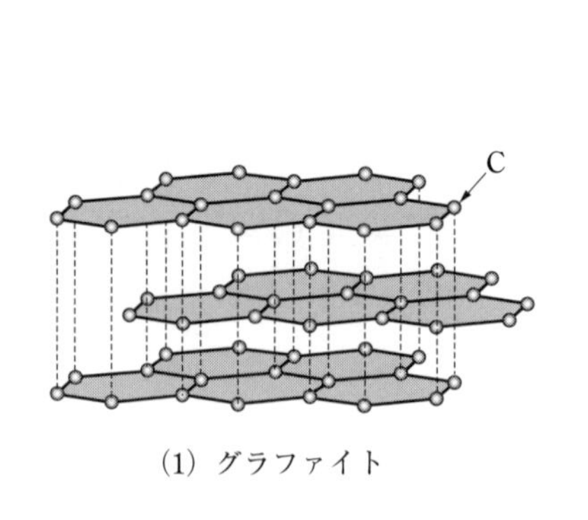

（1）グラファイト

実線は共有結合で強い結合，点線は弱い結合．
せん断を受けると点線部が破断する．

Mo
S

（2）MoS_2

図 10.18　層状構造化合物

で，真空中ではその効果を失う．層状構造化合物は耐熱性に優れ，空気中で MoS_2 は 350 ℃ 程度，グラファイトは 450 ℃ 程度まで使用することができる．

有機高分子化合物の中では，分子内にフッ素を含む PTFE が代表的である．PTFE が低摩擦を示す理由として，分子間力が小さいことのほかに，結合の弱い結晶層間でのすべりなどが挙げられている．

軟質金属は，それ自身の柔らかさ（低せん断強さ）を利用したもので，錫，銅，鉛の合金は多層構造からなるすべり軸受の最表面層として用いられる．

適用方法としては，固体潤滑剤を溶剤に高濃度に分散させてペースト状にしたり，スプレー状にして固体表面に直接塗布する方法がとられる．あるいは，真空中で分子状態やイオン化したものを固体表面に堆積させ，数 μm 程度の薄い被膜を作る方法などもある．

10.4　添加剤

鉱油が潤滑油基油として大量に使われ始めてから，今日に至るまで潤滑油製品の性能は飛躍的に向上したが，その背景には添加剤の開発と配合技術の発達がある．機能面から見た添加剤の持つ役割は，①基油の性能をいっそう高める，②基油が元々持っていない性能を新たに付与するの 2 点に要約される．前者の代表的なものとして粘度指数向上剤が，後者では油性剤や極圧剤が挙げられる．

(1) 油性剤

油性剤は，アルキル基の炭素数が 12～18 で分子の端に水酸基やエステル基，アミノ基，酸基などの極性基を持つもので，それが金属表面に物理的化学的に吸着して金属間の直接接触を妨げる作用を持つ．

(2) 極圧剤

極圧剤は油性剤が効果を失うような過酷な条件の下で，金属と反応して被膜を形成し，摩擦，摩耗を低減するとともに，焼付きを防ぐために使用される．硫黄化合物，リン化合物，有機金属化合物が代表的である．塩素化合物は長年使用されてきたが，短鎖長の塩素化パラフィンに発がん性リスクがあることや，廃油の

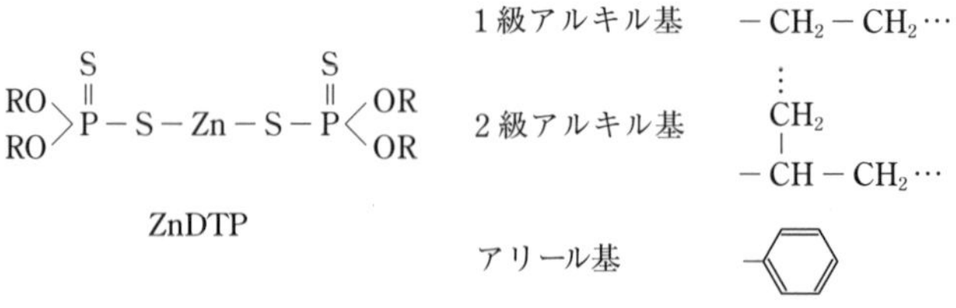

$$\begin{array}{c} \text{S} \qquad\qquad\qquad\quad \text{S} \\ \| \qquad\qquad\qquad\quad\; \| \\ \begin{array}{l}\text{RO}\\ \text{RO}\end{array}\!\!>\!\text{P}-\text{S}-\text{Zn}-\text{S}-\text{P}\!<\!\!\begin{array}{l}\text{OR}\\ \text{OR}\end{array} \end{array}$$

ZnDTP

1級アルキル基　$-CH_2-CH_2\cdots$

2級アルキル基　$\vdots$ CH_2 | $-CH-CH_2\cdots$

アリール基　（ベンゼン環）

図 10.19　ジアルキルジチオリン酸亜鉛 ZnDTP

焼却の際に毒性の強いダイオキシンを生成することから，最近では使用量は少なくなっている．

有機金属化合物としては，図 10.19 に示すジアルキルジチオリン酸亜鉛 ZnDTP が代表的である．炭化水素基の種類により摩耗防止効果は異なり，熱分解温度が低いものほど有効である．摩耗防止効果の順序は，2級アルキル基（優）＞1級アルキル基＞アリール基（劣）である．

(3) 摩擦調整剤

摩擦特性を望ましいものに調整する添加剤を摩擦調整剤（friction modifier）と呼ぶ[7]．この定義によれば，摩擦増大効果を持つ添加剤や摩擦－速度特性を調整する添加剤も含まれることになるが，もっぱら摩擦低減効果を持つ添加剤を指すときにこの名称が用いられる．固体潤滑剤，油性剤，吸着能の高いポリマー，MoDTC などが該当する．

(4) 粘度指数向上剤

粘度指数向上剤（viscosity index improver，粘度調整剤 viscosity modifier とも呼ぶ）は，分子量が 5000～100 万の油溶性ポリマーである．ポリアルキルメタクリレート PAMA やオレフィン共重合体 OCP などがある．一般に分子量が大きいほど粘度指数向上効果は大きいが，せん断による粘度低下も大きくなる．

(5) 酸化防止剤

潤滑油は，使用中次第に酸化を受けて粘度や酸価が上昇し，スラッジが増加し，性状面での使用限界値に達すると更油の時期を迎える．酸化防止剤（oxida-

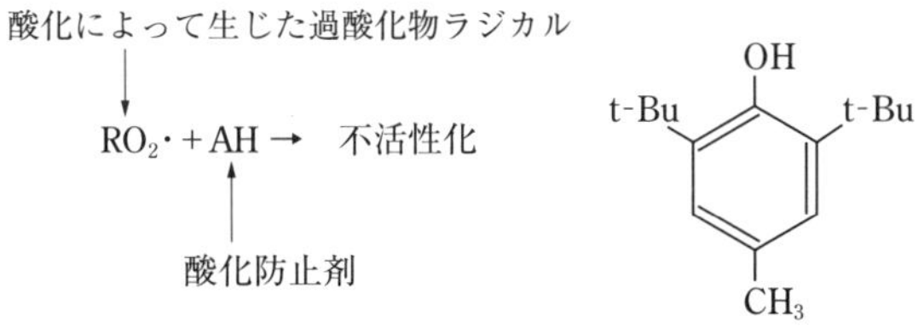

酸化によって生じた過酸化物ラジカル
RO₂・+AH → 不活性化
酸化防止剤
OH
t-Bu
t-Bu
CH₃

図 10.20　ヒンダードフェノール系酸化防止剤

tion inhibitor）は，酸化を遅らせ潤滑油の寿命を延ばす働きを持つ添加剤である．作用機構から，①連鎖反応停止剤：フェノール系（図 10.20），アミン系，②過酸化物分解剤：ZnDTP，有機硫黄系，③金属不活性化剤：ベンゾトリアゾールなどに分類される．

(6) 清浄分散剤

清浄分散剤（detergent-dispersant）は，金属系清浄剤（図 10.21）と無灰系分散剤に分けられる．いずれも主としてエンジン油に用いられるもので，スラッジの堆積を防ぎ，エンジン内部を清浄にする働きを持つ添加剤である．

金属系清浄剤には酸中和能力を高めるために，アルカリ土類金属の炭酸塩が微粒子状に分散されたコロイド状態で存在する．種類にはアルカリ土類金属（Ca，Ba，Mg）のスルフォネート，フェネート，サリシレートがある．分散剤は比較的低温で発生するスラッジを分散させる作用を持つもので，コハク酸イミドやその誘導体が一般的である．

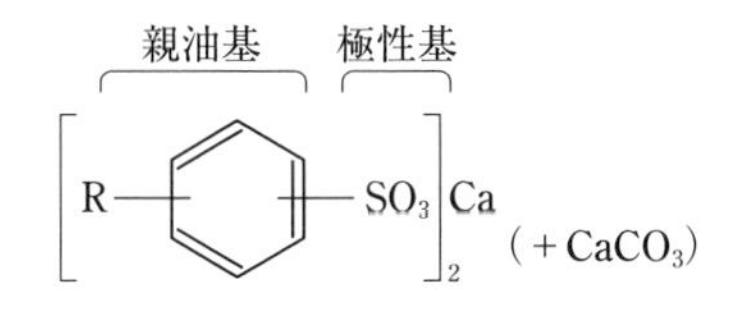

親油基
極性基
R
SO₃
Ca
2
（+CaCO₃）
CaCO₃を多く含むものほど塩基価が高くなる．塩基価200～300mgKOH/gのものを過塩基性スルフォネートと呼ぶ．
Caスルフォネート

図 10.21　金属系清浄剤

(7) さび止め剤

機械のさびの発生を防止する添加剤である．油分が金属表面に付着していても，水と酸素が一緒に油膜中を浸透して表面に到達し腐食させる．さび止め剤は(rust preventative agent)，金属表面に緻密に配列する強固な吸着膜を形成して，水の浸入を防ぐ作用を持つ．工業用潤滑油にはアルキルコハク酸誘導体が，エンジン油用には部分有機酸エステルや金属スルフォネートが用いられる．

(8) 流動点降下剤

パラフィン系鉱油を冷却していくと，油中に含まれるワックスが溶解度を失って析出し，三次元的網目構造を作り，油分を抱き込んである温度で固化する．流動点降下剤（pour point depressant）は，ワックスが網の目状に成長する過程で結晶表面に吸着するか，ワックスとともに結晶化して網目構造の成長を抑制し流動点を下げる働きを持つもので，ポリアルキルメタクリレート，塩素化パラフィンとナフタレンの縮合物がある．

(9) 消泡剤

泡を含む油が潤滑面に供給されると，油切れのために潤滑不良を生じ，摩耗の増大や焼付きの発生，冷却能の低下などの弊害が生じる．泡の発生原因としては，強制的なかくはんなどの機械的な要因と，固体微粒子の油中への混入や油の劣化生成物など潤滑油の側からの要因が考えられる．消泡剤（defoamer）は，泡膜へ吸着，侵入して泡膜を破壊する効果を持つもので（図 10.22），潤滑油に不溶の高分子量ジメチルポリシロキサンが代表的である．

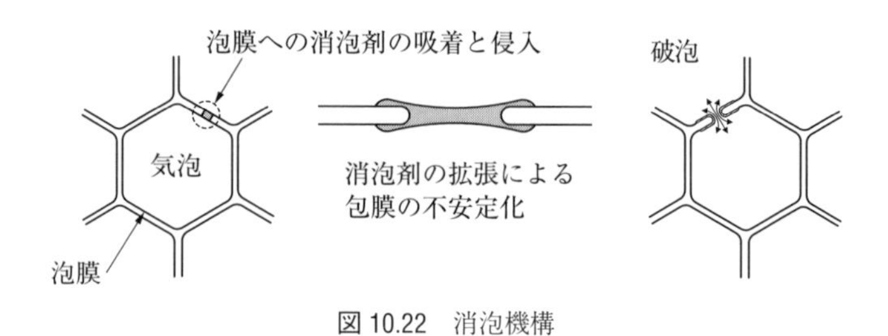

図 10.22　消泡機構

第 11 章

流体潤滑理論

互いにすべりあう二表面が流体膜によって完全に隔てられているとき，摩耗や焼付きなどの表面損傷のない理想的な潤滑状態となる．このような潤滑状態を流体潤滑と呼ぶ．ここでは，流体潤滑の基礎方程式としてのレイノルズ方程式について述べる．

11.1 流体の性質と流れに働く力

流体（fluid）とは，文字どおり流れる物体のことを指し，固体，液体，気体の物質の三態のうち，液体と気体とをひとまとめにして呼ぶときに使われる．

液体と気体の違いは，容積に占める分子の詰まり具合にある．気体分子が空間を自由に飛び回れるのに対し，液体の微視的構造は固体に近く，静止状態では分子は熱振動による運動があるのみで，互いの位置関係は分子間力のために定められた状態にある．このような気体と液体のミクロな構造の違いがあるにせよ，流体力学で問題とする物体の大きさが，気体における分子の平均自由行程や，液体の場合の分子間距離に比べてずっと大きければ，いずれも連続体として扱うことができる．

流体の力学的挙動に関与する性質に，圧縮性（compressibility）と粘性がある．圧縮性は物質に力を与えると縮む性質のことをいい，圧縮性を考慮すべき流体を圧縮性流体（compressible fluid），考慮する必要のない流体を非圧縮性流体（incompressible fluid）と呼ぶ．圧縮率（圧力変化に対する体積変化，modulus of compressibility）が大きい気体の場合，流れの速さが圧力伝播速度（＝音速）より大きいと，圧縮性流体としての取り扱いが必要になる．もっとも気体の場合でも，流れの速さが音速より小さければ，非圧縮性流体と見なすことができる．一方液体は，通常は非圧縮性流体として取り扱うが，加圧するとわずかではあるが体積変化を起こすので，圧縮性としての取り扱いが必要になる場合もある．いずれも，実際の流れでは，マッハ数（＝流速/音速）が0.3以下の場合には，非圧縮性流体と見なせる．

粘性は流体の粘さを表し，第9章で述べたニュートンの粘性法則の比例定数によってその大きさが定まる．粘性を持つ流体を粘性流体（viscous fluid）と呼ぶ．実在流体は必ず粘性を持っているが，粘性の影響の程度によって粘性を無視できる場合がある．そのような流体を非粘性流体（inviscid fluid）と呼ぶ．粘性の影響の程度は，動粘度 ν，流速 u，流れ場の代表長さ L を用いて定義されるレイノルズ数（Reynolds number）Re（$=uL/\nu=$ 慣性力/粘性力）によって表される．レイノルズ数が小さいほど，慣性力の影響は小さく，粘性の影響が大きくなる．

流速が小さいとき（レイノルズ数が小さいとき），流体粒子はひとつの流線に沿って流れ，粒子が混じり合うことがない．このような流れを層流（laminar flow）と呼ぶ．**図11.1** に示すように，流体がゆっくりとした速度で流れているとき，インクを上流から垂らすと，インクの筋がそのまま下流まで伝わる．とこ

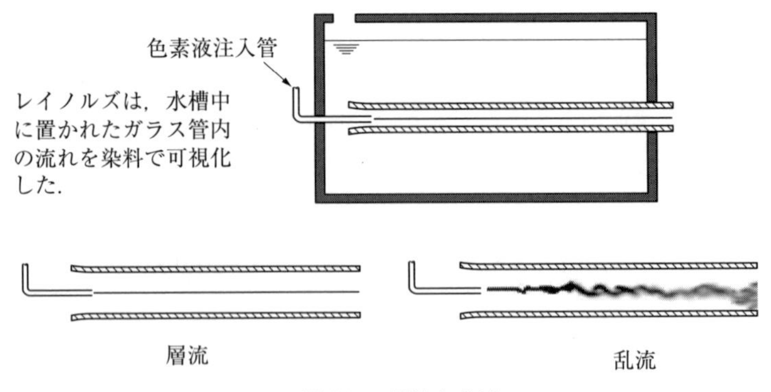

図11.1　層流と乱流

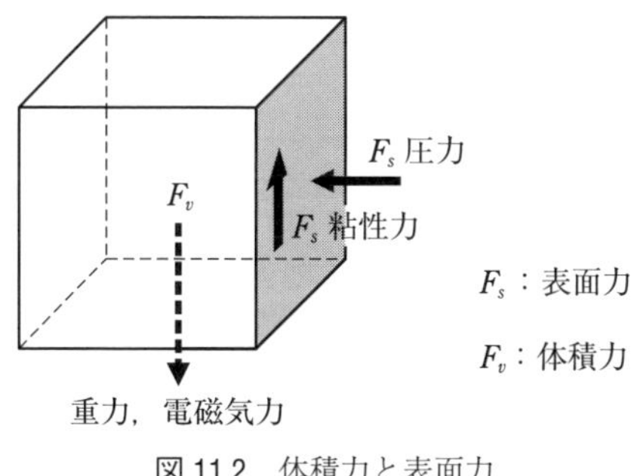

図 11.2　体積力と表面力

ろが流速を上げると，ある限界以上で下流では渦が生じ，流れが乱れていく．このような流れを乱流（turbulent flow）と呼ぶ．

流体に働く力は，図 11.2 に示すように，微小要素に対して圧力や粘性力など面を介して働く表面力(surface force)と，重力や電磁気力など体積に対して働く体積力(body force)に分けられる．粘性流体では体積力は無視されることが多い．

11.2　二次元レイノルズ方程式

流体潤滑理論は，流体の運動を扱う学問である流体力学を狭いすきまに適用して得られる理論である．ここでは，流体膜が荷重を支えるメカニズムの説明を通して，一次元流れに対するレイノルズ方程式を導く．

図 11.3 に示すような下部の固定面に対して，流体膜を隔てて上部の面が移動する流れを考える．運動方向に x 軸を，すきま方向に y 軸をとって，流れの中の微小要素に働く力の釣り合いを考える．ここで次の仮定を設ける．

①流体は非圧縮性ニュートン流体である．

②粘度は一定である．

③流れは層流である．

④体積力と慣性力の影響は無視する．

⑤速度勾配は膜厚方向でのみ考える．

⑥圧力は膜厚方向に沿って一定である．

⑦固体壁面と流体とのすべりはない．

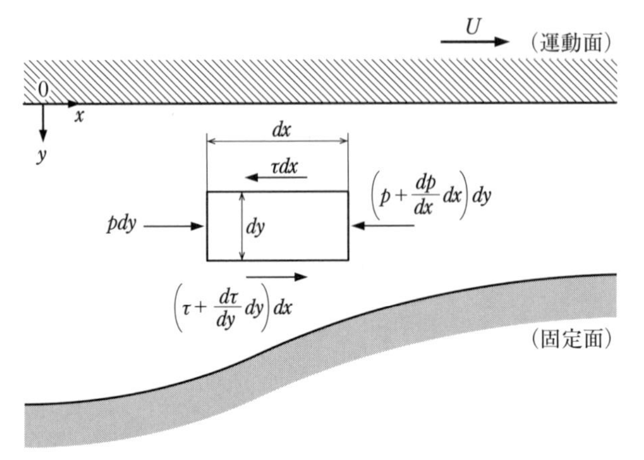

図 11.3　流体膜中の圧力とせん断応力の釣り合い

力の釣り合いから次式が得られる．

$$pdy-(p+dp)dy-\tau dx+(\tau+d\tau)dx=0$$

$$\therefore \quad \frac{dp}{dx}=\frac{d\tau}{dy} \tag{11.1}$$

上式にニュートン粘性式

$$\tau=\eta\frac{du}{dy} \tag{11.2}$$

を代入すると次式を得る．

$$\frac{dp}{dx}=\eta\frac{d}{dy}\left(\frac{du}{dy}\right)=\eta\frac{d^2u}{dy^2} \tag{11.3}$$

式(11.3)を y に関して 2 回積分すると次式を得る．

$$u=\frac{1}{2\eta}\frac{dp}{dx}y^2+C_1y+C_2 \tag{11.4}$$

式中 C_1，C_2 は積分定数である．境界条件として

$$y=0 \text{ のとき } u=U, \qquad y=h \text{ のとき } u=0 \tag{11.5}$$

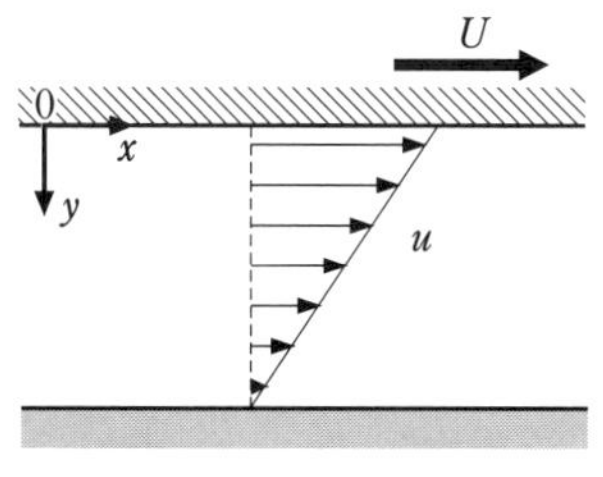

図 11.4　クエット流れ

を代入して積分定数を求め，それらを使うと流れの中の任意の点における流速 u は，次式で表される．

$$u=\frac{U(h-y)}{h}-\frac{y(h-y)}{2\eta}\frac{dp}{dx} \tag{11.6}$$

式中，右辺第 1 項は，図 11.4 に示すような $y=0$ のとき最大速度 U を持ち，膜厚方向に沿って直線的に変化する速度分布である．このような流れをせん断流れあるいはクエット流れ（Couette flow）と呼ぶ．

$$u=\frac{U}{h}(h-y) \tag{11.7}$$

一方，右辺第 2 項は，流体膜内に発生した圧力に基づく流れで，図 11.5 に見られるような，$y=h/2$ のとき最大値を示す放物線状の速度分布を表す．このような流れを，圧力流れあるいはポアゼイユ流れ（Poiseuille flow）と呼ぶ．

$$u=\frac{1}{2\eta}\frac{dp}{dx}\left(y-\frac{h}{2}\right)^2-\frac{h^2}{8\eta}\frac{dp}{dx} \tag{11.8}$$

ポアゼイユ流れでは，dp/dx の正負によって図 11.6(1) と (2) に示すように流れの方向が変わる．また，$dp/dx=0$ ではポアゼイユ流れによる流速は 0 になる．

実際の流速分布はクエット流れとポアゼイユ流れの和として与えられるので，dp/dx の正負によって図 11.6 に示すようになる．流体膜に圧力が生じている部分の，入口側では大気圧から加圧部に向かうので $dp/dx>0$，出口側では加圧部

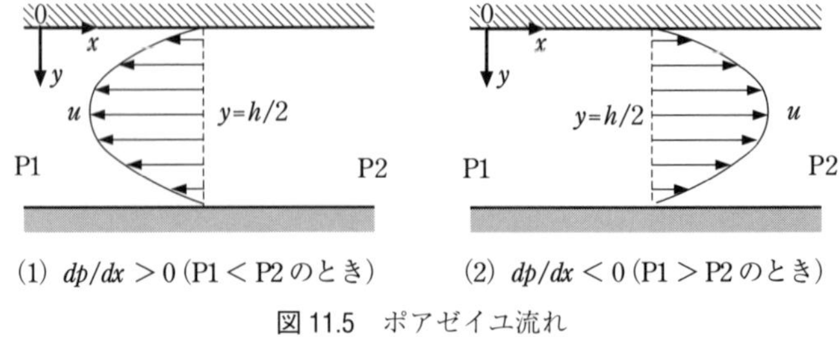

図 11.5　ポアゼイユ流れ

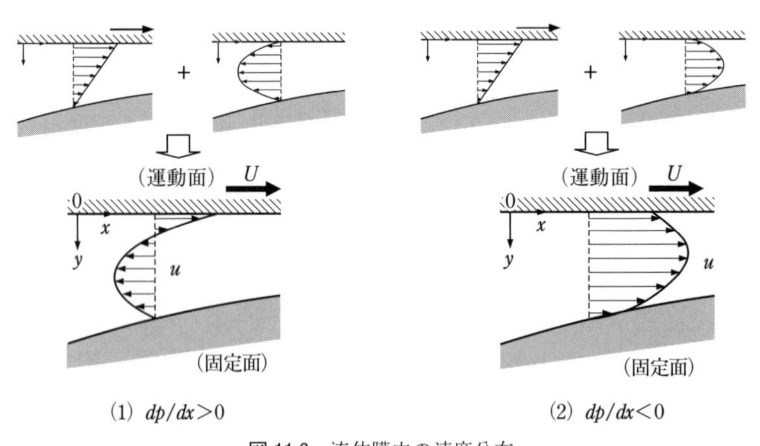

図 11.6　流体膜中の速度分布

から大気圧に向かうので $dp/dx<0$, その間の最大圧力位置で $dp/dx=0$ になる.

流量 Q は, 流速 u を厚さ方向に積分して次式で表される.

$$
\begin{aligned}
Q&=\int_0^h u\,dy \\
&=\int_0^h\left\{U-\frac{Uy}{h}-\frac{h}{2\eta}\left(\frac{dp}{dx}\right)y+\frac{1}{2\eta}\left(\frac{dp}{dx}\right)y^2\right\}dy \\
&=\left[Uy-\frac{Uy^2}{2h}-\frac{h}{4\eta}\left(\frac{dp}{dx}\right)y^2+\frac{1}{6\eta}\left(\frac{dp}{dx}\right)y^3\right]_0^h \\
&=\frac{Uh}{2}-\frac{h^3}{12\eta}\left(\frac{dp}{dx}\right)
\end{aligned}
\tag{11.9}
$$

ここで，流量は流れ方向のどの位置でも変わらないから，次式が成り立つ．

$$\frac{dQ}{dx}=0$$

$$\therefore \quad \frac{d}{dx}\left(h^3\frac{dp}{dx}\right)=6\eta U\frac{dh}{dx} \tag{11.10}$$

式(11.10)が二次元問題（一次元流れ）に対するレイノルズ方程式（Reynolds equation）である．式(11.10)において，粘度 η と速度 U が決まり，流体膜厚さ h が x の関数として与えられれば，圧力分布が得られる．このとき圧力分布が x 軸に対して上に凸の形状になれば，流体膜中で圧力が発生し，負荷能力（荷重を支える能力）が生まれる．式(11.10)の左辺

$$\frac{d}{dx}\left(h^3\frac{dp}{dx}\right)=h^3\frac{d^2p}{dx^2}+3h^2\frac{dh}{dx}\frac{dp}{dx} \tag{11.11}$$

において，極値をとる点では $dp/dx=0$ なので，

$$\frac{d}{dx}\left(h^3\frac{dp}{dx}\right)=h^3\frac{d^2p}{dx^2} \tag{11.12}$$

となる．ここで，$h^3>0$ であるので $d^2p/dx^2<0$ であれば，この点は極大値になる（図 11.7）．つまり式(11.10)の右辺 dh/dx が負の値をとれば，圧力の発生をもたらすことになる．この効果がくさび膜効果（wedge effect）である．

圧力 $p=f(x)$ が x 軸に対して上に凸の形状を示すためには($x=a$ で極大値をとるための条件)，二階の微分係数が負の値をとることである．

$$\frac{dp}{dx_{x=a}}=0 \qquad \frac{d}{dx}\left(\frac{dp}{dx}\right)_{x=a}<0$$

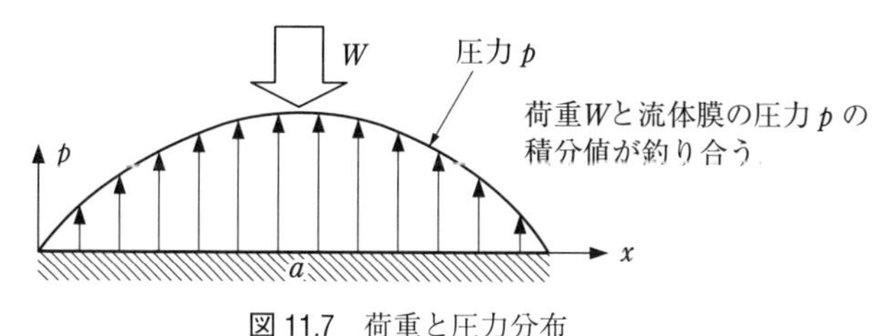

図 11.7　荷重と圧力分布

11.3　三次元レイノルズ方程式

二次元流れ（三次元問題）の場合も，基本的には一次元流れ（二次元問題）と同じ仮定を用いるが，流体は x 方向だけでなく，z 方向にも流れるので，圧力も x 方向と z 方向での変化を考慮する必要がある．**図 11.8** に示すように座標軸をとり（座標軸のとり方は，$z=0$ における xy 平面が図 11.3 と同じになるようにした），上面が x 方向に U_1 の速度を，下面が x 方向と y 方向にそれぞれ U_2 と V の速度を持つとする．

式の導出過程は省略して，最終結果のみ示すと，三次元レイノルズ方程式は次式の形になる．

$$\frac{\partial}{\partial x}\left(h^3\frac{\partial p}{\partial x}\right)+\frac{\partial}{\partial z}\left(h^3\frac{\partial p}{\partial z}\right)$$
$$=6\eta(U_1-U_2)\frac{\partial h}{\partial x}+6\eta h\frac{\partial}{\partial x}(U_1+U_2)+12\eta V \qquad (11.13)$$

次にレイノルズ方程式の物理的意味について考える．式(11.13)の左辺は圧力分布の発達の程度を表しており，右辺の各項がその発生要因を表している．右辺の各項は次の効果と対応している．

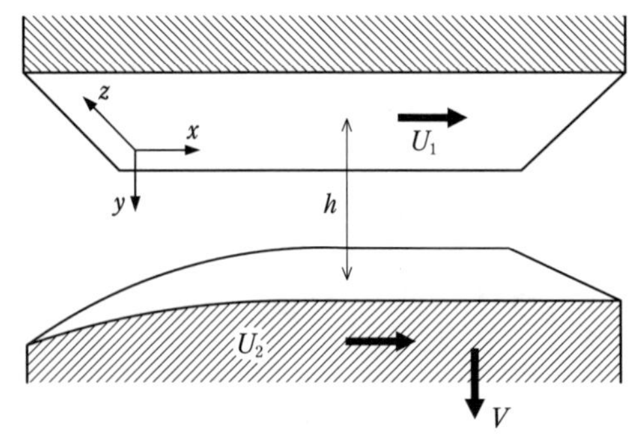

図 11.8　二次元流れの座標

第1項：くさび膜効果（wedge effect）

第2項：ストレッチ効果（stretch effect，通常の潤滑面では現れない）

第3項：スクイーズ膜効果（squeeze effect）

くさび膜効果は流れに沿ってすきまが狭くなっているとき，後ろから流体粒子が押し込んでくるので圧力が高まるときの効果である．**図 11.9** に示すような上面のみが運動する場合を考えると，$U_1=U$（一定），$U_2=0$，$V=0$ であるので，式(11.13)の右辺は第1項のみとなり，$6\eta U\partial h/\partial x$ である．すきまは末狭まり形状であるので $\partial h/\partial x<0$ となって，圧力分布 p は上に凸の形になり，負荷能力が生まれる．

スクイーズ膜効果は，**図 11.10** に示すような流体膜によって隔てられた固定面に対して，もう一方の面が接近してくるとき，流体の粘性抵抗のために排出速度が遅れ，これが原因となって流体膜中に圧力が発生するときの効果である．絞り膜効果ともいう．同図のように，下面が上面に接近してくる場合には，$U_1=U_2=0$，$V=-V_0$ であるので，式(11.13)の右辺は第3項のみとなり，圧力分布は上に凸の形になる．

図 11.11 のストレッチ効果は，運動面の速度が進行方向に沿って低下していくと，$dU/dx<0$ となって圧力が発生することを意味している．もっとも通常の潤滑面ではこのような変化はありえない．逆に，圧延加工などの塑性加工では素

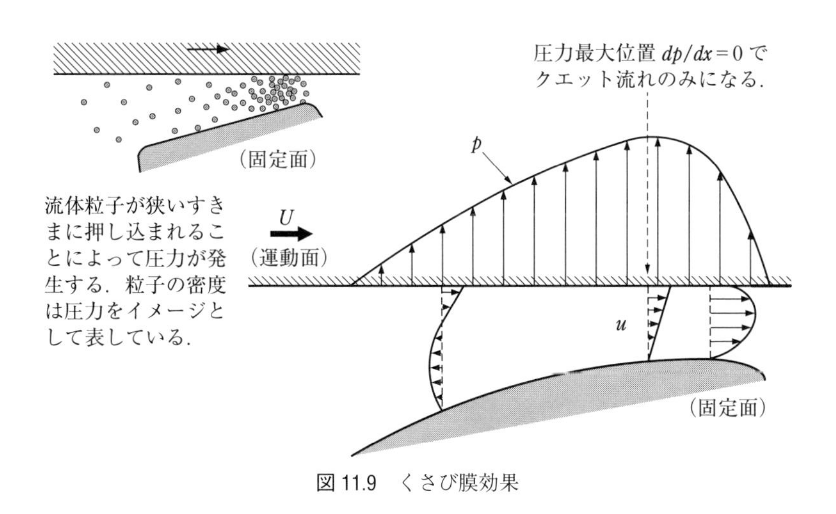

図 11.9　くさび膜効果

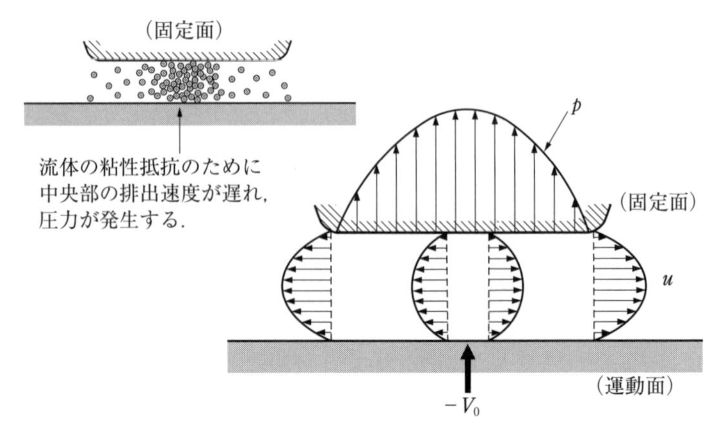

図 11.10　スクイーズ膜効果

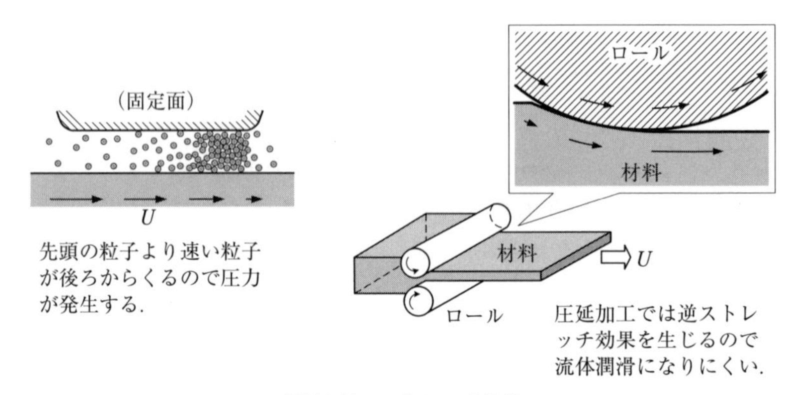

図 11.11　ストレッチ効果

材がロールと接触している部分で，表面積の増加によって素材の速度が増加し，この場合は $\partial U/\partial x > 0$ となるので負圧が発生する．すなわち，油膜の形成が困難になることを意味している．

第12章

ジャーナル軸受の潤滑理論

すべり軸受は軸と軸受の間の油膜内部で生じる圧力によって荷重を支える構造である．油膜圧力の存在は，イギリスの鉄道技師タワーの実験の最中に偶然見出され，その後レイノルズによって流体潤滑理論が生み出されてタワーの実験結果が理論的に証明された．

12.1 すべり軸受の種類

すべり軸受は，図12.1に示すように，作用する荷重の方向によって呼び方が異なる．

①ジャーナル軸受（journal bearing）：軸方向と直角の半径方向の荷重（ラジアル荷重）を支える軸受．軸受に支えられている軸部をジャーナルと呼ぶことから，この名称がつけられている．

②スラスト軸受（thrust bearing）：軸方向の荷重（スラスト荷重，アキシアル荷重ともいう）を支える軸受．

また，すべり軸受は油膜の圧力発生の要因から次の2つに大別される．

①動圧軸受（hydrodynamic bearing）：軸と軸受の相対運動と潤滑油膜の粘性によって生じる圧力が荷重を支える軸受．

②静圧軸受（hydrostatic bearing）：軸と軸受の間に，外部の油圧供給装置か

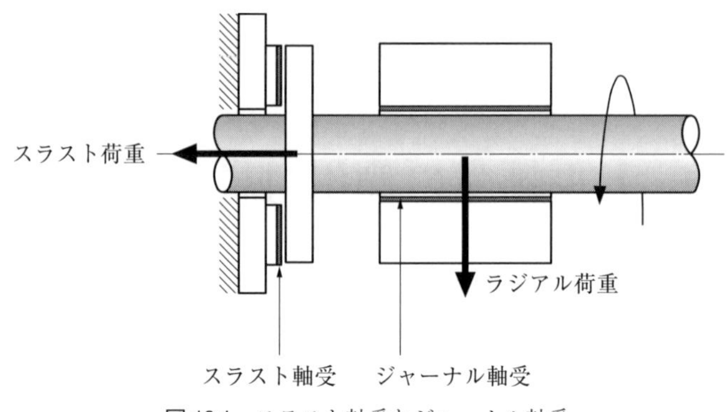

図 12.1　スラスト軸受とジャーナル軸受

ら加圧された油を送り込んで，軸の荷重を支える軸受.

12.2　すべり軸受へのレイノルズ方程式の適用

静荷重を受けている動圧すべり軸受に，三次元レイノルズ方程式

$$\frac{\partial}{\partial x}\left(h^3\frac{\partial p}{\partial x}\right)+\frac{\partial}{\partial z}\left(h^3\frac{\partial p}{\partial z}\right)$$
$$=6\eta(U_1-U_2)\frac{\partial h}{\partial x}+6\eta h\frac{\partial}{\partial x}(U_1+U_2)+12\eta V \qquad (11.13)$$

を適用するにあたって，次の仮定をおく.

①軸受面は固定されていて（$U_2=0$），軸は速度 $U(=U_1)$ で動いている.

②油膜形状は時間によって変化しない（$V=0$）.

③軸受面と軸面の伸縮はない$\left(\frac{\partial(U_1+U_2)}{\partial x}=0\right)$.

④油膜形状は x 方向にのみ変化し，z 方向に一定である（$\partial h/\partial x$ は dh/dx となる）.

仮定より式(11.13)は次式の形になる.

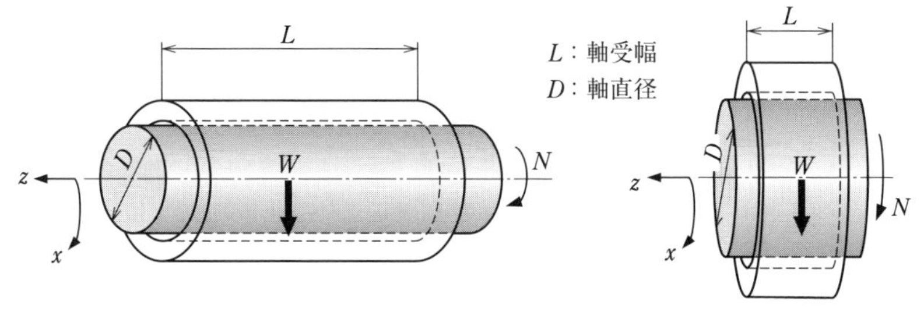

図 12.2　ジャーナル軸受の無限幅近似と無限小幅近似

$$\frac{\partial}{\partial x}\left(h^3\frac{\partial p}{\partial x}\right)+h^3\frac{\partial^2 p}{\partial z^2}=6\eta U\frac{dh}{dx} \tag{12.1}$$

式(12.1)のように簡単化しても，レイノルズ方程式はこのままでは解析的に解くことはできないので，一般に次の近似が用いられる．

①無限幅近似：軸受幅 L が無限に長いと仮定すると，幅(z)方向の圧力変化を無視することができる（$\partial p/\partial z=0$）ので，式(12.1)は次式で近似される．

$$\frac{d}{dx}\left(h^3\frac{dp}{dx}\right)=6\eta U\frac{dh}{dx} \tag{12.2}$$

この近似は，ジャーナル軸受では軸受幅 L と軸直径 D（あるいは軸受直径）の比（幅径比）$L/D>4$ において成り立つ（図 12.2(1)）．

②無限小幅近似：軸受幅 L が無限に短いと仮定すると，幅方向の圧力変化の方が軸受長さ方向の圧力変化に比べて大きい $\left(\frac{\partial p}{\partial z}\gg\frac{\partial p}{\partial x}\right)$ ので，式(12.1)の左辺第 1 項を省略することができる．

$$\frac{\partial^2 p}{\partial z^2}=\frac{6\eta U}{h^3}\frac{dh}{dx} \tag{12.3}$$

この近似は，ジャーナル軸受では幅径比 $L/D<1/4$ において成り立つ（図 12.2(2)）．

12.3 ジャーナル軸受の潤滑理論

12.3.1 ジャーナル軸受のレイノルズ方程式

ジャーナル（軸）の径は軸受よりわずかに小さいので，静止時には，図 12.3 (1)に示すように軸は底に沈んだ状態にある．軸が回転を始めると，図 12.3(2)のように，油膜は先狭まりのすきまに引き込まれて内部に圧力が生じ，軸は軸受内で浮いた状態になる．このとき油膜の反力は軸が受けている負荷と釣り合っている．

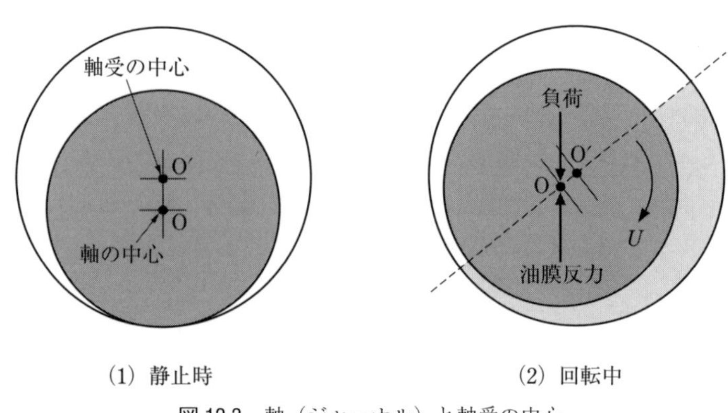

(1) 静止時　　(2) 回転中

図 12.3　軸（ジャーナル）と軸受の中心

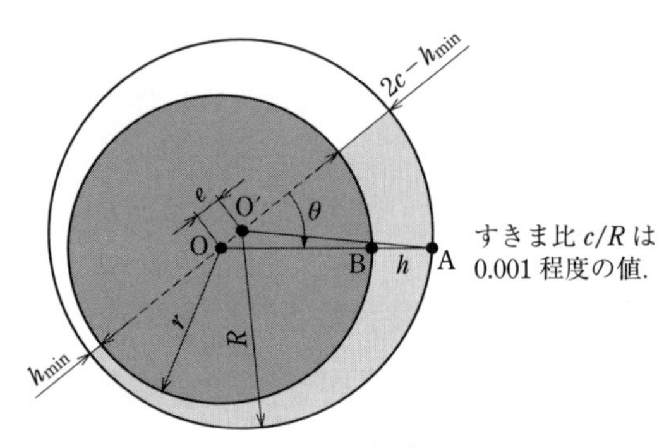

図 12.4　ジャーナル軸受の油膜形状

次に，軸が荷重 W を受けながら周速 U で回転しているジャーナル軸受に，レイノルズ方程式を適用して圧力分布を求める．図 12.4 に示すように，軸受直径 $2R$ は軸直径 $2r$ とすきま $2c$ の和に等しいことから，次の関係がある．

$$c = R - r \tag{12.4}$$

軸と軸受の中心をそれぞれ O，O′ とし，偏心量 $\overline{\mathrm{O'O}} = e$ と最大すきまからの円周方向角度 θ を用いると，三角関数の余弦定理より

$$\overline{\mathrm{OA}}^2 - 2e\cos\theta \cdot \overline{\mathrm{OA}} + (e^2 - R^2) = 0 \tag{12.5}$$

ここで，偏心量 e は通常軸受半径 R の 1/500 以下であるので e^2 を無視すると，式(12.5)は次式で近似できる．

$$\begin{aligned} &\overline{\mathrm{OA}}^2 - 2e\cos\theta \cdot \overline{\mathrm{OA}} - R^2 = 0 \\ &\therefore \quad \overline{\mathrm{OA}} = e\cos\theta \pm \sqrt{e^2\cos^2\theta + R^2} \approx e\cos\theta + R \end{aligned} \tag{12.6}$$

したがって，油膜厚さ h は次式で表される．

$$\begin{aligned} h &= \overline{\mathrm{OA}} - \overline{\mathrm{OB}} = e\cos\theta + R - r \\ &= c + e\cos\theta = c(1 + \varepsilon\cos\theta) \end{aligned} \tag{12.7}$$

式中の $\varepsilon(=e/c)$ を偏心率と呼ぶ．次に，$R \approx r$ であるので R を用いて座標 x を円周方向角度 θ に変換する．

$$x = R\theta \tag{12.8}$$

上式を用いると，レイノルズ方程式(12.1)は次式の形に書ける．

$$\frac{1}{R^2}\frac{\partial}{\partial\theta}\left(h^3\frac{\partial p}{\partial\theta}\right) + h^3\frac{\partial^2 p}{\partial z^2} = \frac{6\eta U}{R}\frac{dh}{d\theta} \tag{12.9}$$

式(12.9)を解くために，次の油膜圧力の境界条件が用いられる．

①ゾンマーフェルト（Sommerfeld）の条件：$\theta=0$，2π のとき $p=p_0$（大気圧）．全周にわたって油膜が存在すると仮定した条件．

②ギュンベル（Gümbel）の条件：$\theta-0$，π のとき $p=p_0$，$\pi < \theta < 2\pi$ のとき

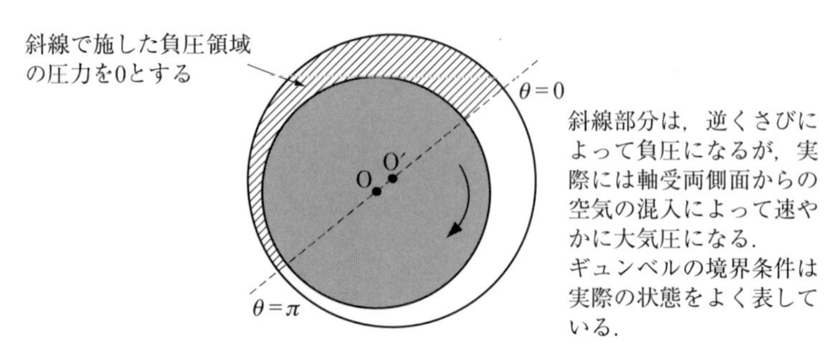

図 12.5　ギュンベルの境界条件

$p=p_0$. 負圧領域での圧力を p_0（大気圧）とおいた条件（図 12.5）.

③レイノルズ（Reynolds）の条件：$\theta=0$ のとき，$p=p_0$，$\theta=\pi+\alpha$ のとき，$p=p_0$，$dp/d\theta=0$. 最小油膜厚さの位置を少し過ぎたところで，圧力勾配と圧力を大気圧とおいた条件. 油膜の連続性を考慮している.

式(12.9)は解析的に解くことはできないので，以下では無限小幅軸受と無限幅軸受に分けて軸受性能を表す解を導く. なお，実際の軸受では幅径比 L/D が大きすぎると片当たりを生じやすくなり，小さすぎると油漏れ量が多くなるので，$L/D=0.5\sim2$ 程度の範囲に設定される.

12.3.2　無限小幅近似

幅径比 L/D の小さい軸受を仮定すると，軸受幅方向の圧力変化の方が円周方向の変化に比べて大きくなる. したがって，式(12.9)の左辺第 1 項を無視した次式を用いる.

$$h^3\frac{\partial^2 p}{\partial z^2}=\frac{6\eta U}{R}\frac{dh}{d\theta} \tag{12.10}$$

無限小幅近似は提案者の名前からデュボア（Dubois）・オクバーク（Ocvirk）の短軸受近似とも呼ばれる. 無限小幅近似は数学的な取り扱いが簡単であるが，軸受幅方向の圧力変化を考慮しているので，実際の軸受性能とよく一致する. ただし，偏心率が大きくなると誤差が大きくなる.

図 12.6 のように軸受面を展開し，軸受中央を $z=0$ として上式を 2 回積分し，

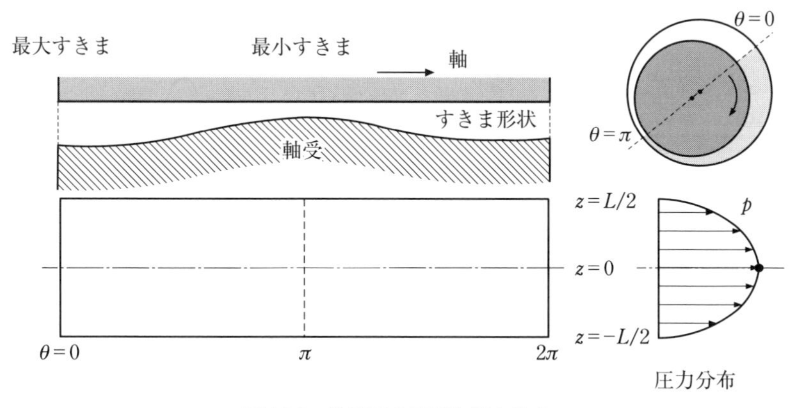

図 12.6　軸受面の展開と圧力分布

境界条件として軸受中央 $z=0$ で $\dfrac{dp}{dz}=0$，軸受端 $z=\pm\dfrac{L}{2}$ で $p=0$ を用いて積分定数を定めると，次式となる．

$$p=\frac{3\eta U}{h^3 R}\frac{dh}{d\theta}\left(z^2-\frac{L^2}{4}\right) \tag{12.11}$$

上式に式(12.7)と式(12.7)を θ で微分して得られる

$$\frac{dh}{d\theta}=-c\varepsilon\sin\theta \tag{12.12}$$

を代入すると，次式を得る．

$$p=\frac{3\eta U}{Rc^2}\left(\frac{L^2}{4}-z^2\right)\frac{\varepsilon\sin\theta}{(1+\varepsilon\cos\theta)^3} \tag{12.13}$$

中央断面（$z=0$）における圧力 p は次式で表される．

$$p=\frac{\eta UR}{c^2}K_p \tag{12.14}$$

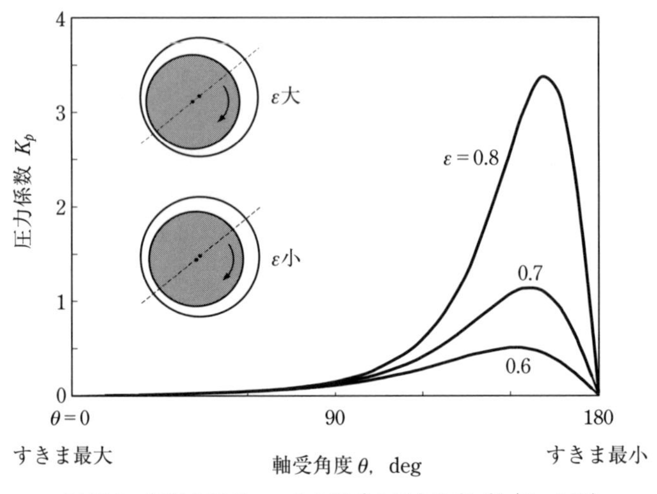

図 12.7　無限小幅ジャーナル軸受の圧力分布（L/D=0.25）

$$K_p=\frac{3\varepsilon\sin\theta}{(1+\varepsilon\cos\theta)^3}\left(\frac{L}{D}\right)^2 \tag{12.15}$$

式中の K_p は圧力係数である．

図 12.7 に偏心率 ε を変化させたときの中央断面（z=0）における圧力係数 K_p の分布を示す．偏心率 ε が大きくなるほど，くさび角が大きくなって圧力係数 K_p は大きくなる．

軸受荷重 W は，負圧領域を無視したギュンベルの境界条件を用いて計算すると，油膜反力 F の偏心方向成分 F_ε とそれと直角方向成分 F_θ の合力と釣り合うことから次式で表される（図 12.8）．

$$\begin{aligned} W&=\sqrt{F_\varepsilon{}^2+F_\theta{}^2}\\ &=2\eta UR\left(\frac{R}{c}\right)^2\left(\frac{L}{D}\right)^3\frac{\varepsilon\sqrt{16\varepsilon^2+\pi^2(1-\varepsilon^2)}}{(1-\varepsilon^2)^2} \end{aligned} \tag{12.16}$$

また，偏心角 ϕ は次式で表される．

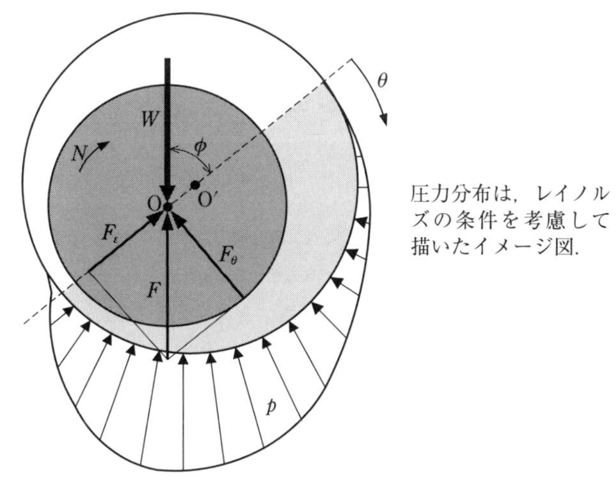

図 12.8　ジャーナル軸受の油膜形状と圧力分布

$$\phi=\tan^{-1}\frac{F_\theta}{F_\varepsilon}=\tan^{-1}\frac{\pi\sqrt{1-\varepsilon^2}}{4\varepsilon} \tag{12.17}$$

ここで，周速 U は軸の回転速度を N〔rps〕とすると $U=\pi DN$，軸受荷重 W を軸受投影面積 LD で除した軸受平均面圧を P_{m} とすると，$W=P_{\mathrm{m}}LD$ の関係があるので，それらを用いて式(12.16)を書き換えると，次式の形になる．

$$\frac{\eta N}{P_{\mathrm{m}}}\left(\frac{R}{c}\right)^2\left(\frac{L}{D}\right)^2=S\left(\frac{L}{D}\right)^2=\frac{(1-\varepsilon^2)^2}{\pi\varepsilon\sqrt{16\varepsilon^2+\pi^2(1-\varepsilon^2)}} \tag{12.18}$$

式(12.18)の S は，軸受の寸法，粘度，運転条件を表すパラメータから構成されている無次元量で，ゾンマーフェルト数（Sommerfeld number）と呼ぶ．

$$S\equiv\frac{\eta N}{P_{\mathrm{m}}}\left(\frac{R}{c}\right)^2 \tag{12.19}$$

摩擦係数 μ は，ゾンマーフェルト数 S を用いると次式で表される．

$$\mu=\frac{2\pi^2 S}{\sqrt{1-\varepsilon^2}}\left(\frac{c}{R}\right) \tag{12.20}$$

12.3.3 無限幅近似

無限幅近似では，幅方向の圧力変化が無視できるので，レイノルズ方程式(12.9)は次式で近似される．

$$\frac{d}{d\theta}\left(h^3\frac{dp}{d\theta}\right)=6\eta UR\frac{dh}{d\theta} \tag{12.21}$$

上式を積分し，$dp/d\theta=0$ での h を h_m とおいて得られる積分定数を求めて，それを代入すると，

$$\frac{dp}{d\theta}=6\eta UR\left(\frac{1}{h^2}-\frac{h_m}{h^3}\right) \tag{12.22}$$

となる．上式を積分して圧力分布を求めると，次式の形になる．

$$p=\frac{\eta UR}{c^2}K_p \tag{12.23}$$

$$K_p=\frac{6\varepsilon\sin\theta(2+\varepsilon\cos\theta)}{(2+\varepsilon^2)(1+\varepsilon\cos\theta)^2} \tag{12.24}$$

式中の K_p は圧力係数である．ギュンベルの境界条件を用いて求めた負荷容量 W，偏心角 ϕ，摩擦係数 μ を与える式を示す．

$$W=\eta UL\left(\frac{R}{c}\right)^2\frac{6\varepsilon\sqrt{4\varepsilon^2+\pi^2(1-\varepsilon^2)}}{(2+\varepsilon^2)(1-\varepsilon^2)} \tag{12.25}$$

$$\phi=\tan^{-1}\frac{\pi\sqrt{1-\varepsilon^2}}{2\varepsilon} \tag{12.26}$$

$$\mu=\frac{c}{R}\frac{\pi^2S}{\sqrt{1-\varepsilon^2}}\left(2+\frac{3\varepsilon^2}{2+\varepsilon^2}\right) \tag{12.27}$$

無限幅近似におけるゾンマーフェルト数 S と偏心率 ε との関係は，次のようになる．

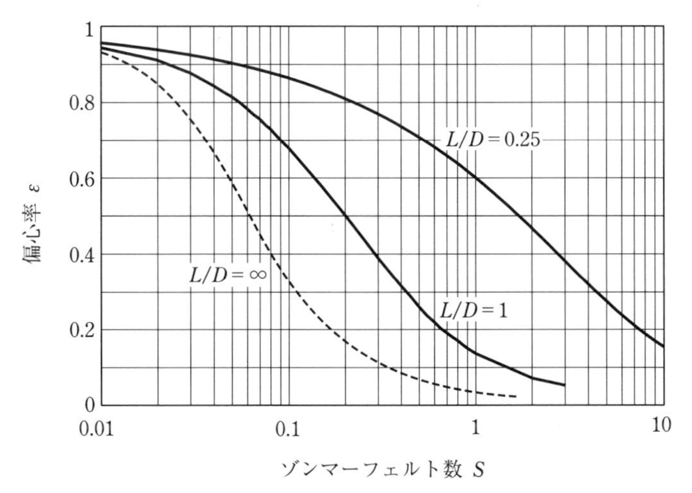

図 12.9　ゾンマーフェルト数 S と偏心率 ε

$$S=\frac{\eta N}{P_{\mathrm{m}}}\left(\frac{R}{c}\right)^2=\frac{(2+\varepsilon^2)(1-\varepsilon^2)}{6\pi\varepsilon\sqrt{4\varepsilon^2+\pi^2(1-\varepsilon^2)}} \tag{12.28}$$

図 12.9 に，ギュンベルの条件を用いた無限幅近似（$L/D=\infty$），無限小幅近似（$L/D=0.25$），有限幅解（$L/D=1$）による偏心率 ε とゾンマーフェルト数 S の関係を示す．ゾンマーフェルト数 S が小さくなるにしたがって偏心率 ε は大きくなる．また，同一のゾンマーフェルト数 S では，L/D が小さいほど偏心率 ε は大きくなる．

実際の軸受設計では，回転速度 N，荷重 W，粘度 η と軸受仕様が決められているので，ゾンマーフェルト数 S を計算し，図 12.9 よりそのときの偏心率 ε を読み取って負荷容量，摩擦係数，最小油膜厚さを求めることになる．

なお，第 9 章で述べた軸と軸受が同心（$\varepsilon=0$）のジャーナル軸受における摩擦係数を表すペトロフの式(9.16)は，ゾンマーフェルト数 S を用いると次式の形になる．

$$\mu=\frac{\pi^2 D}{c}\frac{\eta N}{P_{\mathrm{m}}}=2\pi^2 S\left(\frac{c}{R}\right) \tag{12.29}$$

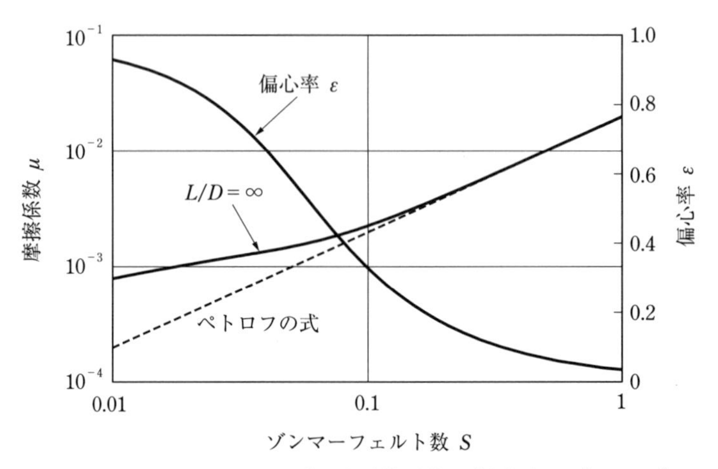

図 12.10　ゾンマーフェルト数 S と摩擦係数 μ（すきま比 $c/R=10^{-3}$）

図 12.10 に，ゾンマーフェルト数 S と，式(12.28)およびペトロフの式(12.29)による摩擦係数の結果並びに偏心率 ε を併せて示す．図の例では，両者は偏心率が 0.2 以下ではよく一致しており，この範囲では，ペトロフの式は幅径比 $L/D>4$ のジャーナル軸受の摩擦係数を与える近似式として有効である．

> **[問題 12.1]**　無限小幅軸受 $L/D=0.25$ において*，ゾンマーフェルト数 $S=0.055$ に対応する最小油膜厚さ/半径すきま（$h_{\min}/c$）と摩擦係数 μ を求めよ．$c/R=10^{-3}$ とする．

*無限小幅軸受を設計基準にしている用途はないが，解答を得る手順を示すために出題した．

[解答]　図 12.9 より $L/D=0.25$ の曲線上の $S=0.055$ に対する偏心率 ε を読み取ると $\varepsilon=0.9$ を得る．

式(12.7)で $\theta=\pi$ とおいて得られる次式より，$h_{\min}/c=1-\varepsilon=0.1$

摩擦係数は式(12.20)より，$\mu=\dfrac{2\pi^2 S}{\sqrt{1-\varepsilon^2}}\left(\dfrac{c}{R}\right)=\dfrac{2\times3.14^2\times0.055}{\sqrt{1-0.9^2}}\times10^{-3}$

$=0.0025$

12.4　流体潤滑の限界

流体摩擦係数は，ゾンマーフェルト数 S あるいは軸受特性数 $\eta N/P_{\mathrm{m}}$ が小さくなるほど，図 12.11 の右側に示すように，低くなる傾向にある．ところが実際には，軸受特性数が小さくなり油膜が薄くなると，固体表面の粗さの突起同士が干渉するようになって，混合潤滑状態となり摩擦係数は高くなる．これが流体潤滑の限界である．

そこで表面を平滑にすると，図の破線で示すように，軸受特性数がより小さい範囲まで，つまり油膜厚さがより薄い範囲まで流体潤滑が維持できることになる．硬い材料の軸の表面仕上げを良くして，軸受は軸より軟らかい材料を用いて運転すると，軸受表面の凸部は摩耗して表面粗さは改善される．これが「なじみ」による効果である．

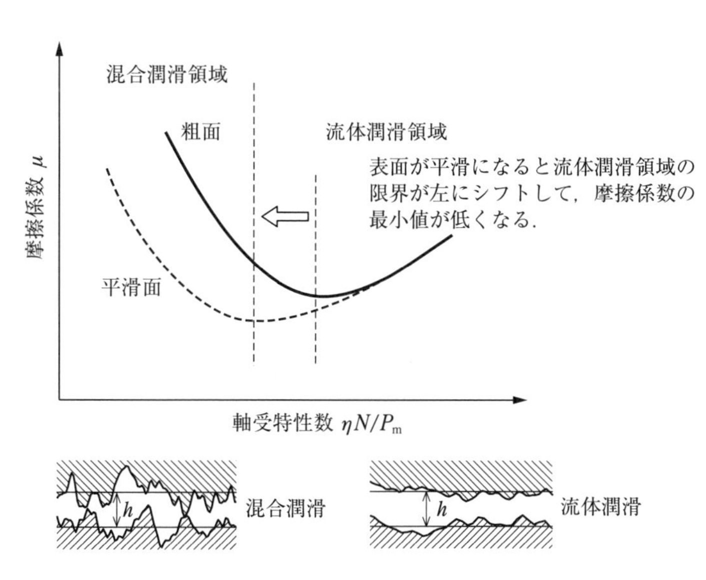

図 12.11　表面の平滑化による流体潤滑領域の拡大

第13章

有限幅ジャーナル軸受の特性解析

レイノルズ方程式は一般に解析的に解くことは困難なので，数値計算によることが多い．ここではVBA（Visual Basic for Applications）を使ってプログラムを作成し[1)]，有限幅ジャーナル軸受の特性を求める．

13.1　レイノルズ方程式の差分化

第12章で述べた三次元のレイノルズ方程式を再掲すると次式の形になる．

$$\frac{\partial}{\partial x}\left(h^3\frac{\partial p}{\partial x}\right)+h^3\frac{\partial^2 p}{\partial z^2}=6\eta U\frac{dh}{dx} \tag{12.1}$$

$$\therefore\quad h^3\frac{\partial^2 p}{\partial x^2}+3h^2\frac{dh}{dx}\frac{\partial p}{\partial x}+h^3\frac{\partial^2 p}{\partial z^2}=6\eta U\frac{dh}{dx} \tag{13.1}$$

図13.1に示す軸直径$D(\approx 2R)$，軸受幅L，半径すきまc，偏心率εの有限幅ジャーナル軸受を対象とする．レイノルズ方程式(13.1)に，無次元膜厚$H(=h/c)$，無次元座標$X(=x/D)$，無次元座標$Z(=z/L)$，無次元圧力$P=\dfrac{c^2}{\eta UR}p$を導入すると式(13.1)は次式の形になる．

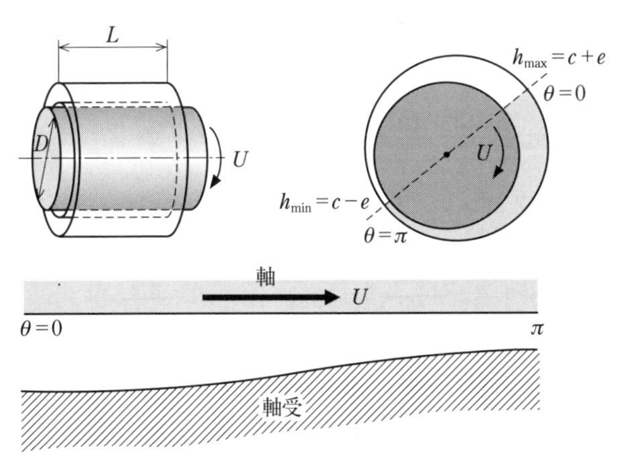

図 13.1　ジャーナル軸受のすきま展開図

$$\frac{\partial^2 P}{\partial X^2}+\left(\frac{1}{L/D}\right)^2\frac{\partial^2 P}{\partial Z^2}+\frac{3}{H}\frac{dH}{dX}\frac{\partial P}{\partial X}=\frac{12}{H^3}\frac{dH}{dX} \tag{13.2}$$

油膜形状の式(12.7)は無次元化すると，次式の形になる．

$$H=1+\varepsilon\cos\theta \tag{13.3}$$

また，座標 X と円周方向角度 θ との関係は，

$$X\,(=x/D)=\theta/2 \tag{13.4}$$

であるので，次式が得られる．

$$H=1+\varepsilon\cos 2X \tag{13.5}$$

$$\frac{dH}{dX}=-2\varepsilon\sin 2X \tag{13.6}$$

式(13.2)に差分公式を適用し，式(13.6)を代入すると，式(13.2)は次式の形になる．

$$\frac{P_{i+1j}+P_{i-1j}-2P_{ij}}{(\varDelta X)^2}+\left(\frac{1}{L/D}\right)^2\frac{P_{ij+1}+P_{ij-1}-2P_{ij}}{(\varDelta Z)^2}$$

$$-2\varepsilon\sin 2X_i\frac{3}{H_i}\frac{(P_{i+1j}-P_{i-1j})}{2\varDelta X}=\frac{12}{{H_i}^3}(-2\varepsilon\sin 2X_i) \tag{13.7}$$

式(13.7)を整理すると次式の形になる．

$$P_{ij}=\{A_1P_{i+1j}+A_2P_{i-1j}+A_3(P_{ij-1}+P_{ij+1})+A_4\}/A_0 \tag{13.8}$$

式中の係数 A_0，A_1，A_2，A_3，A_4 は次式で与えられる．

$$A_0=2\left\{\frac{1}{(\varDelta X)^2}+\left(\frac{1}{L/D}\right)^2\frac{1}{(\varDelta Z)^2}\right\} \tag{13.9}$$

$$A_1=\frac{1}{(\varDelta X)^2}-\frac{3\varepsilon\sin 2X_i}{H_i\varDelta X} \tag{13.10}$$

$$A_2=\frac{1}{(\varDelta X)^2}+\frac{3\varepsilon\sin 2X_i}{H_i\varDelta X} \tag{13.11}$$

$$A_3=\frac{1}{(\varDelta Z)^2}\left(\frac{1}{L/D}\right)^2 \tag{13.12}$$

$$A_4=\frac{24\varepsilon}{{H_i}^3}\sin 2X_i \tag{13.13}$$

式(13.8)は，格子点$(i,\ j)$における圧力 $P_{i,j}$ は，その周りの 4 点の圧力 P_{i-1j}，P_{ij-1}，P_{i+1j}，P_{ij+1} の値によって与えられることを示している．

13.2 圧力分布の解法

式(13.8)で示す差分方程式が得られたので，次に連立方程式の形にして解を求める方法について述べる．ここでは解法を理解しやすくするために，**図 13.2** に示すような 1 辺の分割数 $n=4$とし，$i=1$，2，3，$j=1$，2，3 について計算する．まず，式(13.8)において，$i=1$，$j=1$ とおくと次式が得られる．

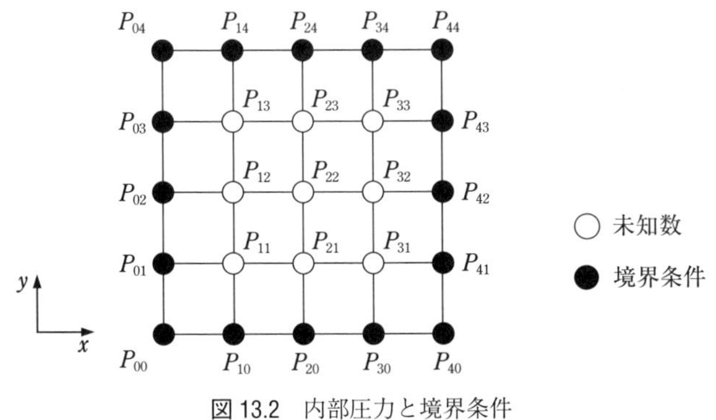

図 13.2　内部圧力と境界条件

$$A_0P_{11}=A_1P_{21}+A_2P_{01}+A_3(P_{10}+P_{12})+A_4 \tag{13.14}$$

ここで，周りの圧力は境界条件で与えられているので，$P_{01}=0$ と $P_{10}=0$ を上式に代入すると，次式の形になる．

$$A_0P_{11}=A_1P_{21}+A_3P_{12}+A_4 \tag{13.15}$$

同様に，すべての i と j について計算し，境界条件 $P_{0j}=0$，$P_{i0}=0$，$P_{4j}=0$，$P_{i4}=0$ を用いると，内部の格子点 P_{11}，P_{12}，P_{13}，P_{21}，P_{22}，P_{23}，P_{31}，P_{32}，P_{33} を未知数とする 9 個の連立方程式が得られる．

連立方程式を逐次近似法（ガウスザイデル法）によって解く．逐次近似法では，すべての解を最初 0 と仮定して計算する．次に，それを基に逐次解を修正していく．いま P_{ij} に関しての k 回目の計算値を $P_{ij}{}^{(k)}$ で表すと，式(13.14)は次式で表される．

$$P_{ij}{}^{(k)}=\{A_1P_{i+1j}{}^{(k-1)}+A_2P_{i-1j}{}^{(k)}+A_3(P_{ij-1}{}^{(k)}+P_{ij+1}{}^{(k)})+A_4\}/A_0 \tag{13.16}$$

そして，$k-1$ 回目と k 回目の誤差が許容誤差 ε 以下になるまで繰り返し計算を行う．

$$|P_{ij}{}^{(k)}-P_{ij}{}^{(k-1)}|/P_{ij}{}^{(k)} \leq \varepsilon \tag{13.17}$$

13.3　偏心率，偏心角，最小油膜厚さ

油膜圧力分布が求まると，油膜反力 F は，偏心方向の成分 F_ε とそれと直角方向成分 F_θ に分けて計算され，両成分のベクトル和から求められる（図 13.3）．

$$F_\varepsilon = \iint (-p\cos\theta)\,Rd\theta dz$$

$$F_\varepsilon = \iint (p\sin\theta)\,Rd\theta dz$$

$$F = \sqrt{{F_\varepsilon}^2 + {F_\theta}^2} \tag{13.18}$$

軸受幅と円周方向角度 $\theta=0\sim\pi$ の範囲で積分して得られる油膜反力 F と，荷重 W の釣り合いを基に偏心率 ε，偏心角 ϕ，最小油膜厚さ $h_{\min}$ が得られる．

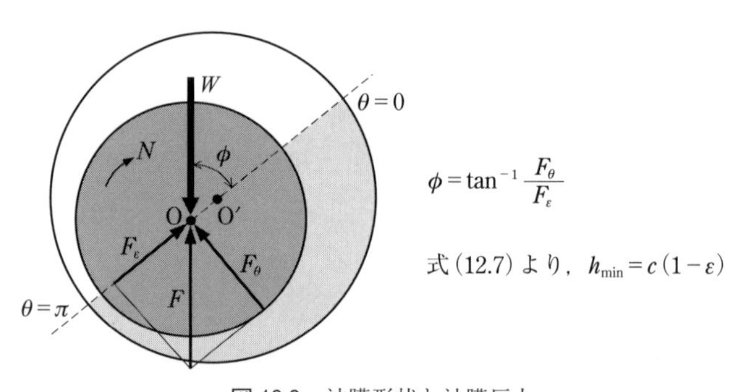

図 13.3　油膜形状と油膜反力

13.4　プログラムの作成と実行結果

エクセルの VBA を使ってプログラムを作成する（プログラム例）．流れは以下のとおりである．

①軸受寸法，運転条件，粘度を入力する（図 13.4）．

②適当な偏心率の値を初期値として，油膜圧力分布を求めて油膜反力を計算する．

入力パラメータ	記号	単位	値
軸直径	D	mm	100
軸受幅	L	mm	50
回転数	Nrpm	rpm	600
荷重	Wbe	N	10000
粘度	η	mPas	10
すきま比		-	0.001
幅径比	L/D	LD	0.5
半径すきま	Cr	μm	50
ゾンマーフェルト数	S	-	0.05

出力パラメータ	記号	単位	値
最小油膜厚さ	hmin	μm	6.7
偏心率	ε	-	0.87
偏心角	φ	度	31

L/D，Cr，S は表計算により求める

図 13.4　プログラムの入力データと実行結果

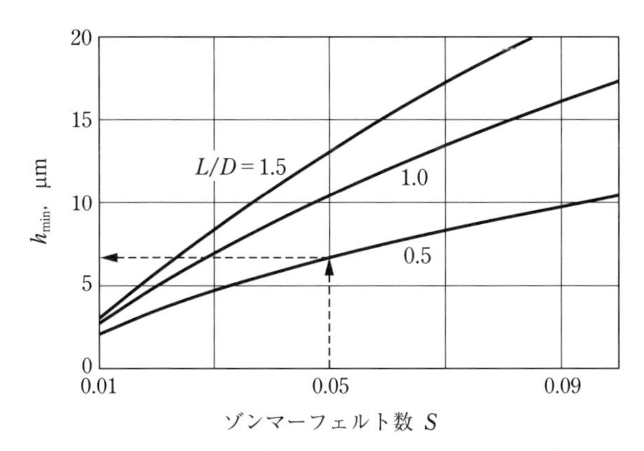

図 13.5　最小油膜厚さ h_{min} とゾンマーフェルト数 S

③油膜反力が荷重と釣り合うまで，偏心率を変化させて繰り返し計算を行う．

④収束した後，出力パラメータの値をセル上に表す．

図 13.5 と表 13.1 に L/D をパラメータとした $h_{min}-S$ の関係を示す．油膜形成の目安である軸受特性数 $\eta N/P_m$ の最小許容値は用途毎に設定されており，ここでは対応する最小許容ゾンマーフェルト数を 0.05 とすると，図 13.4 に示す仕様の幅径比 $L/D=0.5$ の軸受の場合，図 13.5 より $h_{min}\approx 7$ μm が得られる．流体潤

表 13.1　最小油膜厚さ $h_{\min}$，μm

S	L/D		
	0.5	1	1.5
0.01	2.1	2.7	3.1
0.02	3.5	5.0	5.8
0.03	4.7	6.9	8.4
0.04	5.7	8.8	10.8
0.05	6.7	10.4	13.1
0.06	7.5	12.0	15.2
0.07	8.3	13.4	17.2
0.08	9.1	14.8	19.1
0.09	9.7	16.1	20.8
0.10	10.4	17.3	22.3

滑領域の限界では最小油膜厚さは表面粗さと同程度になると推定されるため，表面はそのあたりを考慮して仕上げる必要がある．

参考までに，別のプログラム[2)]により L/D と ε を与えて求めた油膜圧力分布の 3D グラフを図 13.6 に示す．L/D が大きいほど，ε が大きいほど，油膜圧力が大きくなることがわかる．

■プログラム例

```
'＊＊＊＊＊＊＊＊＊＊＊＊＊＊＊＊＊＊＊＊＊＊＊＊＊＊＊＊＊＊＊＊＊＊＊＊＊＊＊＊
'有限幅ジャーナル軸受圧力分布・油膜反力を利用した特性計算
'＊＊＊＊＊＊＊＊＊＊＊＊＊＊＊＊＊＊＊＊＊＊＊＊＊＊＊＊＊＊＊＊＊＊＊＊＊＊＊＊
    ' モジュールレベル変数宣言
    Const π As Single = 3.14159
    Const NX As Integer = 20          'X 方向分割数
    Const NZ As Integer = 20          'Z 方向分割数
    Dim D As Single, L As Single, LD As Single, Nrpm As Single, φ As Single
    Dim Wbe As Single, η As Single, Cr As Single, U As Single
    Dim dx As Single, dz As Single
Sub FilmCal ()
```

```
' 変数宣言
Dim eps As Single
Dim i As Integer, j As Integer, N As Integer
Dim eps1 As Single, deps As Single
Dim Fa As Single, Fb As Single, dFa As Single
Dim Stew As Single, Ex As Single, hmin As Single
Dim Nmax As Integer
' 入力パラメータとL/D, Cr, Sの表示
D  =  Range("E5"). Value
L = Range("E6"). Value
Nrpm = Range("E7"). Value
Wbe = Range("E8"). Value
η = Range("E9"). Value
LD = Range("E11"). Value
Cr = Range("E12"). Value
dx = (π / 2) / NX
dz = 1 / NZ
U = Nrpm / 60 * D * π / 1000
' 収束計算
Ex = 0.001
eps1 = 0.998
deps = 0.001
Nmax = 100
Do
   N = N + 1
   Fa = Wbe - Foilr(eps1)
   Fb = Wbe - Foilr(eps1 - deps)
   dFa = (Fa - Fb) / deps
   Stew = Fa / dFa
   If Stew < Ex Or N > Nmax Then Exit Do
   eps1 = eps1 - Stew
Loop
If N > Nmax Then
   eps = 100
Else
   eps = eps1
   End If
   hmin = Cr * (1 - eps)
```

```
        Range("J5").Value = hmin
        Range("J6").Value = eps
        Range("J7").Value = φ
    End Sub
'＊＊＊＊＊＊＊＊＊＊＊＊＊＊＊＊＊＊＊＊＊＊＊＊＊＊＊＊＊＊＊＊＊＊＊＊＊＊
'有限幅ジャーナル軸受圧力分布と油膜反力
'＊＊＊＊＊＊＊＊＊＊＊＊＊＊＊＊＊＊＊＊＊＊＊＊＊＊＊＊＊＊＊＊＊＊＊＊＊＊
Function Foilr(eps As Single)As Single
   ' 変数宣言
      Const ε As Single = 0.0001
      Const nn As Integer = 100
      Dim del As Single, dd As Single
      Dim A0 As Single, A1 As Single, A2 As Single, A3 As Single, A4 As Single
      Dim i As Integer, j As Integer, N As Integer
      Dim X(nn)As Single, Z(nn)As Single, P(nn, nn)As Single, PK As Single
      Dim Pθ(nn, nn)As Single, Pε(nn, nn)As Single
      Dim H As Single
      Dim ΣPε As Single, ΣPθ As Single
      Dim ΣP As Single
   ' 圧力分布
        A0 = 2 * (1 / dx ^ 2 + (1 / LD) ^ 2 / dz ^ 2)
        A3 = (1 / LD) ^ 2 / dz ^ 2
        For i = 0 To NX
          X(i) = dx * i
        Next i
        For j = 0 To NZ
          Z(i) = dz * j
        Next j
        For i = 0 To NX
          For j = 0 To NZ
            P(i, j) = 0
          Next j
        Next i
        Do
            del = 0
              For i = 1 To NX - 1
                H = 1 + eps * Cos(2 * X(i))
                  For j = 1 To NZ - 1
```

```
                    A1 = 1 / dx ^ 2 - 3 * eps * Sin(2 * X(i)) / (H * dx)
                    A2 = 1 / dx ^ 2 + 3 * eps * Sin(2 * X(i)) / (H * dx)
                    A4 = 24 / H ^ 3 * eps * Sin(2 * X(i))
                    PK = (A1 * P(i + 1, j) + A2 * P(i - 1, j) + A3 * (P(i, j + 1) + P(i, j - 1)) + _
                        A4) / A0
                    dd = Abs(PK - P(i, j)) / PK
                    If dd > del Then del = dd
                    P(i, j) = PK
                Next j
            Next i
Loop While del > ε
' 油膜反力
  ΣPε = 0
  ΣPθ = 0
    For i = 1 To NX - 1
      For j = 1 To NZ - 1
        Pθ(i, j) = P(i, j) *-Cos(X(i) * 2)
        Pε(i, j) = P(i, j) * Sin(X(i) * 2)
        ΣPε = ΣPε + Pε(i, j)
        ΣPθ = ΣPθ + Pθ(i, j)
    Next j
  Next i
  ΣP = (ΣPε ^ 2 + ΣPθ ^ 2) ^ 0.5
  φ = Atn(ΣPε / ΣPθ) * 180 / π
  Foilr = ΣP * η * U * (D / 2)/ Cr ^ 2 * (D * π / 2 /(NX - 1)) * (L /(NZ - 1))
End Function
```

半角スペースの後にアンダースコア「_」を記述して改行すると，行が継続される．

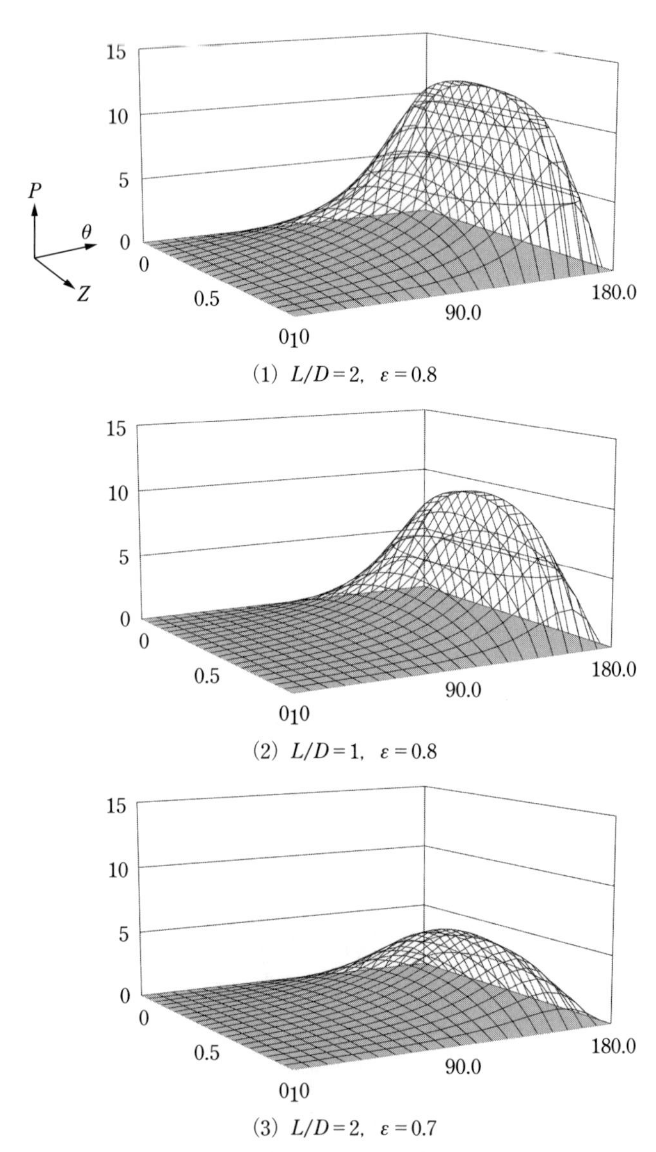

(1) $L/D=2,\ \varepsilon=0.8$

(2) $L/D=1,\ \varepsilon=0.8$

(3) $L/D=2,\ \varepsilon=0.7$

図 13.6　有限幅ジャーナル軸受の圧力分布

第 14 章

弾性流体潤滑

荷重を受けている面積が極めて小さい歯車などの集中接触部では，高圧のために固体表面の弾性変形と，潤滑油の粘度の圧力による変化の２つの効果によって，表面粗さに相当するサブマイクロメートル程度の油膜厚さが形成される．

14.1 弾性流体潤滑理論の概要

すべり軸受では，受圧面積が大きいために面圧は低く，接触面の変形を考慮する必要はなかった．一方，図 14.1 に示す歯車の歯面間や転がり軸受のころや球

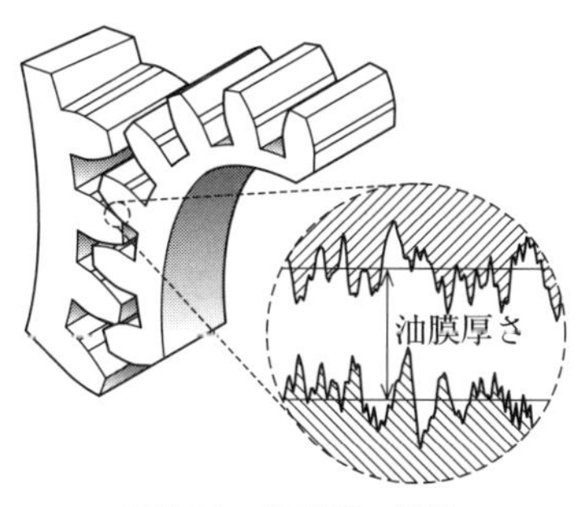

図 14.1　歯面間の接触

と軌道輪の間，自動車エンジンの動弁系，トラクションドライブの接触部では受圧面積が極めて小さいために，荷重が小さくても圧力は1 GPa 以上にもなる．剛体を仮定した流体潤滑理論によって油膜厚さを見積もると，表面粗さに比べてずっと小さな値が得られるなど，計算からでは到底流体潤滑状態が期待できない結果であった．ところが，長時間運転後の歯面には製作時の研削面が残っているなど，実際には流体潤滑状態を示唆していた．

その後，固体表面の弾性変形と，潤滑油の粘度の圧力による変化の2つの効果を取り入れることによって，表面粗さに相当する油膜厚さの存在が理論的に証明され，実際の現象を合理的に説明できるようになった（図 14.2）．このような流体潤滑状態を弾性流体潤滑（Elasto-Hydrodynamic Lubrication，略して EHL）と呼び，その理論を弾性流体潤滑理論あるいは EHL 理論と呼ぶ．

弾性流体潤滑のメカニズムで重要な点は，高荷重下においても油膜厚さは速度と粘度の2つの効果によって支配されることで，これらは接触部入口領域での流体力学的圧力を高めるからである．逆に，油膜厚さに対する荷重の影響は小さい．荷重が増加しても，面圧と接触領域が大きくなるだけで，流体力学的圧力が発生する入口領域には影響を及ぼさないためである．同様の理由から，油膜厚さに対する固体の弾性係数の影響も小さい．

EHL における最大の成果は，油膜厚さを見積もる簡便な式が提示されたこと

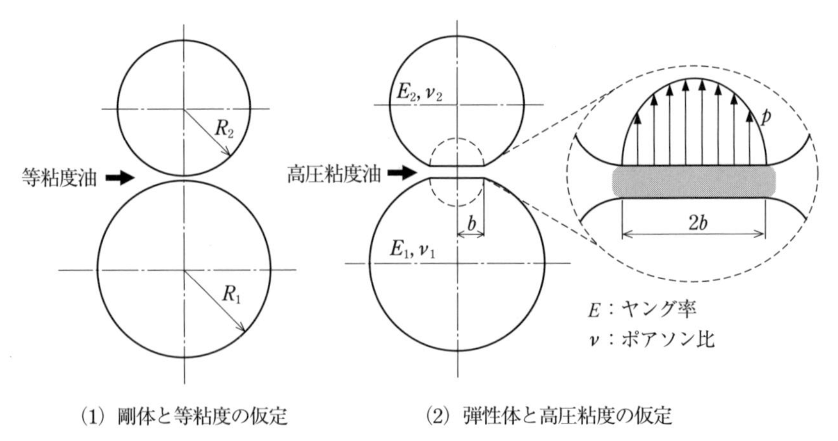

図 14.2　EHL 理論の仮定

で，そのために EHL 理論は急速な広がりを見せ，現在では，機械設計の主要なツールとして利用されている．

14.2　流体潤滑理論による線接触の解析

弾性流体潤滑理論が誕生する前，見かけ上の点接触や線接触する荷重集中接触に対して，流体潤滑理論を適用して油膜厚さを求めるための解析が行われた．すべり軸受での取り扱いと同様に，まず油膜形状を仮定し，レイノルズ方程式を接触部に当てはめて油膜圧力分布を導出し，荷重との釣り合いから油膜厚さが求められる．

図 14.3 に示すような，単位幅当たりの荷重 w を受けながら平均周速 $\bar{u}$ で回転している剛体 2 ローラ間の線接触を考える．等粘度 η を仮定し，レイノルズ方程式と接触部近傍における膜厚の式を連立させると，最小油膜厚さ h_0 は次式で表される．

$$h_0 = 4.89R\frac{\eta\bar{u}}{w} \tag{14.1}$$

上式は剛体，等粘度を仮定して得られるもので，マーチン（Martin）の式と呼ぶ[1]．

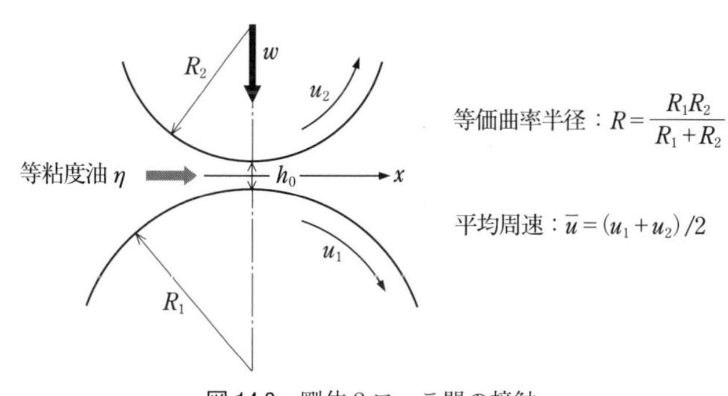

図 14.3　剛体 2 ローラ間の接触

> **[問題 14.1]**　半径 $R=50$〔mm〕のフラットローラ同士が単位幅当たりの荷重 $w=600$〔kN/m〕を受けながら平均周速 $\bar{u}=2$〔m/s〕で回転している．粘度 $\eta=22$〔mPa·s〕とするときの油膜厚さをマーチンの式(14.1)より求めよ．

[解答]　等価曲率半径 $R=25$〔mm〕であるので，油膜厚さは式(14.1)より，

$$h_0=4.89R\frac{\eta\bar{u}}{w}=4.89\times25\times10^{-3}\times\frac{22\times10^{-3}\times2}{600\times10^3}=0.009\text{〔μm〕}$$

14.3　線接触に対する EHL 理論

14.3.1　アーテル－グルービンの解

本格的な弾性流体潤滑理論が発表される前，旧ソ連の時代（1949 年）にアーテル（Ertel）とグルービン（Grubin）は巧妙な単純化を行うことによって EHL 油膜厚さに対する解析的近似解を得た[2]．彼らの用いた仮定は次の 2 つである．油膜を介した場合の弾性変形を乾燥接触下のヘルツ接触と同じとし，接触域での

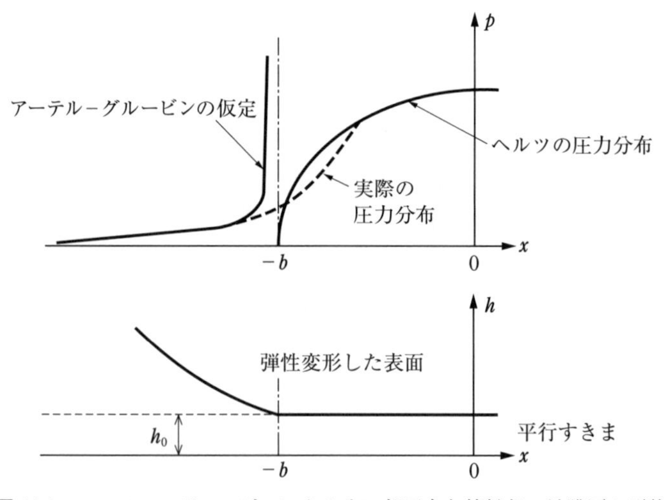

図 14.4　アーテル－グルービンによる入口部圧力と接触部の油膜厚さ形状

平行すきまを仮定する（**図 14.4**）．次いで粘度の圧力による変化をバラス式

$$\eta = \eta_0 \exp(\alpha p) \tag{14.2}$$

で表し，接触域開始点で圧力無限大と仮定する．これによって入口境界条件を定め，レイノルズ方程式を解くと，接触部の平行すきま（＝油膜厚さ）を表す式が導かれる．

アーテルーグルービンの式は，無次元膜厚 $H_0(=h_0/R)$，材料パラメータ $G(=\alpha E')$，速度パラメータ $U(=\eta_0\bar{u}/(E'R))$，荷重パラメータ $W(=w/(E'R))$ を用いると次式の形になる．

$$H_0 = 1.95(GU)^{0.73}W^{-0.09} \tag{14.3}$$

式中，w は単位幅当たりの荷重，$\bar{u}$ は平均周速，E' は等価ヤング率，R は等価曲率半径，α は粘度－圧力係数である．この解によれば，油膜厚さに及ぼす荷重の影響は極端に小さく，高荷重下でマーチンの式による結果の数十倍～百倍厚い油膜厚さの結果を与える．また，次に述べる精密解ともよく一致している．これは，油膜厚さが主として入口条件で決定されるといった EHL のメカニズムの本質を突いているためである．

> **[問題 14.2]**　問題 14.1 に示した諸元に加え，E' を 230 GPa，α を 20 GPa^{-1} として，アーテルーグルービンの式より油膜厚さを求めよ．

[解答]　荷重パラメータ：$W = \dfrac{w}{E'R} = \dfrac{600\times10^3}{230\times10^9\times25\times10^{-3}} = 1.04\times10^{-4}$

材料パラメータ：$G = \alpha E' = 20\times10^{-9}\times230\times10^9 = 4600$

速度パラメータ：$U = \dfrac{\eta_0\bar{u}}{E'R} = \dfrac{22\times10^{-3}\times2}{230\times10^9\times25\times10^{-3}} = 7.65\times10^{-12}$

$$\begin{aligned} h_0 &= 1.95R(GU)^{0.73}W^{-0.09} \\ &= 1.95\times25\times10^{-3}\times(4600\times7.65\times10^{-12})^{0.73}\times(1.04\times10^{-4})^{-0.09} \\ &= 0.403\ [\mu\mathrm{m}] \end{aligned}$$

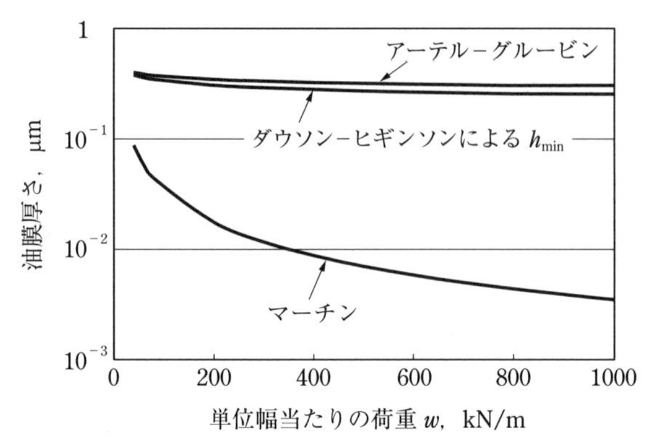

図 14.5　EHL 計算膜厚の比較（G＝5000，U＝5×10^{-12}）

式(14.3)より得られる値は，マーチン式による油膜厚さの約 45 倍である．図 14.5 に，G＝5000，U＝5×10^{-12} としたときの，荷重変化に対する計算油膜厚さの比較例を示す．マーチン式とアーテル－グルービン式の指数項を比較してもわかるように，荷重の増大に伴い両者の開きは大きくなる．

14.3.2　ダウソン－ヒギンソンの精密解

アーテル－グルービンが入口条件のみによって解析を進めたのに対して，ダウソン（Dowson）とヒギンソン（Higginson）は荷重，速度，材料をパラメータとして接触域の数値解析を行い，その結果を簡単な計算式の形で提示した[3,4]．レイノルズ方程式と粘度の圧力による変化式(14.2)に加えて，高圧下での潤滑油の圧縮性を考慮するために，実験によって求められた密度－圧力関係式[4]を用いる．

$$\frac{\rho}{\rho_0}=\frac{0.59\times10^9+1.34p}{0.59\times10^9+p} \tag{14.4}$$

式中，p は圧力〔pa〕，ρ_0 は常圧密度，ρ は高圧密度である．さらに，アーテル－グルービンの仮定した油膜形状の代わりに，両面の弾性変形量を考慮した式と，荷重と油膜圧力の積分値との釣り合い式を連立させることによって，最小油膜厚さ h_{min} に対する式が得られる[3]．

$$H_{\min}=2.65G^{0.54}U^{0.7}W^{-0.13} \tag{14.5}$$

$$h_{\min}=2.65R(\alpha E')^{0.54}\left(\frac{\eta_0\bar{u}}{E'R}\right)^{0.7}\left(\frac{w}{E'R}\right)^{-0.13} \tag{14.6}$$

上式がダウソン－ヒギンソンの式である．また，中央部の油膜厚さ h_c は，圧縮率を考慮した次式により求められる[5)]．

$$h_c=1.33(\rho_0/\rho)h_{\min} \tag{14.7}$$

式中，ρ は最大ヘルツ圧下の密度である．

図 14.6 に，線接触 EHL の解析に基づく圧力分布と油膜形状を示す[4)]．圧力分布は入口域と出口域を除いてヘルツ接触の圧力分布に類似しており，中央部で一定膜厚の部分が見られる．また，出口域においてくびれを生じ，それに対応して圧力スパイクが見られる．このほか，EHL の特徴として，式(14.6)の指数項からわかるように，速度と粘度の影響が大きく，荷重と弾性係数の影響は小さいことが挙げられる．

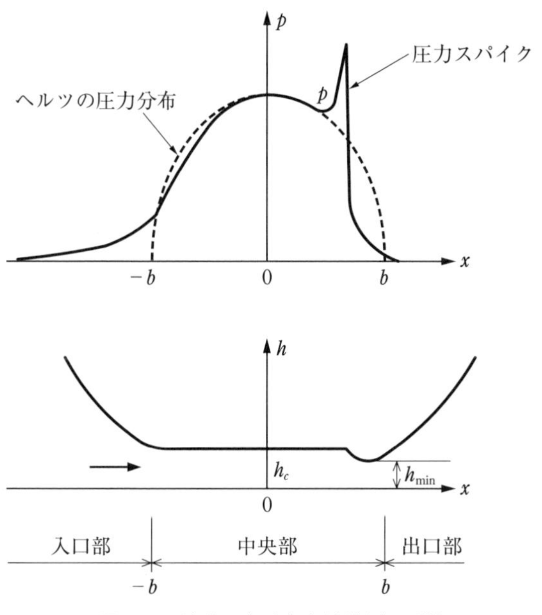

図 14.6　油膜圧力分布と油膜厚さ形状

[問題 14.3]　問題 14.2 に示した諸元に基づき，ダウソンーヒギンソン式より最小油膜厚さ $h_{\rm min}$ と中央部油膜厚さ $h_{\rm c}$ を求めよ．

[解答]　式(14.5)より

$$
\begin{aligned}
h_{\rm min} &= 2.65RG^{0.54}U^{0.7}W^{-0.13} \\
&= 2.65\times 25\times 10^{-3}\times 4600^{0.54}\times(7.65\times 10^{-12})^{0.7}\times(1.04\times 10^{-4})^{-0.13} \\
&= 0.34\ [\mu\mathrm{m}]
\end{aligned}
$$

最大ヘルツ圧 =0.93〔GPa〕なので，式(14.4)と式(14.7)より

$$h_c = 1.1h_{\rm min} = 0.38\ [\mu\mathrm{m}]$$

14.4　流体潤滑モードと膜厚計算式

これまで述べた，固体の弾性変形と潤滑油の高圧粘度を考慮した EHL は，もっぱら鋼などの硬質材料同士を対象とした，圧力が 100 MPa 以上の高圧下で成立するもので，ハード EHL と呼ばれる．このときのモードは弾性体ー高圧粘度 E-V（Elastic-Variable viscosity）である．それに対して，ゴムやプラスチックなどの軟質材料では，固体表面の弾性変形の影響は考慮すべきであるが，圧力が 10 MPa 以下と低いために潤滑油の粘度は等粘度と考えてよく，その場合の EHL をソフト EHL と呼ぶ．このときのモードは弾性体ー等粘度 E-I（Elastic-Isoviscous）である．このほか固体を剛体として取り扱う場合を含めると，剛体ー等粘度 R-I（Rigid-Isoviscous），剛体ー高圧粘度 R-V（Rigid-Variable viscosity）の 4 つの流体潤滑モードが存在する．

線接触の解析にあたって，ダウソンーヒギンソンは W，U，G，H の 4 つの無次元量を用いたが，その後ジョンソン（Johnson）は無次元量を整理し，粘性パラメータと弾性パラメータにより

$$粘性パラメータ\ g_{\rm V} = \left(\frac{\alpha^2 w^3}{\eta_0 \overline{u} R^2}\right)^{1/2} = \left(\frac{GW^{3/2}}{U^{1/2}}\right)$$

$$\text{弾性パラメータ } g_E = \left(\frac{w^2}{\eta_0 \bar{u} E' R}\right)^{1/2} = \left(\frac{W}{U^{1/2}}\right)$$

4 つの流体潤滑モードの最小膜厚 $H_{\min} = hw/(\eta_0 \bar{u} R)$ が表現できることを示した[6]．

$$\text{R-I：} H_{\min} = 4.9 \tag{14.8}$$

$$\text{R-V：} H_{\min} = 1.66 g_V{}^{2/3} \tag{14.9}$$

$$\text{E-I：} H_{\min} = 3.10 g_E{}^{0.8} \tag{14.10}$$

$$\text{E-V：} H_{\min} = 2.65 g_V{}^{0.54} g_E{}^{0.06} \tag{14.11}$$

図 14.7 に流体潤滑モードマップを示す．膜厚計算をする際には，まず諸元から g_V と g_E を求めてデータがプロットされたモードを確認し，そのモードで用いるべき計算式により最小膜厚を求めることになる．

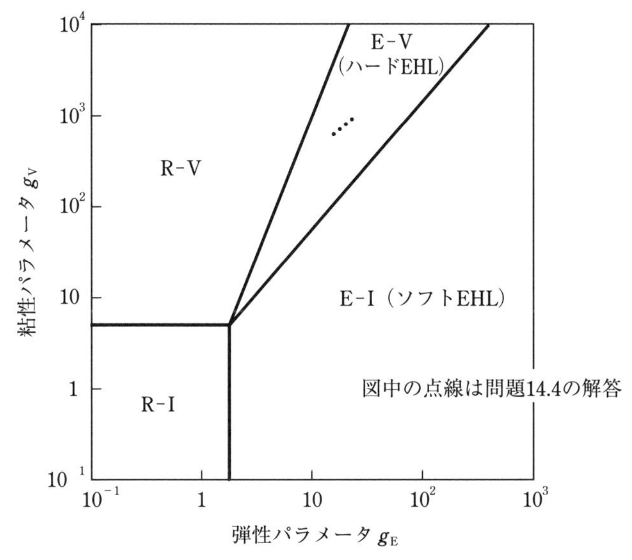

図 14.7　線接触下の流体潤滑モードマップ（Hooke チャート[7]）

[問題 14.4] 小歯車と大歯車のピッチ円直径がそれぞれ $d_1=40$〔cm〕と $d_2=60$〔cm〕，圧力角 $\alpha_p=20$〔°〕の鋼製平歯車減速機が荷重 $w=700$〔kN/m〕を受けて，小歯車回転速度 $N_1=200\sim500$〔rpm〕で運転している．潤滑油の粘度 $\eta_0=68$〔mPa·s〕，$\alpha=20$〔GPa^{-1}〕のときの流体潤滑モードを求めよ．

[解答] 歯面相対曲率半径は，$R_1=d_1\sin\alpha_p/2=0.0684$〔m〕，
$R_2=d_2\sin\alpha_p/2=0.1026$〔m〕なので，$R=R_1R_2/(R_1+R_2)=0.041$〔m〕
ピッチ点における転がり速度 u は，

$$\bar{u}(=u_1)=2\pi R_1N_1/60=3.14\times0.0684\times(200\sim500)/60=1.43\sim3.58\ 〔\mathrm{m/s}〕.$$

速度 1.43 m/s のときの

$$g_E=\left(\frac{w^2}{\eta_0\bar{u}E'R}\right)^{1/2}=\left(\frac{(700\times10^3)^2}{0.068\times1.43\times230\times10^9\times0.041}\right)^{0.5}=23.1$$

$$g_V=\left(\frac{\alpha^2w^3}{\eta_0\bar{u}R^2}\right)^{1/2}=\left(\frac{(20\times10^{-9})^2\times(700\times10^3)^3}{0.068\times1.43\times0.041^2}\right)^{0.5}=916$$

となる．同様に 3.58 m/s のとき $g_E=14.6$ と $g_V=579$ を得る．それらを図 14.7 上に示すと潤滑状態は E-V 領域にある．

14.5 点接触下の EHL 膜厚

点接触下の油膜厚さを与える計算式の発表は，側方もれの影響を考慮するなど計算が難しかったため，線接触の解析に比べて遅れた．図 14.8 に点接触に対する流体潤滑モードマップを示す[8)]．線接触に対するのと同様に，通常の物理量から次の点接触無次元パラメータ U，G，W を計算する．

速度パラメータ　$U=\eta_0\bar{u}/(E'R_x)$　　荷重パラメータ　$W=w/(E'R_x{}^2)$

材料パラメータ　$G=\alpha E'$　　（無次元膜厚 $H=h/R_x$）

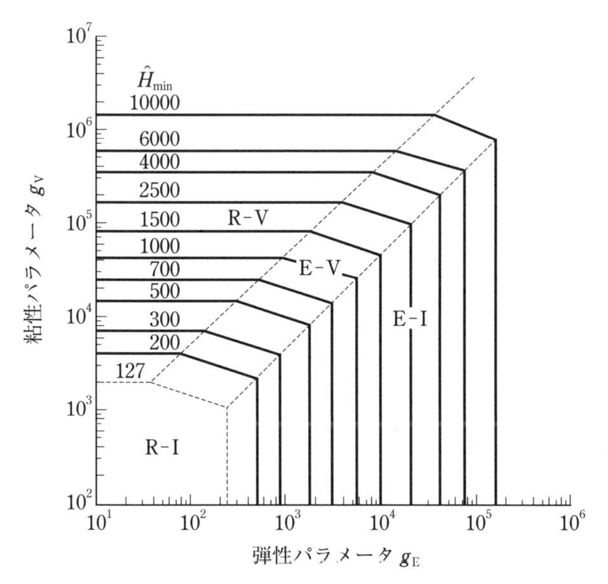

図 14.8　点線接触下の流体潤滑モードマップ（k=1）

式中，R_x は運動(x)方向の等価半径，$k(=a/b\approx 1.0339(R_y/R_x)^{0.636})$ は接触楕円比，b は運動方向，a はそれと直角(y)方向に対応する接触楕円の半径である．

次に，g_E と g_V を計算し，モードを確認して膜厚を計算する．

$$\text{粘性パラメータ } g_V=\left(\frac{GW^3}{U^2}\right), \qquad \text{弾性パラメータ } g_E=\left(\frac{W^{8/3}}{U^2}\right)$$

なお，図中の無次元膜厚 $\widehat{H}_{min}=H_{min}(W/U)^2$ である．

モード毎の最小油膜厚さの計算式を次に示す．

$$\text{R-I}:\widehat{H}_{min}=128\beta\phi^2[0.13\tan^{-1}(\beta/2)+1.68]^2 \tag{14.12}$$

ただし，$\beta=k^{\pi/2}$，$\phi=[1+2/(3\beta)]^{-1}$

$$\text{R-V}:\widehat{H}_{min}=1.66{g_V}^{2/3}[1-\exp(-0.68k)] \tag{14.13}$$

$$\text{E-I}：\widehat{H}_{\min}=8.70g_{\mathrm{E}}{}^{0.67}[1-0.85\exp(-0.31k)] \tag{14.14}$$

$$\text{E-V}：\widehat{H}_{\min}=3.42g_{\mathrm{V}}{}^{0.49}g_{\mathrm{E}}{}^{0.17}[1-\exp(-0.68k)] \tag{14.15}$$

なお，計算に用いられることの多いハムロック－ダウソンによる中央油膜厚さと最小油膜厚さを与える式[9)]を U，G，W，k を用いて下記に示す．

$$H_c=2.69G^{0.53}U^{0.67}W^{-0.067}[1-0.61\exp(-0.73k)] \tag{14.16}$$

$$H_{\min}=3.63G^{0.49}U^{0.68}W^{-0.073}[1-\exp(-0.68k)] \tag{14.17}$$

14.6 EHL 理論の修正

周速が大きくなると，**図 14.9**(1)に示すように入口部での逆流が多くなり，そこでのせん断による発熱が潤滑油の粘度低下をもたらして，結果として等温を仮定して得られる計算値より薄くなる．高速下の油膜厚さを見積もる際には，このような入口部せん断熱の影響を考慮した修正式によって等温下の値を補正する必要がある．図 14.9(2)はウィルソン（Wilson）とシュー（Sheu）によって提案された熱修正係数 ϕ_w[10)]

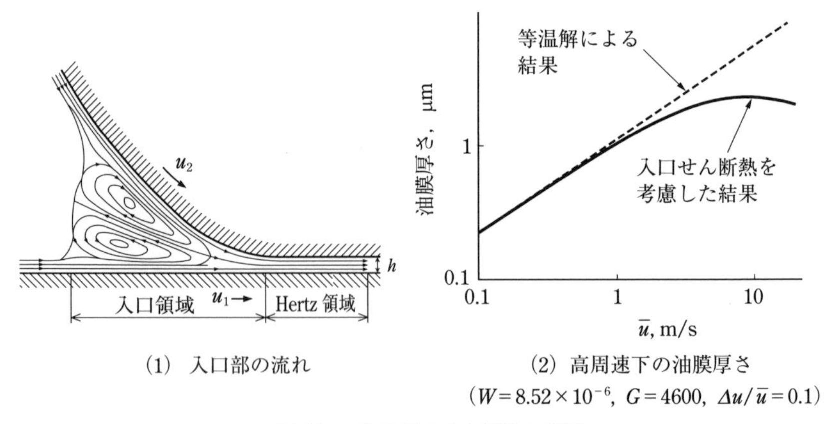

(1) 入口部の流れ

(2) 高周速下の油膜厚さ
($W=8.52\times10^{-6}$, $G=4600$, $\Delta u/\bar{u}=0.1$)

図 14.9 入口部のせん断熱の影響

$$\varphi_w = \frac{1}{1+0.241[(1+14.8(\Delta u/2\bar{u})^{0.83})L^{0.64}]} \tag{14.18}$$

を用いて入口せん断熱を考慮して計算した例である．式中，$L(=\eta_0\beta_0\bar{u}^2/K_{f0})$ はせん断熱の効果を表す熱負荷係数，η_0，β_0，K_{f0} はそれぞれ常圧粘度，粘度－温度係数，熱伝導率である．

[問題 14.5]　等価曲率半径 $R=25$〔mm〕の鋼製 2 ローラが平均周速 $\bar{u}=10$〔m/s〕，単位幅当たりの荷重 $w=600$〔kN/m〕，すべり率 $\Delta u/\bar{u}=10$〔%〕で運転している．潤滑油の物性を $\eta_0=22$〔mPa·s〕，$\alpha=20$〔GPa^{-1}〕，$\beta_0=0.04$〔$℃^{-1}$〕，$K_{f0}=0.13$〔W/(m℃)〕とすると，入口部のせん断熱を考慮した最小油膜厚さを求めよ．

[解答]　式(14.6)より

$$\begin{aligned} h_{\min} &= 2.65RG^{0.54}U^{0.7}W^{-0.13} \\ &= 2.65\times25\times10^{-3}\times4600^{0.54}\times(3.83\times10^{-11})^{0.7}\times(1.04\times10^{-4})^{-0.13} \\ &= 1.06\ 〔\mu\mathrm{m}〕 \end{aligned}$$

熱負荷係数 $L=\eta_0\beta_0\bar{u}^2/K_{f0}=22\times10^{-3}\times0.04\times10^2/0.13=0.677$ である．熱修正係数 $\varphi_w=\dfrac{1}{1+0.241\times[(1+14.8\times0.05^{0.83})\times0.677^{0.64}]}=0.705$ であるので，入口部のせん断熱を考慮した最小油膜厚さは $1.06\times0.705=0.75$〔μm〕

14.7　油膜厚さの測定と理論からのずれ

EHL 下の油膜厚さの測定法としては，第 8 章トライボ試験で述べた光干渉法が代表的である．**図 14.10** に干渉縞の観察例を示す．油膜厚さの形状は，中央部がほぼ膜厚一定であること，出口側方部で薄い油膜厚さが現れる馬蹄形状を呈していることがわかる．

次に，低速下で理論値からのずれが見られる研究例を 2 つ紹介する．**図 14.11** がそのひとつで，粘度を揃えたポリマー添加油の測定油膜厚さの差が低速下で顕

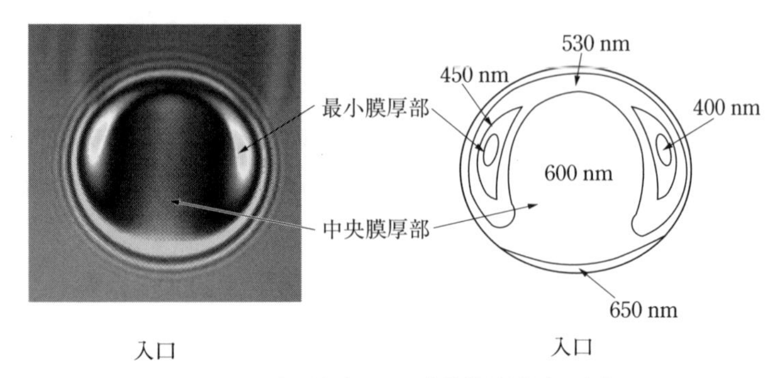

図 14.10　光干渉法による点接触油膜厚さ分布

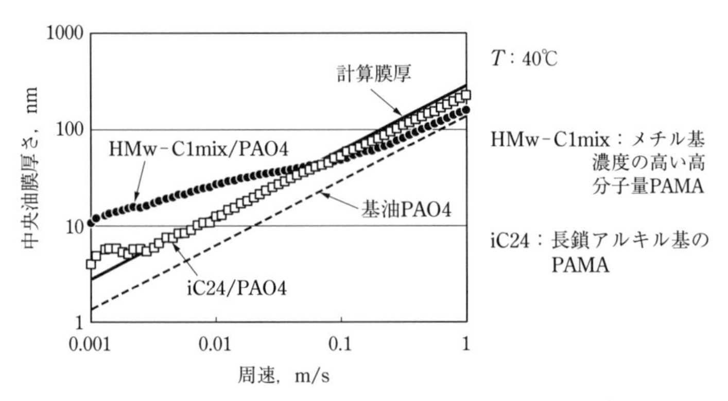

図 14.11　油溶性ポリマー添加油の EHL 油膜厚さ[11)]

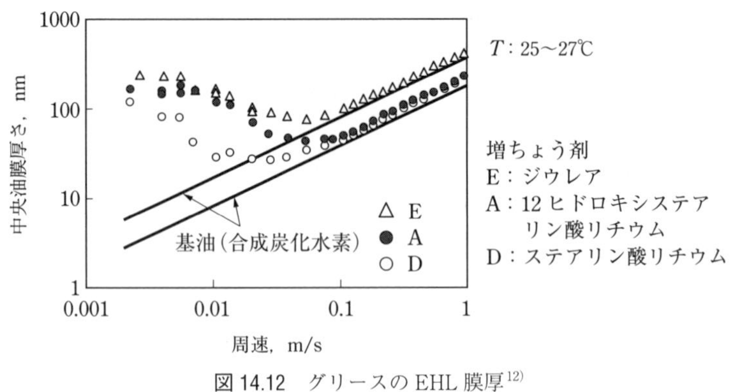

図 14.12　グリースの EHL 膜厚[12)]

著に見られる．HMw-C1mix の膜厚増大の理由は，別の実験により金属表面へのポリマーの吸着によることが確認されている．

もうひとつが，**図 14.12** に示すグリースの測定結果である．ちょう度を揃えて増ちょう剤を変えた3種類のグリースの膜厚は，いずれも速度に対して V 形のカーブを示している．グリースのレオロジー特性を EHL 解析に適用した結果，低速下の膜厚増大は，入口部における増ちょう剤を含めたグリースの等価粘度の増大によると報告されている．

第 15 章

EHL トラクション

転がり接触部にはすべりに伴いトラクションが作用するが，このときのトラクションは機械要素によって功罪が分かれるところである．トラクションドライブでは伝達容量の点から高トラクションが，歯車では機械効率の点から低トラクションが望まれる．

15.1　トラクションと機械要素

転がり接触をしている EHL 状態にある接触部には，すべりに伴い摩擦力（トラクション）が作用するが，このときのトラクションの大きさは機械要素によってメリット・デメリットが分かれるところである（図 15.1）．歯車やカム機構で

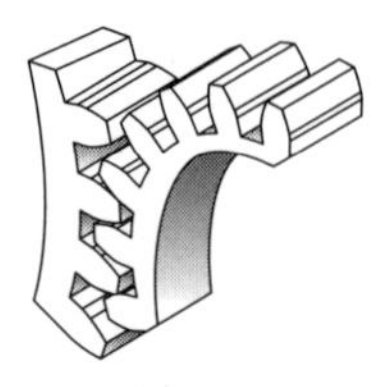

(1) 歯車

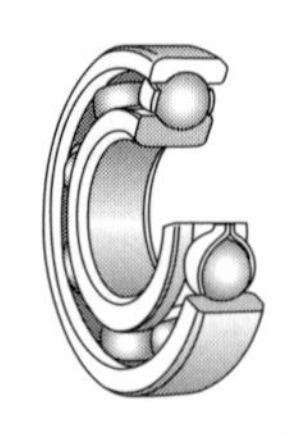

(2) 転がり軸受

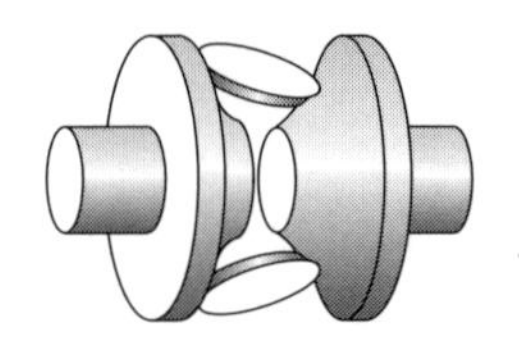

(3) ハーフトロイダル形CVT

図 15.1　集中接触型のトライボ機械要素

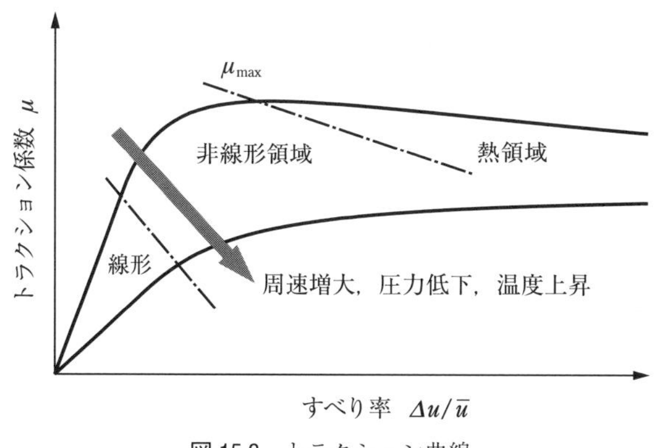

図 15.2　トラクション曲線

は，機械効率の低下を招くためトラクションを下げることが要求される．高速軽荷重下で運転される転がり軸受では，トラクションが不足すると，転動体が自転せずに公転すべりを生じ，それが原因での摩耗が懸念されるため，適度な大きさのトラクションが望まれる．一方，トラクションドライブでは摩擦力を伝達するため，大きなトラクションが望まれる．

トラクション係数と，すべり速度あるいは平均周速 $\bar{u}$ に対するすべり速度 Δu の比で定義されるすべり率の関係は，一般に**図 15.2** に示すトラクション曲線（traction curve）で表される．トラクション係数はすべり率の増大に伴って，始めは直線的に増加し（線形領域），次いで頭打ちとなって（非線形領域），最大値（最大トラクション係数 μ_{max}）を示したのち低下する（熱領域）傾向を示す．

15.2　ニュートン粘性モデルによる解析

高圧下のトラクションは，次節以降で述べる EHL 油膜の非ニュートン性に基づくものであるが，その前に，基本となるニュートン粘性による解析について述べる．**図 15.3** に示す接触幅 $2b$，平行油膜厚さ h の 2 ローラ間の接触を考える．解を簡単にするために，圧力分布を無視して平均ヘルツ圧 P_{mean} で一定と仮定し，接触部では粘度 η が高いので，速度 u はせん断流れのみを考慮すると，ニュートンの粘性法則より，等温と見なせる線形領域のトラクション係数 μ は次

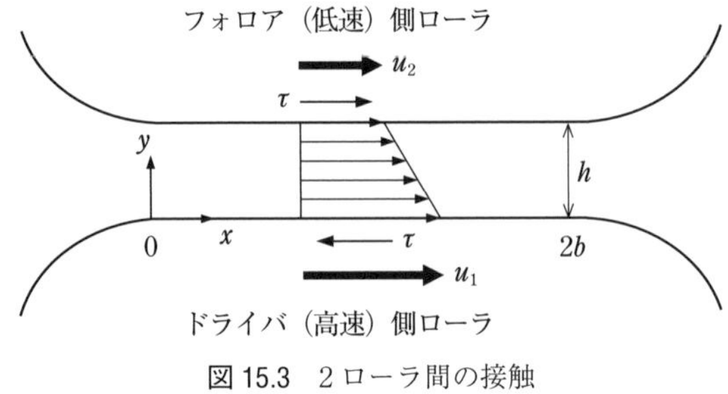

図 15.3　2 ローラ間の接触

式で表される．

$$\mu=\frac{\tau}{P_{\mathrm{mean}}}=\frac{1}{P_{\mathrm{mean}}}\frac{\eta\Delta u}{h} \tag{15.1}$$

式中の η は，平均ヘルツ圧 P_{mean} における粘度である．

さらにすべり率の大きな領域では，油膜のせん断仕事（$=\tau\Delta u$）で生じた熱が固体表面に熱伝導によって放散すると仮定し，せん断仕事に対する入口部からの温度上昇 ΔT の比 ξ と粘度－温度係数を β とした粘度－圧力－温度関係式

$$\Delta T=\zeta\tau\Delta u \tag{15.2}$$

$$\eta=\eta_0\exp(\alpha p-\beta\Delta T) \tag{15.3}$$

を式(15.1)に代入すると，トラクション係数 μ は次式で表される．

$$\mu-\frac{\eta_0\Delta u}{P_{\mathrm{mean}}h}\exp(\alpha P_{\mathrm{mean}}-\beta\zeta\mu P_{\mathrm{mean}}\Delta u)=0 \tag{15.4}$$

上式で μ は陽関数の形で表されていないので，適当な数値計算を使って μ を求めることになる．**図 15.4** は，低圧下の実験結果と比較したものであるが，式(15.4)による計算結果は比較的良好な一致を示している．

このように，ニュートン粘性近似解は，運転条件では低接触圧や高温，潤滑油の種類では粘度－圧力係数の低いパラフィン系油を用いた場合のトラクション係数の見積もりに有効である．

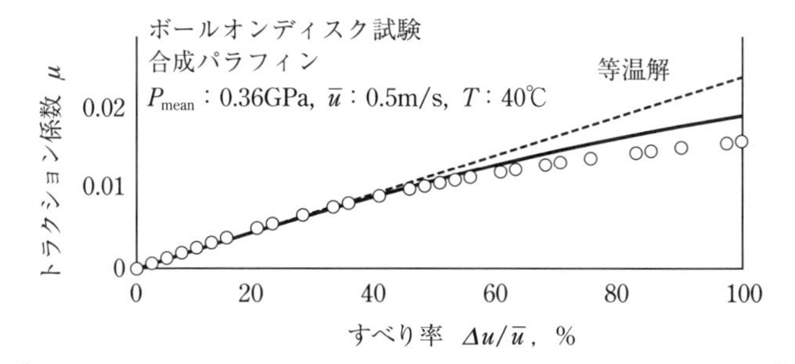

（式(15.4)は一定の接触圧と平行油膜厚さを仮定すると，線接触にも点接触にも用いることができる．○：実験結果，━：計算結果）

図 15.4　ニュートン粘性解による計算結果－低圧下

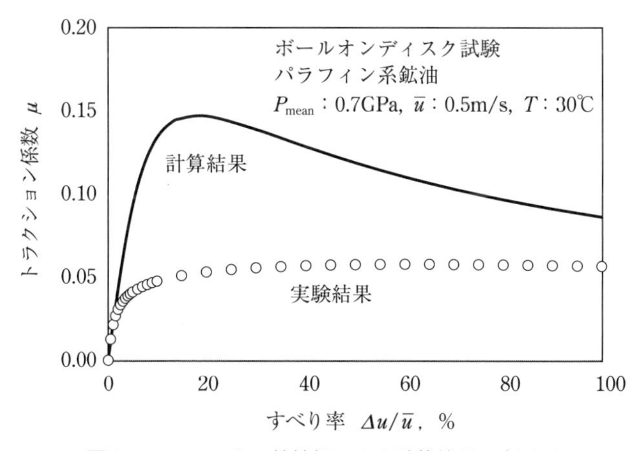

図 15.5　ニュートン粘性解による計算結果－高圧下

ところが接触圧が高くなると，**図 15.5** に示すように，式(15.4)による計算結果は実験結果と比べて桁違いの過大値を与える傾向を示す．油膜厚さが高圧下においてもニュートン粘性を仮定して合理的な結果が得られたのに対して，トラクションの見積もりがうまくいかない理由は，両者が決まる圧力条件と油膜挙動に違いがあるためである．すなわち，油膜厚さは圧力が低い入口条件でニュートン流体を基に求められるのに対して，トラクションの方はヘルツ接触部の高圧条件と非ニュートン効果が支配的になる．

15.3 粘弾性モデルによる解析

ヘルツ接触部では，高圧粘度の見積もりが重要になる．第9章で述べたように，低圧下の α を基にバラス式で推算した高圧粘度は，実際の値に比べてずれる可能性がある．トラクションを正確に求めるには，実測粘度を基に，例えばローランズ式(9.9)を使うのが望ましい．図15.4と図15.5の計算結果はそのようにして求めた高圧粘度を用いているが，図15.5の方が過大値を示すのは高圧下で現れる非ニュートン性のためである．

油膜の非ニュートン的挙動には次の2つの性質がある．ひとつ目はすべり率の小さな線形領域で現れる粘弾性的性質である．線形領域は，油膜がニュートン粘性流体であっても，弾性固体であっても成り立つ領域である．そのような場合，レオロジー的立場からは粘弾性的取り扱いが必要であり，せん断速度 $\dot{\gamma}$ とせん断応力 τ の関係は，粘度を η，せん断弾性係数を G とすると，次式で表される．

$$\dot{\gamma}=\frac{1}{G}\frac{d\tau}{dt}+\frac{\tau}{\eta} \tag{15.5}$$

油膜の挙動が粘性的か弾性的かは，**図15.6** に示す弾性スプリングと粘性ダッシュポットからなる力学モデルによって説明される[1)]．粘度 η は圧力に対して指数関数的に増加し，せん断弾性係数 G は圧力に対して比例するので，圧力が高くなるほど相対的に粘度の方が大きくなって（ダッシュポットが硬くなる）弾性的挙動が支配的になる．特にこの傾向は，粘度－圧力係数の大きいナフテン系油において顕著に現れる．図中の実線は，ダッシュポットが作用する前にスプリングのみが作用することを表している．摩擦力を伝達するトラクションドライブは，トラクション曲線の線形領域で運転されるので線形粘弾性が特に重要になる．

もうひとつの非ニュートン的性質は，線形領域を超えるところから現れる非線形粘性である（図15.6）．トラクション曲線は，式(15.5)の右辺第2項を非線形関数 $F(\tau)$ に置き換えた次式によって記述される[2)]．

$$\dot{\gamma}=\frac{1}{G}\frac{d\tau}{dt}+F(\tau) \tag{15.6}$$

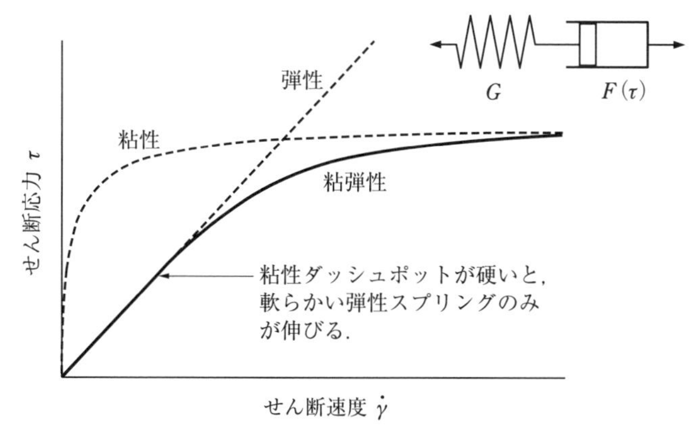

図 15.6　非線形粘弾性モデルによるトラクション曲線

次に，$F(\tau)$にアイリング粘性を適用した，次式で表す粘弾性モデル[3,4]を紹介する．

$$\dot{\gamma}=\frac{1}{G}\frac{d\tau}{dt}+\frac{\tau_0}{\eta}\sinh\frac{\tau}{\tau_0} \tag{15.7}$$

接触部に式(15.7)を適用し，ニュートン粘性モデルに対するのと同様の熱の取り扱いをすると，すべり率の小さな領域での等温粘弾性解（式略）と，次に示す比較的すべり率の大きな領域での非等温非ニュートン粘性解が得られる．

$$\mu=\frac{1}{1+\beta\varsigma\tau_0\varDelta U}\left[\alpha_e\tau_0-\frac{\tau_0}{P_{\mathrm{mean}}}\ln\left(\frac{\tau_0 h}{2\eta_0\varDelta U}\right)\right] \tag{15.8}$$

式中，α_{e}は平均ヘルツ圧に対応する粘度－圧力係数である．また，式(15.8)において，大括弧の中は等温解を表し，大括弧の前の項はせん断熱による修正係数である．

図 15.7 に実験結果と計算結果を示す．計算結果は，非ニュートン粘性のために，図 15.5 で見たような急激な変化は見られない．また，試料油がパラフィン系油のために，低圧下のαを基に計算した場合，実際より高めの粘度を見積もり，その影響を受けてトラクションの計算結果は，実験結果に比べて過大値を示す．

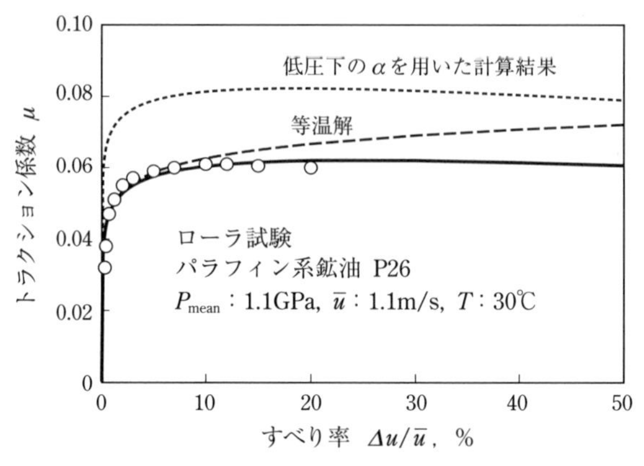

図 15.7　非ニュートン粘性近似解による計算結果と実験結果

15.4　弾塑性モデルによる解析

粘度－圧力係数の大きなナフテン系潤滑油は，ヘルツ接触圧下では粘度が極めて高く，ガラス状態になるといわれており，固化油の粘度は 10^6～10^8 Pa·s の範囲にあるとの報告がある[5)]．このような場合，油膜は塑性固体のような，せん断速度に依存しない一定のせん断強度（限界せん断応力）を持つ（図 15.8(1)）．

トラクションドライブのような高圧下の油膜のせん断挙動を表すのに，式(15.9)の $F(\tau)$ に限界せん断応力 τ_L を用いた弾塑性モデル（elastic plastic model）が用いられる[6)]．

$$\dot{\gamma}=\frac{1}{G}\frac{d\tau}{dt}+\frac{\tau_L}{\eta}\ln\frac{1}{1-\tau/\tau_L} \tag{15.9}$$

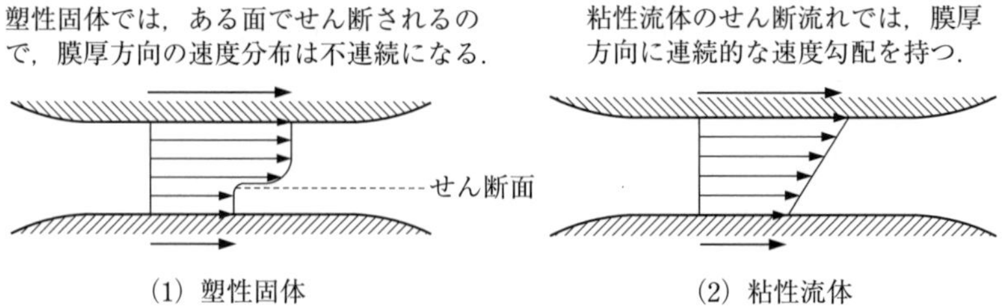

塑性固体では，ある面でせん断されるので，膜厚方向の速度分布は不連続になる．

せん断面

(1)　塑性固体

粘性流体のせん断流れでは，膜厚方向に連続的な速度勾配を持つ．

(2)　粘性流体

図 15.8　塑性固体と粘性流体のせん断様式

15.5　レオロジーモデルのまとめ

図 15.9 は，潤滑油の種類や運転条件に伴うトラクション曲線の変化をレオロジーモデルによって説明したものである．接触圧をパラメータにとると，圧力増大に伴いニュートン粘性体から，アイリング粘性体，粘弾性体を経て弾塑性体へと変化していく様子を示している[7]．

このような油膜のせん断挙動を記述するために，条件に応じて複数のモデルを用意しておく方法もあるが，トライボ設計のツールとしては，広範囲の条件に対応できるひとつのモデルを使う方が効率的である．そのような観点から，アイリング粘性を使った粘弾性モデルが適当と考えられる．次がその理由である．

A：$\tau < \tau_0$ であることから，アイリング粘性はニュートン粘性を示す．

B：圧力増大に伴い，$\tau > \tau_0$ の範囲で非線形粘性を示す．

C：低すべり率では弾性，高すべり率ではアイリング粘性に移行する．

D：さらなる高圧では，トラクション係数は，式(15.8)の等温解において $P_{\mathrm{mean}}=\infty$ とおいて得られる限界値（$=\alpha_e\tau_0$：潤滑油に固有の値でパラフィン系油 0.09[8]～合成ナフテン 0.13[9]）に漸近するので，限界せん断応力モデルと同様の挙動を示す．図 15.10 中の合成ナフテン SN46 の μ_{max} は，$P_{\mathrm{mean}}=1$〔GPa〕当たりで一定値に達している．

なお，$\tau_L=\alpha_e\tau_0P_{\mathrm{mean}}$ とおくと，粘弾性解は弾塑性解と連続性を持つ．

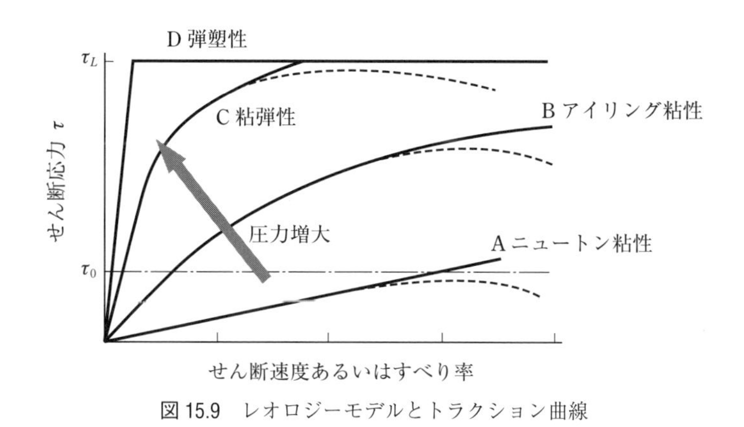

図 15.9　レオロジーモデルとトラクション曲線

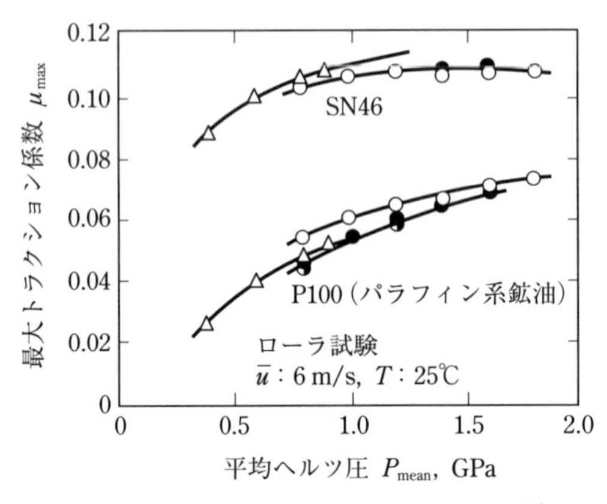

図 15.10　最大トラクション係数－接触圧[10)]

一方，固液相転移の状態図を基に，$\alpha P_{mean} < 13$：粘性流体，$13 < \alpha P_{mean} < 25$：粘弾性体，$\alpha P_{mean} > 25$：弾塑性体として区分されることが報告されている[11)]．

15.6　潤滑油の種類とトラクション

トラクションは，同一の運転条件であっても用いる潤滑油の分子構造や組成によって大きく異なる．図 15.11 はその一例で，この条件では潤滑油によって 3 倍近い開きがあることがわかる．またここには示していないが，類似の組成あるいは構造を持つ同一系列での常圧粘度による影響は小さい．

化学構造が明らかな合成油では，トラクションは分子のかさばり具合や立体障害を表すパラメータと関連づけられる．例えば，合成パラフィンの場合，図 15.12 に示すように，立体障害の程度を表す分岐度 DB（＝ 側鎖の数/分子の全炭素数，Degree of Branching）と関連づけられ，パラフィン鎖の枝分かれに伴うトラクションの増大傾向が見られる．

また，環構造を持つ化合物では，図 15.13 に示すように，平面構造である芳香族化合物に比べて水素化により立体構造になるナフテン的の方が分子のかさばりが大きくなることで，トラクション係数は高くなる．

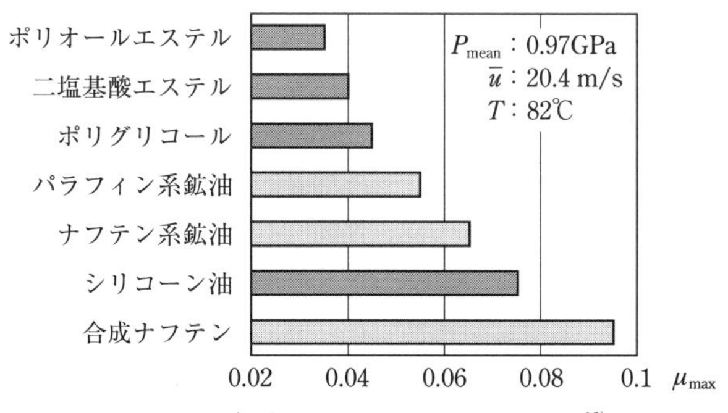

図 15.11　各種潤滑油のトラクション係数[12)]

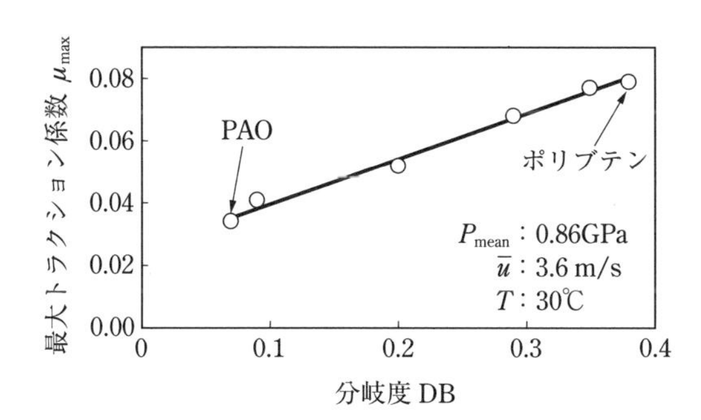

図 15.12　合成パラフィンのトラクション係数[13)]

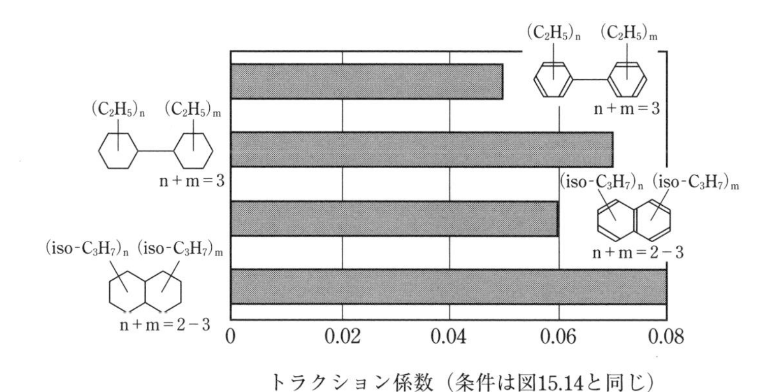

図 15.13　環構造を持つ合成油のトラクション係数[13)]

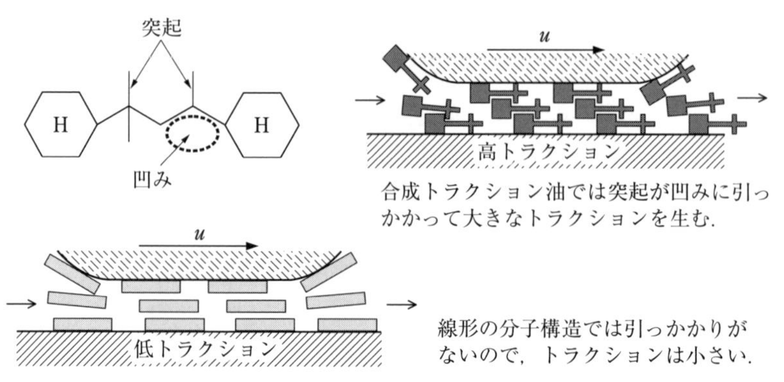

図 15.14　合成トラクション油によるトラクション

上述したパラフィン鎖の DB の増加や環構造の水素化は，物性面ではいずれも粘度−圧力係数 α を大きくする効果を持つ．トラクションドライブ専用の合成油には，図 15.14 に示すような，剛直構造のナフテン環と，分子同士が引っかかりあうための凹みと，メチル基などの突起を併せ持った分子構造の合成ナフテンが用いられている．

15.7　パラフィン系鉱油のトラクション

15.7.1　粘度指数とトラクション

自動車の省燃費化や機器の省エネルギー化を推進するための潤滑油の側からの方策として，低粘度化や摩擦調整剤の添加のほかに，EHL トラクションの低減が効果的な可能性がある．図 15.15 は，精製度の異なるパラフィン系鉱油のトラクション係数を粘度指数 VI に対してプロットしたものであるが，温度毎に右下がりの線上に並んでいる．基油組成によって決まる VI が高圧粘度を介してトラクションに反映するためである．

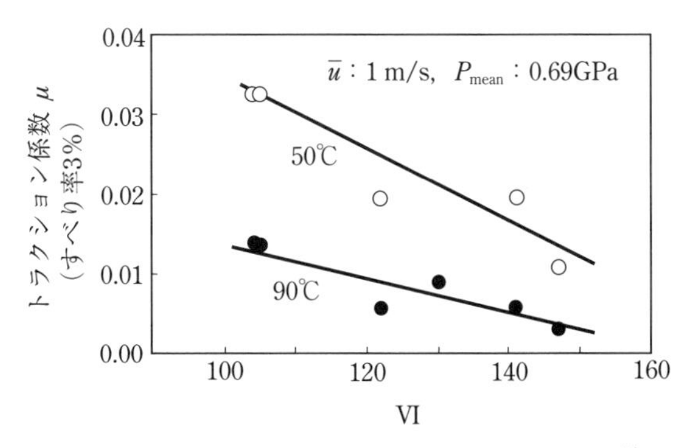

図 15.15　パラフィン系鉱油の VI とトラクション[14)]

15.7.2　トラクション係数の推算

データとして入手しやすい常圧粘度を基に，任意の条件におけるトラクション係数をおおざっぱにでも見積もることができれば，トライボ設計の立場からも有用と考えられる．ここでは，その試みを紹介する．比較的すべり率の小さな範囲の等温下のトラクション係数を対象にして，推算式にはアイリング粘性による近似解を取り上げる．

$$\mu = \frac{\tau_0}{P_{\mathrm{mean}}} \sinh^{-1} \frac{\eta_0 \exp(\alpha_e P_{\mathrm{mean}}) \Delta u}{\tau_0 h} \tag{15.10}$$

ただし，ここでの問題は粘度－圧力係数 α_e とアイリング応力 τ_0 の見積もりである．前者については，前述したように低圧下からの外挿は難しく，後者については，現在のところ常圧物性との一般的な関係は見当たらない．

そこで，著者の経験に基づいて以下の仮定を置いた．まず低圧下の α をウーらの式(9.10)により算出し，パラフィン系鉱油の α_e が低圧下の α の 0.7～0.9 にあって[15)]，VI が高くなるほど α_e/α は小さくなる傾向にあるため，基油の品質分類によって α_e/α を変えることとした（Gr Ⅰ と Gr Ⅱ：0.9，Gr Ⅲ：0.8，GTL 基油と PAO：0.7）．また，τ_0 はパラフィン系油に対する $\alpha_e\tau_0=0.09$ を仮定して求めた．

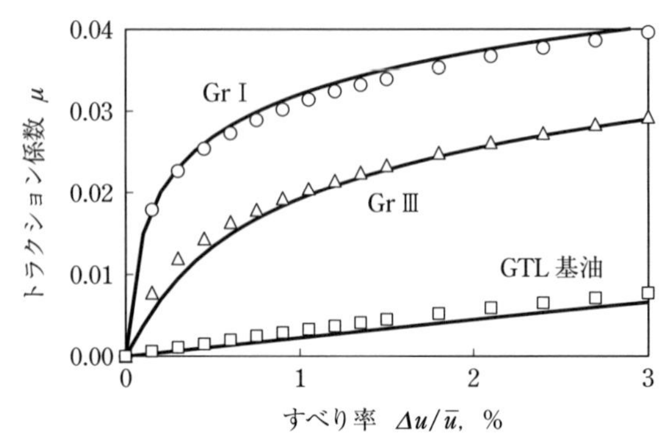

図 15.16　パラフィン系鉱油のトラクション係数の見積もり[16)]

図 15.16 は，上述した方法による計算結果（実線）をボールオンディスクの試験結果（記号）と比較したものである．試料油は 100 ℃ における動粘度が 4〜5 $\mathrm{mm^2/s}$ の基油で，試験条件は Gr ⅠではｐP_{mean}：0.7 GPa，$\bar{u}$：1 m/s，T：30 ℃，Gr Ⅲでは P_{mean}：0.6 GPa，$\bar{u}$：1 m/s，T：30 ℃，GTL 基油では P_{mean}：0.7 GPa，$\bar{u}$：4 m/s，T：60 ℃ である．図の条件下では，計算結果は実験結果と比較的良好な一致を示しているが，より広い範囲に渡って精度を確認する必要がある．

15.8　部分 EHL 下の潤滑解析

ここでは，転がり接触を対象にした混合潤滑（部分 EHL）解析手法[17)]について紹介する．**図 15.17** に示す部分 EHL 状態にある接触部において，局所的に統計平均化された固体部（境界潤滑部）接触圧力 p_c と油膜圧力 p_f による弾性変形によってすきま（油膜厚さ）が変化すると考える．トラクション係数は，(1) 油膜厚さと固体部接触圧力の関係を表す接触理論式と，(2) 油膜厚さを求める EHL 式と，(3) 荷重の釣り合い式を連立させて求められる．以下に具体的な計算手順を示す．

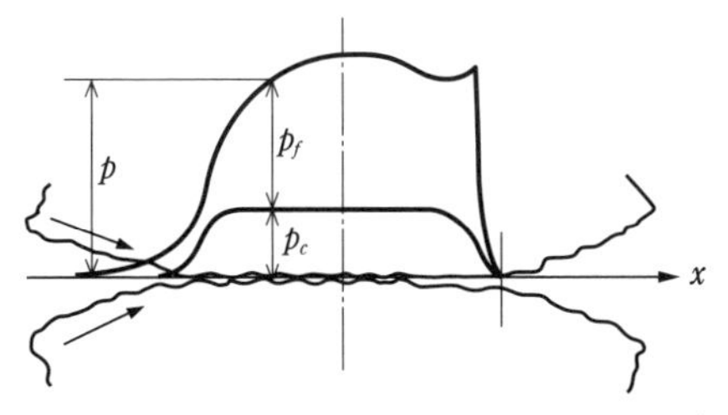

図 15.17　ジョンソンらの部分 EHL モデル[18]

①まず全荷重 W が油膜で支持されると仮定して，第 14 章で示した適当な EHL 式から油膜厚さ h を求める．

$$h = f(W, \cdots)$$

②グリーンウッドートリップ（Greenwood-Tripp）の式[19]より p_c を計算して固体部分担荷重を求める．

$$p_c = \begin{cases} 4.4 \times 10^{-5} k_c E (4 - h/\sigma)^{6.8} & (h < 4\sigma) \\ 0 & (h \geq 4\sigma) \end{cases} \tag{15.11}$$

式中，E は等価ヤング率，k_c は粗さと曲率半径に関する定数，σ は合成表面粗さである．

③荷重の釣り合い式から油膜部圧力 p_f を求める．

④油膜部圧力 p_f からの油膜部分担荷重 W_f を用いて再び油膜厚さ h を求める．

$$h = f(W_f, \cdots)$$

⑤W_f の値が収束するまで②～④を繰り返し，固体部と油膜部の荷重分担割合を決める．

⑥固体部には境界摩擦係数 μ_b を，油膜部には EHL トラクション係数 μ_{EHL} を適用することで，接触部のトラクション係数 μ を求める．

図 15.18 に，一定すべり率（5％）の下で平均周速 $\bar{u}$ を変化させる運転モードによる μ-Λ 曲線の計算結果を示す．試料油は Gr Ⅰ，Gr Ⅲ，FM 添加油（Gr Ⅲ＋FM）である．トラクション係数 μ の計算にあたって，μ_b は，摩擦試験で得た

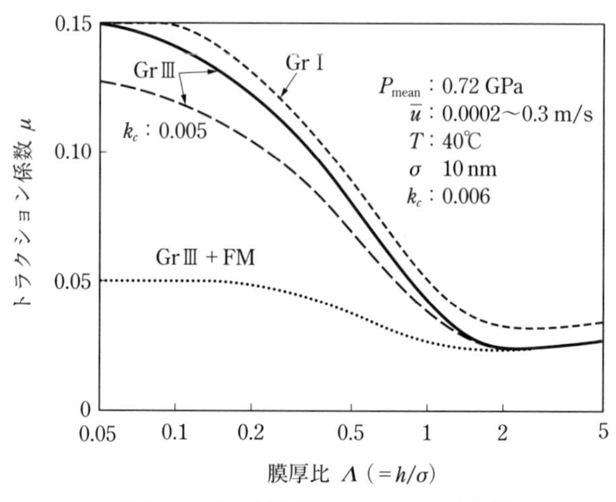

図 15.18　混合潤滑解析による μ-Λ 曲線[20)]

測定値を基に基油には 0.15 を FM 添加油には 0.05 を仮定し，μ_{EHL} は 15.7.2 項で述べた方法により求めた.

図より，μ-Λ 曲線はストライベック曲線に似た変化を示しており，次のことが読み取れる．すなわち，いずれも膜厚比 $\Lambda=2\sim3$ を境に右側のやや右上がりの EHL 領域と，左上がりの部分 EHL 領域に分かれる．EHL 領域では基油の違いによる影響が現れ，粘度－圧力係数の大きい Gr Ⅰの方が Gr Ⅲより μ は若干高くなる．一方，部分 EHL 領域における μ は，Λ の減少に伴い増大しながら変化は緩やかになって μ_b に漸近するが，FM 添加油の変化は基油に比べてずっと緩やかであり，基油に比べて Λ の大きいところで境界潤滑領域へ遷移する．また，Gr Ⅲの 2 本の曲線を比較すると，粗さに関わるパラメータ k_c によって部分 EHL 領域における μ の変化割合は異なることがわかる.

このように，簡易的な混合潤滑（部分 EHL）解析による μ-Λ 曲線は摩擦挙動を理解するうえで役に立つが，計算に用いた仮定の値次第で μ-Λ 曲線は変化することになる．解析手法をトライボ設計のツールとして利用するためには，実験結果と比較しながら μ_b と k_c の妥当性について検討することが必要になると考えられる.

参考文献

第1章

1. D・ダウソン著,「トライボロジーの歴史」編集委員会訳：トライボロジーの歴史, 工業調査会（1997）p. 24.
2. 木村好次：トライボロジー再論, 養賢堂（2013）p. 6.
3. 村木正芳：月刊トライボロジー, No. 181（2002）p. 51.
4. 日本自動車工業会資料, https://www.jama.or.jp/world/world/world_2t1.html
5. 文献1の p. 28.
6. IEA : EPT（Energy Technical Perspectives）2017.
7. 岡崎祐一・北原時雄：精密工学会誌, 67, 11（2001）p. 1878.
8. イラスト制作スタートライン, https://dot.asahi.com/dot/2020030700009.html

第2章

1. JIS B 0601 : 2001 製品の幾何特性仕様（GPS）－表面性状：輪郭曲線方式－用語, 定義および表面性状パラメータ.
2. 遠藤吉郎：表面工学, 養賢堂（1976）p. 3.
3. 村木正芳・井出英夫・田川一生・中村保：トライボロジスト, 38, 4（1993）p. 367.
4. 渡辺信淳・渡辺昌・玉井康勝：表面および界面, 共立出版（1973）p. 104.
5. 田中久一郎：摩擦のおはなし, 日本規格協会（1985）p. 97.
6. G.W. Stachowiak and A.W. Batchelor: Engineering Tribology, Tribology Series, 24, Elsevier（1993）p. 49.
7. 日本化学会編：化学便覧 基礎編 改訂2版, 丸善（1975）p. 610.
8. 角谷賢二ほか：日本接着協会誌, 18, 8（1982）p. 345.

第3章

1. 日本機械学会編：機械工学便覧 デザイン編 β4 機械要素・トライボロジー, 丸善（2005）p. 145.
2. D.E. Brew and B.J. Hamrock: Trans. ASME., 99（1977）p. 485.
3. B.J. Hamrock and D. Dowson: Ball Bearing Lubrication, John Wiley and Sons, Inc.（1981）p. 75.

4. 遠藤吉郎：表面工学，養賢堂（1976）p. 31.
5. バウデン，テーバー著，曽田範宗訳：固体の摩擦と潤滑，丸善（1961）p. 27.
6. J.A. Greenwood and J.B.P. Williamson: Proc. Roy. Soc. Lond., A295（1966）p. 300.

第4章

1. D・ダウソン著，「トライボロジーの歴史」編集委員会訳：トライボロジーの歴史，工業調査会（1997）p. 65.
2. 日本機械学会編：機械工学便覧 改訂第6版（1968）p. 99.
3. E. Rabinowics: ASLE Trans., 14（1971）p. 198.
4. バウデン，テーバー著，曽田範宗訳：固体の摩擦と潤滑，丸善（1961）p. 100.
5. 片岡征二氏のご好意による.
6. 片岡征二ほか：塑性と加工，46，532（2005）p. 412.
7. 尾崎紀男：自動車工学，森北出版（1978）p. 184.
8. 大野薫：トライボロジスト，44，7（1999）p. 506.

第5章

1. M. Muraki, E. Kinbara and T. Konishi: Tribology Int., 36, 10（2003）p. 739.
2. 山本雄二：潤滑，27，11（1982）p. 789.
3. H. Blok: Wear, 6, 6（1963）p. 483.
4. J.C. Jaeger: Proc. Roy. Soc. N.S.W., 76（1942）p. 203
5. J.F. Archard: Wear, 2, 6（1958/59）p. 438.
6. 機械システム設計便覧委員会編：JIS に基づく機械システム設計便覧，日本規格協会（1986）p. 1032.

第6章

1. バウデン，テーバー著，曽田範宗訳：固体の摩擦と潤滑，丸善（1961）p. 192.
2. G.W. Stachowiak and A.W. Batchelor: Engineering Tribology, Tribology Series, 24, Elsevier（1993）p. 437.
3. J. Williams: Engineering Tribology, Cambridge Univ. Press（2005）p. 352.（バウデン，テーバーの研究として紹介）.
4. 山本雄二・兼田楨宏：トライボロジー，理工学社（1998）p. 177.
5. E.S. Forbes, et al.: ASLE Trans., 16（1973）p. 50.
6. 小西誠一・上田亨：潤滑油の基礎と応用，コロナ社（1992）p. 64.
7. Y. Yamamoto and S. Gondo: Tribology Trans., 32, 2（1989）p. 251.
8. C. Grossiord, et al.: Tribology International, 31, 12（1998）p. 737.
9. 村木正芳・和田寿之：トライボロジスト，38，10（1993）p. 919.

10. 村木正芳・柳義宏・坂口一彦：トライボロジスト，40，2（1995）p. 138.
11. 村木正芳・三宅和夫・坂口一彦：トライボロジスト，41，10（1996）p. 860.
12. M. Muraki, Y. Yanagi and K. Sakaguchi: Tribology International, 30, 1（1997）p. 69.
13. 文献 1 の p. 227.
14. 文献 1 の p. 209.
15. 木村好次：トライボロジー再論，養賢堂（2013）p. 66.
16. B.J. Hamrock, S.R. Schmid and Bo O. Jacobson: Fundamentals of Fluid Film Lubrication 2nd Edition, Marcel Dekker, Inc.（2004）p. 17.

第 7 章

1. 日本トライボロジー学会編：トライボロジーハンドブック，養賢堂（2001）p. 20.
2. J.T. Burwell: Wear, 1, 2（1957/58）p. 119.
3. 日本機械学会編：機械工学便覧 B1，丸善（1985）p. 61.
4. R. Holm: Electric Contacts, Hugo Gebers Förlag（1946）p. 214.
5. J.F. Archard: J. Appl, Phys., 24（1953）p. 981.
6. E. Rabinowicz: Friction and Wear Materials, John Wiley and Sons（1965）p. 125.
7. N.P. Suh, et al.: Wear, 44, 1（1977）.
8. 木村好次：トライボロジー再論，養賢堂（2013）p. 159.
9. 竹内榮一：材料技術者のためのトライボロジー，槇書店（2002）p. 10.
10. G.W. Stachowiak and A.W. Batchelor: Engineering Tribology, 4th Edition, Elsevier（2013）p. 603.
11. E. Rabinowics and A. Mutis: Wear, 8, 15（1965）p. 381.
12. S. Way: J. Appl, Mech., 2, 2（1935）A49.
13. R.W. Bruce: CRC Handbook of Lubrication and Tribology, Vol. 2, CRC Press（2012）p. 6.
14. 平野冨士夫・上野拓：日本機械学会誌，79, 696（1976）p. 1073.
15. S.C. Lim and M.F. Ashby: Acta Metall., 35, 1（1987）p. 1.

第 8 章

1. 日本機械学会基準－摩耗の標準試験方法 JSME S013，日本機械学会（1999）.
2. 田川一生・村木正芳：トライボロジスト，60，11（2015）p. 752.
3. 村木正芳・大島章義：トライボロジスト，56，8（2011）p. 523.
4. 呉服栄太・村木正芳：トライボロジスト，64，12（2019）p. 747.
5. 村木正芳・大島章義：トライボロジスト，57，6（2012）p. 417.
6. 中村健太・村木正芳・中津賢治：トライボロジスト，66，3（2021）p. 220.

第9章

1. 村木正芳：潤滑，32，12（1987）p. 873.
2. 村木正芳：潤滑，33，1（1988）p. 36.
3. R. Gohar: Elastohydrodynamics, Ellis Horwood Ltd.（1988）p. 20.
4. C.S. Wu, E.E. Klaus and J.L. Duda: Trans. ASME, J. Trib., 111, 11（1989）p. 121.
5. アイリング著，長谷川繁夫・平井西夫・後藤春雄共訳：絶対反応速度論（下），吉岡書店（1971）p. 500.
6. 後藤廉平・平井西夫・花井哲也：レオロジーとその応用，共立出版（1962）p. 52.
7. A. Bondi: Physical Chemistry of Lubricating Oils, Rheinhold Publishing Co., New York（1951）p. 345.
8. 文献7の p. 44.

第10章

1. Base Oil Interchangeability Guidelines: API Publication 1509, API, 13th Ed., Washington D.C.（1995）.
2. ジュンツウネット21，https://www.juntsu.co.jp/tribology-doc/biodegradablelubricant.php
3. 村木正芳：潤滑経済，No. 534（2010）p. 2.
4. 村木正芳：潤滑，33，1（1988）p. 36.
5. G.W. Stachowiak and A.W. Batchelor: Engineering Tribology 4th edition, Elsevier（2013）p. 36.
6. 星野道男：トライボロジスト，47，1（2002）p. 8.
7. 日本トライボロジー学会編：トライボロジー辞典，養賢堂（1995）p. 252, p. 230.

第11章

1. 曽田範宗：軸受，岩波全書（1964）.
2. 堀幸夫：流体潤滑，養賢堂（2002）.

第12章

1. 綿林英一・田原久祺：ベアリングのおはなし，日本規格協会（1987）.
2. 染谷常雄：滑り軸受，養賢堂（2020）.

第13章

1. 村木正芳：工学のためのVBAプログラミング基礎，東京電機大学出版局（2009）p. 158.
2. 村木正芳：図解トライボロジー，日刊工業新聞社（2007）p. 201.

第14章

1. H.M. Martin: Engineering, 102（1916）p. 119.

2. A.N. Grubin and I.E. Vinogradova: Central Scientific Research Institute for Technology and Mechanical Engineering, Book No. 30, Moscow（1949），（D.S.I.R. Translation No. 337）.
3. D. Dowson: Proc. Inst. Mech. Eng., 182, Pt. 3A（1968）p. 151.
4. D. Dowson and G.R. Higginson: Elasto-hydrodynamic Lubrication（SI Ed.）, Pergamon Press（1977）p. 89.
5. W. Hirst and A.J. Moore: Proc. Roy. Soc. Lond., A360（1978）p. 403.
6. 日本トライボロジー学会集中接触要素 1 の潤滑状態調査研究会編：トライボ機械要素の EHL モード解析，（1998）.
7. C.J. Hook: J. Mech. Eng. Sci., 19, 4（1977）p. 149.
8. B.J. Hamrock and D. Dowson: Ball Bearing Lubrication, John Wily & Sons（1981）p. 305.
9. B.J. Hamrock and D. Dowson: Trans. ASME, J. Lub. Tech., 98, 3（1976）p. 375.
10. W.R.D. Wilson and S. Sheu: Trans. ASME., J. Lub. Tech., 105（1983）p. 187.
11. 中村健太・村木正芳：トライボロジスト，52, 9（2007）p. 687.
12. 董大明・遠藤敏明：トライボロジスト，56, 1（2011）p. 24.

第 15 章

1. 村木正芳：トライボロジスト，36, 5（1991）p. 339.
2. K.L. Johnson and J.L. Tevaarwerk: Proc. Roy. Soc. Lond., A356（1977）p. 215.
3. 村木正芳・木村好次：潤滑，28, 10（1983）p. 753.
4. 村木正芳・木村好次：日本機械学会論文集，55,520, C 編（1989）p. 3048.
5. 中村裕一：トライボロジスト，66, 2（2021）p. 124.
6. S. Bair and W.O. Winer: Trans. ASME, J. Lub. Tech., 101, 3（1979）p. 258.
7. C.R. Evans and K.L. Johnson: Proc. Inst. Mech. Eng., 200（C5），（1986）p. 303
8. 村木正芳・木村好次：日本機械学会論文集，56,528, C 編（1990-8）p. 2226.
9. W. Hirst and A.J. Moore: Proc. Roy. Soc. Lond., A365（1979）p. 537.
10. 村木正芳・浜田英毅・藤田悟朗・坂口一彦：トライボロジスト，37, 10（1992）p. 839.
11. 大野信義：トライボロジスト，49, 4（2004）p. 303.
12. C.E. Kraus: Rolling Traction Analysis and Design, Excelermatic, Inc.（1977）.
13. 村木正芳・木村好次：潤滑，30, 10（1985）p. 767.
14. 村木正芳：潤滑経済，No. 534（2010）p. 2.
15. 村木正芳・木村好次：潤滑，30, 1（1985）p. 45.
16. 村木正芳：未発表.
17. 中原綱光：トライボロジスト，43, 3（1998）p. 204.
18. K.L. Johnson, J.A. Greenwood and S.Y. Poon: Wear, 19, 1（1972）p. 91.
19. J.A. Greenwood and J.H. Tripp: Proc. Inst. Mech. Eng., 185, 48/71（1970-71）p. 625.
20. 村木正芳：未発表.

索　引

英字
ASTM-ワルサーの式　114
AT　6

CVT　6

EHL 理論　184
EP 剤　73

Lu-De-Ma　3

PAO　133
PTFE　23

Wear マップ　96

X 線光電子分光分析法　105

μ-Λ 曲線　84

あ
アーテルーグルービンの式　187
アイリング応力　125
アイリング粘性　203
アイリングの空孔理論　125
圧縮性　149
圧縮性流体　150
圧力スパイク　189
圧力流れ　153
アブレシブ摩耗　91
アボットの負荷曲線　17
アモントンークーロンの摩擦の法則　38
粗さ曲線　15

イオン結合　66
一時的粘度低下　119
移動熱源　60
入口部せん断熱　194

うねり曲線　15

永久的粘度低下　120
エネルギー分散型 X 線分光法　106
エマルション　137

凹凸説　77
応力ーひずみ線図　33
オージェ電子分光法　105

か
会合性液体　22
回転粘度計　121
化学吸着　69
化学結合　65
化学摩耗　90
加工変質層　20
荷重パラメータ　187, 192
荷重分担割合　80
活性化体積　126
乾燥摩擦　9

乾燥摩擦係数　79

基礎的トライボ試験　99
ギュンベルの条件　163
境界潤滑　8
境界潤滑膜　67
境界潤滑モデル　77
境界摩擦係数　9,79
凝集力　22
凝着部　78
凝着部成長理論　43
凝着摩耗　88
共有結合　66
極圧剤　73,145
極性基　67
極性分子　66
金属石けん　70

クエット流れ　153
くさび膜効果　155
グラファイト　144
グリース　140
グリーンウッド-トリップの式　211

限界せん断応力　204
原子間力顕微鏡　107

高エネルギー表面　24
硬質皮膜　47
合成エステル　134
合成トラクション油　208
合成ナフテン　208
合成油　132
鉱油　130
固体潤滑剤　144
転がりすべり　50
転がり抵抗　6
転がり抵抗係数　52
転がり疲労試験　102
転がり摩擦　50
転がり摩擦係数　52
混合潤滑　9,80
混合潤滑解析　210
混合潤滑モデル　80

さ

最小油膜厚さ　188
最大高さ粗さ　16
最大トラクション係数　199
最大ヘルツ圧力　26
材料パラメータ　187,192
さび止め剤　148
酸化防止剤　146
酸化膜　20
三元アブレシブ摩耗　93
三次元レイノルズ方程式　156
算術平均粗さ　16

ジアルキルジチオカルバミン酸モリブデン　75
ジアルキルジチオリン酸亜鉛　75
ジエステル　135
軸受特性数　82
シビア摩耗　89
シミュレーション試験　99
ジャーナル軸受　159
自由転がり　50
潤滑油　129
消泡剤　148
初期摩耗　86
触針式粗さ計　15
真実接触部　35
真実接触面積　35
親水性　23

水素化分解法　131
スカッフィング　94
スクイーズ膜効果　157
スティックスリップ　55
ストライベック曲線　82

ストレッチ効果　157
スペーストライボロジー　12
すべり軸受　159
スポーリング　94
スミアリング　94
スラスト軸受　159

静圧軸受　159
静止熱源　59
清浄分散剤　147
生分解性　136
静摩擦係数　40
静摩擦力　39
石けん系グリース　141
接触角　23
接触電気抵抗法　102
接触半幅　29
接線力係数　44
絶対粘度　112
線形領域　199
閃光温度　58
線接触　29
せん断流れ　153

層状構造化合物　144
増ちょう剤　140
層流　150
速度パラメータ　187,192
疎水性　23
塑性指数　36
塑性接触　37
塑性変形　34
塑性流動圧力　34
ソフトEHL　190
ゾンマーフェルト数　167
ゾンマーフェルトの条件　163

た

耐荷重添加剤　74
耐荷重能　74,101
台上試験　99
体積力　151
ダイヤモンドライクカーボン　47
ダウソン－ヒギンソンの式　189
多分子膜　69
炭化水素基　67
弾性接触　36
弾性パラメータ　190,193
弾性変形　34
弾性流体潤滑　184
弾塑性モデル　204
単分子膜　69
断面曲線　15

逐次近似法　175
中央部の油膜厚さ　189
ちょう度　142

低エネルギー表面　24
定常摩耗　86
低表面エネルギー物質　23
滴点　143
デラミネーション理論　90
転移温度　71
点接触　26
点接触下のEHL膜厚　192
電流像　108

動圧軸受　159
等価曲率半径　27
等価ヤング率　27
動植物油　136
動粘度　112
動弁系　5
動摩擦係数　40
動摩擦力　39
特性応力　125
ともがね　95
トライボ試験　98
トライボシステム　7

トライボロジー　3
トラクション　53,198
トラクション曲線　199
トラクション係数　53
トラクションドライブ　199

な
内接接触　30
なじみ　86
ナノスクラッチ係数　110
ナノスクラッチ試験　110
ナフテン系鉱油　131
軟質金属　145
軟質被膜　46

二元アブレシブ摩耗　93
二乗平均平方根粗さ　16
ニュートンの粘性法則　111
ニュートン流体　113
二硫化モリブデン　75,144

ぬれ　23

熱修正係数　194
熱伝導率　139
熱分配率　60
熱領域　199
粘性体積　125
粘性パラメータ　190,193
粘弾性的性質　202
粘度－圧力係数　117,139
粘度指数　115,138
粘度指数向上剤　119,146

は
ハードEHL　190
バイオトライボロジー　13
配向力　66
撥水性　23
ハムロック－ダウソン　194
バラス式　117
パラフィン系鉱油　130

非圧縮性流体　150
光干渉法　104
非石けん系グリース　141
非線形粘性　202
非線形領域　199
ピッチング　94
非ニュートン性　199
非ニュートン流体　113
比熱　139
比摩耗量　87
表面形態像　108
表面自由エネルギー　21
表面張力　22
表面分析　105
表面力　151
疲労摩耗　93
ピン＆Ｖブロック試験　99
ピンオンディスク試験　99

ファンデルワールス力　66
腐食摩耗　90
物理吸着　69
部分EHL解析　210
部分EHLモデル　211
フレーキング　94
ブロックオンリング試験　99
分岐度　206
分散力　66
分子間力　65
分子説　77

平均ヘルツ圧力　26
ペクレ数　59
ペトロフの式　123,169
ヘルツの接触半径　26
ベルト伝動　62
偏心角　166

偏心率　163

ポアゼイユ流れ　153
ポリアルキレングリコール　135
ポリオールエステル　135
掘り起こし　49
ポリブテン　134

ま

マーチンの式　185
マイクロマシン　11
マイルド摩耗　89
巻きかけ角　63
摩擦－速度特性　57
摩擦係数　8
摩擦振動　55
摩擦調整剤　146
摩擦の凝着説　41
摩擦の法則　38
摩擦力顕微鏡　110
摩擦力分担割合　80
マッハ数　150
摩耗　85
摩耗係数　89
摩耗防止剤　74

水系潤滑剤　137

無機反応膜　73
無限小幅近似　161,164
無限幅近似　161
無次元膜厚　187,192
無潤滑　9

毛細管粘度計　120

や

焼付き　94
ヤングの式　23

有機高分子化合物　145
誘起力　66
有限幅ジャーナル軸受　172
有効張力　63
油性剤　67,145
油膜反力　166

四球試験　99

ら

落球式粘度計　121
乱流　151

流体潤滑　8
流体潤滑モード　190
流体潤滑モードマップ　191
流体摩擦係数　9
流動点降下剤　148
離油度　143
臨界温度条件　96
臨界膜厚条件　96

レイノルズ数　150
レイノルズの条件　164
レイノルズ方程式　155

ローラ試験　100
ローランズ式　117

【著者紹介】

村木正芳（むらき・まさよし）

湘南工科大学 工学部機械工学科 外部講師
工学博士（東京大学）

1972年 京都大学工学部石油化学科卒，三菱石油(株)入社.
日石三菱(株)（現 ENEOS(株)）潤滑油研究所所長代理，潤滑油部技術担当部長を経て，2001年 湘南工科大学工学部機械工学科教授.
2004年 湘南工科大学大学院工学研究科長.
2016年3月末 湘南工科大学を定年退職. 非常勤講師を経て現在外部講師.

主な著書
『塑性加工技術シリーズ3 プロセストライボロジー』（共著，コロナ社，1993年）
『エンジン』（共著，産業図書，2005年）
『図解トライボロジー』（単著，日刊工業新聞社，2007年）
『摩擦・摩耗試験機とその活用』（共著，養賢堂，2007年）
『工学のためのVBAプログラミング基礎』（単著，東京電機大学出版局，2009年）
『数値解析と表面分析によるトライボロジーの解明と制御』（共著，テクノシステム，2018年）
『Inventorによる3DCAD入門 第2版』（共著，東京電機大学出版局，2023年）

受賞
日本潤滑学会（現 日本トライボロジー学会）論文賞（1985年）
日本機械学会 論文賞（1992年）
日本トライボロジー学会 技術賞（2010年）
日本トライボロジー学会 論文賞（2014年）
日本設計工学会 武藤栄次賞優秀設計賞（2014年）
日本トライボロジー学会 技術賞（2016年）
日本トライボロジー学会 功績賞（2017年）

よくわかるトライボロジー

2021年12月20日　第1版1刷発行　　ISBN 978-4-501-42050-5 C3053
2023年5月20日　第1版2刷発行

著　者　村木正芳

発行所　学校法人 東京電機大学　〒120-8551　東京都足立区千住旭町5番
東京電機大学出版局　Tel. 03-5284-5386(営業)　03-5284-5385(編集)
Fax. 03-5284-5387　振替口座 00160-5-71715
https://www.tdupress.jp/

印刷：三美印刷(株)　　製本：誠製本(株)　　装丁：大貫伸樹
カバーイラストレーション：村木正芳
落丁・乱丁本はお取り替えいたします。　Printed in Japan